高职高专工程造价类创新型教材

市政工程计量与计价

（第2版）

主　编　宋　莉　邹钱秀　张　荣

副主编　孙晶晶　许　萍　李富宇

东南大学出版社
SOUTHEAST UNIVERSITY PRESS
·南京·

内容提要

本书结合住建部、原质监总局2013年联合颁布的《建设工程工程量清单计价规范》(GB 50500—2013)、《市政工程工程量计算规范》(GB 50857—2013)以及实际工程案例为主要依据编写。先理论后实践、先算量后计价。从理论基础知识、施工技术、施工图识图到工程量清单编制，分别介绍了土石方工程、城市道路工程、桥涵工程以及城市管网工程，最后结合实际工程阐述市政工程清单计价文件的编制流程。

本书条理清晰、重点突出、结构合理，内容构成新颖，针对性和实践性强。书中辅以大量的案例加以详解，并配有课后习题，与实践紧密结合，注重对学生专业技能的培养；在编写时充分考虑了高职高专学生的学习目标，侧重技能训练，平衡理论与实践教学内容，采用切合实际的案例，全面具体地阐述各个知识点，既符合教师的教学要求，也有利于学生理论实践一体化目标的实现。

图书在版编目(CIP)数据

市政工程计量与计价 / 宋莉，邹钱秀，张荣主编.
—2版. —南京：东南大学出版社，2022.8
ISBN 978-7-5766-0174-9

Ⅰ.①市… Ⅱ.①宋… ②邹… ③张… Ⅲ.①市政工程-工程造价-高等职业教育-教材 Ⅳ.①TU723.32

中国版本图书馆CIP数据核字(2022)第122671号

责任编辑：马伟 责任校对：韩小亮 封面设计：顾晓阳 责任印制：周荣虎

市政工程计量与计价(第2版)

主　　编：宋　莉　邹钱秀　张　荣
出版发行：东南大学出版社
社　　址：南京四牌楼2号　邮编：210096　电话：025-83793330
网　　址：http://www.seupress.com
电子邮件：press@seupress.com
经　　销：全国各地新华书店
印　　刷：兴化印刷有限责任公司
开　　本：787mm×1 092mm　1/16
印　　张：15.75
字　　数：393千字
版　　次：2017年7月第1版　2022年8月第2版
印　　次：2022年8月第1次印刷
书　　号：ISBN 978-7-5766-0174-9
定　　价：46.00元

前　言

“市政工程计量与计价”是高职院校中土建类工程造价专业、市政专业的一门重要课程，也是一门涉及知识面广、实践性强的课程。本书主要作为高职高专工程造价专业和市政工程专业教材，也可作为相关企业造价员岗位培训教材和工程技术人员参考用书。

本书由具有丰富教学经验和从事市政工程工作经验的人员共同编写，在教材中融入众多的实际案例，有助于提高学生的实践操作能力，同时依据高职学生的特点，教学内容深入浅出，重视实践教学，达到理论和实践相融合的教学目的。每个章节后面附有课后思考题，培养学生独立思考、自主学习的能力。

本书主要内容包括：市政工程概述，市政工程造价概述，土石方工程，城市道路工程，桥涵工程，城市管网工程和市政工程工程量清单计价编制实例。课程参考学时为60学时，其中理论学时40学时，实践学时20学时。

本书由重庆能源职业学院建筑设计与工程管理系工程造价专业宋莉、邹钱秀、张荣主编，孙晶、许萍、李富宇为副主编。由于编者理论和工程实践水平有限，在编写过程中难免有疏漏和不足之处，恳请读者批评指正、提出建议，使本教材更加实用和完善。

编者

2022年1月

目　　录

1　市政工程概述

1.1　市政工程建筑产品的内容与特点

1）市政工程建筑产品的内容

市政工程是城市的基础设施，包括城市给水、排水、桥涵、隧道、燃气、供热、防洪等工程，这些工程由政府组织有关部门经营管理，通常称为市政公用设施，简称市政工程。市政工程计量与计价即计算市政工程的工程数量与工程造价。

2）市政工程产品的特点

(1) 单件性

市政工程产品具有单件性的特点。每一座桥梁、每一条道路都在不同的地点建造，其地质条件、地形条件、气候条件、结构类型、构造类型、外形尺寸等几乎不可能完全相同。单件性决定了市政工程产品工程造价必须采用单价计算的方法确定。

(2) 固定性

市政工程产品的建造必须固定在大地上，建成后一般不能移动。市政工程产品固定性的特点，使得每一项产品的建筑材料由于来源地不同而产生的单价不同，从而影响工程成本。

(3) 流动性

流动性是指施工队伍的流动性。在生产中，施工人员、机械设备、周转材料等转移到新的工地而发生的各种费用。

(4) 艰苦性

艰苦性是指市政工程施工多是露天作业，在严冬、盛夏、雨期等气候条件下施工，困难较多，施工作业受到一定影响，由此会产生露天作业措施费。

1.2　建设程序和市政工程项目划分

1）建设程序

建设程序是指建设项目从决策、设计、施工到竣工验收全过程必须遵循的先后顺序。现行的建设程序，概括起来包括以下几个阶段：

(1) 建设项目投资决策阶段

①主管部门根据国家经济规划和本地区发展规划提出项目建议书。

②有关专家或咨询机构在项目建议书提供的初步技术经济论证的基础上编制可行性研究报告和进行投资估算。

③根据可行性研究报告，对项目进行决策。

(2) 建设项目设计阶段

①根据设计任务书和可行性研究报告进行初步设计，并编制设计概算。

②根据初步设计进行施工图设计,并编制施工图预算。

(3) 工程招投标阶段

①根据设计文件、建设项目立项批准文件及建设要求,发布招标文件。

②根据标底价、招标文件和投标价、投标文件,确定中标单位,签订合同。

(4) 工程施工阶段

①施工准备。

②施工组织,完成合同约定的施工内容。

(5) 工程竣工验收阶段

①竣工验收,交付使用。

②办理竣工结算、竣工决算。

2) 市政工程项目划分

工程建设项目按照合理确定工程造价和建设项目管理工作的要求,划分为建设项目、单项工程、单位工程、分部工程、分项工程五个层次。

(1) 建设项目

建设项目是指依据设计任务书,按照一个总体设计进行建造的各个单项工程的总和。建设项目可由一个单项工程或几个单项工程构成。如某城市的一条内环线工程就是一个建设项目。

(2) 单项工程

单项工程是建设项目的组成部分,是指具有独立的设计文件,建成后可以独立发挥生产能力或使用效益的工程。如某个城区的立交桥、城市道路等分别都是一个单项工程。

(3) 单位工程

单位工程是单项工程的组成部分,是指具有独立的设计文件,能单独施工,但建成后不能独立发挥生产能力或使用效益的工程。如城市道路这个单项工程由一段道路工程、一段排水工程、一段路灯工程等单位工程组成。

(4) 分部工程

分部工程是单位工程的组成部分。分部工程一般按不同的构造和工作内容来划分。如道路工程这个单位工程由路床整形、道路基层、道路面层、人行道侧缘石及其他等分部工程组成。

(5) 分项工程

分项工程是分部工程的组成部分。分项工程是指在一个分部工程中,按不同的施工方法、不同的材料和规格,对分部工程进一步划分,用较为简单的施工过程就能完成的工程。如路面工程可以按不同的材料划分为水泥混凝土路面、沥青混凝土路面等分项工程。

综上所述,一个建设项目是由一个或几个单项工程组成,一个单项工程是由一个或几个单位工程组成,一个单位工程是由几个分部工程组成,一个分部工程是由若干个分项工程组成。

工程造价是从分项工程开始的。工程造价的计算过程是:分项工程造价—分部工程造价—单位工程造价—单项工程造价—建设项目总造价。

本章小结

本章主要介绍了市政工程建筑产品的内容,包括城市给水、排水、桥涵、隧道、燃气、供热、防洪等工程。市政工程产品的特点:单件性、固定性、流动性、艰苦性。建设程序是指建设项目从决策、设计、施工到竣工验收全过程必须遵循的先后顺序，包括建设项目投资决策阶段、建设项目设计阶段、工程招投标阶段、工程施工阶段、工程竣工验收阶段。工程建设项目按照合理确定工程造价和建设项目管理工作的要求，划分为建设项目、单项工程、单位工程、分部工程、分项工程五个层次。

课后思考题

1. 什么是市政工程？
2. 市政工程产品的特点有哪些？
3. 市政工程的建设程序分为哪几个阶段？
4. 市政工程项目是如何划分的？

2 市政工程造价概述

2.1 市政工程造价概念及特点

1）市政工程造价的概念

市政工程造价的直意就是工程的建造价格，是市政工程项目按照确定的建设项目、建设规模、建设标准、功能要求、使用要求等在筹划、建设过程中预期的费用或全部建成经验收合格并交付使用实际所需的费用。

2）市政工程造价的特点

（1）工程造价的大额性

能够发挥投资效益的任何一项工程，不仅实物形体庞大，而且工程造价高昂。一般工程造价也需上百万、上千万元，特大工程造价可达百亿、千亿元人民币，从而消耗的资源多，与各方面的利益关系多，对宏观经济有重大的影响。

（2）工程造价的个别性和差异性

任何一项工程都有特定的用途、功能、规模，因而工程内容和实物形态都具有个别性，从而决定工程造价的个别性。相同的工程项目，由于每项工程所处地区、地段的不同，其技术经济条件的不同，也会造成工程造价的差异性。

（3）工程造价计算的长期性和动态性

工程建设周期较长，少则数月，多则数年。在此之间，会出现许多影响工程造价的因素，如设计变更、设备材料价格的涨跌、工资标准及费率、利率、汇率的变化等，另外很多因素不可预见，工程造价在整个建设期处于不确定的状态，即工程造价具有动态性。

（4）工程造价的广泛性和复杂性

由于构成工程造价的因素多而复杂，涉及人工、材料、施工机械、环境等多方面，需要社会的各个方面协调配合，因此工程造价具有广泛性。另外，一个建设项目往往由多个单项工程组成，一个单项工程由多个单位工程组成，一个单位工程又由多个分部工程组成，一个分部工程又由多个分项工程组成，在同一个层次中又具有不同的形态，要求不同的专业人员去建造，可见工程造价的构成内容和层次的复杂性。

2.2 市政工程计价基本原理

1）市政工程施工图预算的概念

施工图预算是由施工单位在施工图设计完成之后，根据施工设计图样、现行预算定额、费用定额以及有关文件编制和确定的工程造价文件。

2）市政工程施工图预算的作用

在社会主义市场经济条件下，施工图预算在基本建设中有十分重要的作用。它在建设程序的不同阶段具有不同的意义。

(1) 施工图预算是确定招标控制价、投标报价的依据

实行招投标的市政工程,施工图预算是建设单位在实行工程招标时,确定招标控制价的依据,也是施工单位参加招标时报价的参考依据。

(2) 施工图预算是拨付工程价款、结算工程费用的依据

市政工程施工图预算经审定批准后,经办银行据此办理工程拨款和工程结算,监督建设单位和施工单位按工程进度办理结算。如果施工图预算超出概算时,由建设单位会同设计单位修改设计或修正概算。工程竣工后,按施工图预算或实际工程变更记录及签证资料修正预算,办理市政工程价款的结算。

经审定批准后的市政工程施工图预算,是建设单位和施工单位结算工程费用的依据。年终结算或竣工结算也是以在审定的基础上进行调整后的施工图预算作为依据的。在条件具备的情况下,根据建设单位和施工单位双方签订的工程施工合同,施工图预算可直接作为市政工程造价包干结算的依据。

(3) 施工图预算是施工单位编制计划和统计进度的依据

施工图预算是施工单位正确编制材料计划、劳动计划、机械台班计划、财务计划及施工进度等各项计划,进行施工准备的依据,也是进一步落实和调整年度基本建设计划的依据。

(4) 施工图预算是施工企业加强内部经济核算,控制工程成本的依据

施工单位核算工程成本,可采取"两算"对比的方法。施工单位的"两算"是指施工图预算和施工预算。施工图预算是施工企业的计划收入额,施工预算是施工企业的实际计划支出额。施工图预算与施工预算进行对比,就能知道施工企业的盈亏。在开工前进行"两算"对比,找出可能节约或超支的环节或原因,对于提高施工单位经营管理水平、取得更大经济效益有一定的实际意义。

3) 市政工程施工图预算的编制依据与方法

(1) 市政工程施工图预算的编制依据

①会审后的施工图样、有关标准图集、图样会审纪要

经审定的施工图样、说明书和标准图集,完整地反映了工程的具体内容、各部位的具体做法、结构尺寸、技术特征以及施工方法,所以这些是施工图预算编制的重要依据。

②市政工程预算定额

现行市政工程预算定额详细地规定了分项工程项目划分、分项工程内容、工程量计算规则和定额项目使用说明等内容,这些都是编制施工图预算的重要依据。

③施工组织设计和施工方案

施工组织设计和施工方案中包括了编制施工图预算必不可少的文件,如建设地点的地质、土质情况,土石方开挖的施工方法及余土外运方式与运距,施工机械的使用情况,重要的梁、板、柱的施工方案等。

④地区材料预算价格

材料费在工程成本中占有较大比重,在市场经济条件下,材料的价格是随市场而变化的。为使工程造价尽可能地接近实际,各地工程造价管理总站对此都有明确的调价规定。因此,合理的确定材料预算价格是编制施工图预算的重要依据。

⑤费用定额

本书中现行费用定额是重庆市建委、发改委、财政局、物价局共同颁布的《重庆市建设工程费用定额》(CQFYDE—2018),自 2018 年 8 月 1 日起执行。费用定额包括间接费、利润、税金的计算基础和费率、税率的规定。

⑥施工合同

施工合同也包括补充协议。建设工程结算价的确定,通常要根据施工合同中的有关条款来对预算价进行调整、变更和取费。

⑦实用手册和工具书

实用手册和工具书包括计算各种结构构件面积、体积的公式,钢材、木材等各种材料规格、型号及用量数据,各种单位的换算比例等,这些公式、资料和数据是施工图预算中常常用到的。查实用手册和工具书可以加快工程量计算速度。

(2) 市政工程施工图预算的编制方法

工程计价的方法有多种形式,但计价的基本过程和原理是相同的。一般来说,工程计价的顺序是:计算工程量→计算分部分项工程量→计算单位工程造价→计算建设项目造价。计算造价的基本要素有两个:一个是基本构造的实物量,另一个是基本构造的价格。基本构造的实物量由工程量计算规则和设计图样计算;基本构造价格的确定,要考虑人工、材料、机械资源要素的价格形成。由于在要素价格确定方式上的不同,工程计价就形成了工料单价法(定额计价)和综合单价法(工程量清单计价)两种不同的计价方式。

①工料单价法(定额计价)

工料单价法是以分项工程量乘以分项工程工料单价后的合计为直接工程费,其中分项工程工料单价是人工、材料、机械的消耗量乘以相应价格合计而成的直接工程费单价,计算公式为:

$$\text{分项工程工料单价} = \sum(\text{工日消耗量} \times \text{工资单价} + \text{材料消耗量} \times \text{材料预算单价} + \text{机械台班消耗量} \times \text{机械台班单价})$$

$$\text{直接工程费} = \sum(\text{分项工程量} \times \text{分项工程工料单价})$$

$$\text{措施项目费} = \sum(\text{措施项目工程量} \times \text{措施项目单价})$$

$$\text{工程发包、承包价} = \text{分部分项工程费} + \text{措施项目费} + \text{间接费} + \text{利润} + \text{税金}$$

②综合单价法(工程量清单计价)

综合单价法是指建设工程招标投标中,招标人按照国家统一的工程量计算规则提供工程数量,由投标人依据工程量清单自主报价,并按照经评审合理低价中标的工程造价的计价方式,即是以各分项工程综合单价乘以工程量得到该分项工程的合价后,汇总所有分项工程合价而形成综合总价的方法。综合单价由人工费、材料费、机械费、管理费、利润并考虑风险费用组成。计算公式为:

$$\text{分部分项工程费} = \sum(\text{分部分项工程量} \times \text{综合单价})$$

措施项目包括通用项目、建筑工程措施项目、安装工程措施项目和市政工程措施项目,措施项目综合单价的构成与分部分项工程单价的构成类似。计算公式为:

$$\text{措施项目费} = \sum(\text{措施项目工程量} \times \text{措施项目综合单价})$$

$$\text{工程发包、承包价} = \text{分部分项工程费} + \text{措施项目费} + \text{其他项目费} + \text{规费} + \text{税金}$$

4) 建设工程费用组成

(1) 按费用构成要素划分

建筑安装工程费用项目按照费用构成要素划分:由人工费、材料费(包含工程设备,下同)、施工机具使用费、企业管理费、利润、规费和税金组成。其中,人工费、材料费、施工机具使用费、企业管理费和利润包含在分部分项工程费、措施项目费、其他项目费中(见图 2.1)。

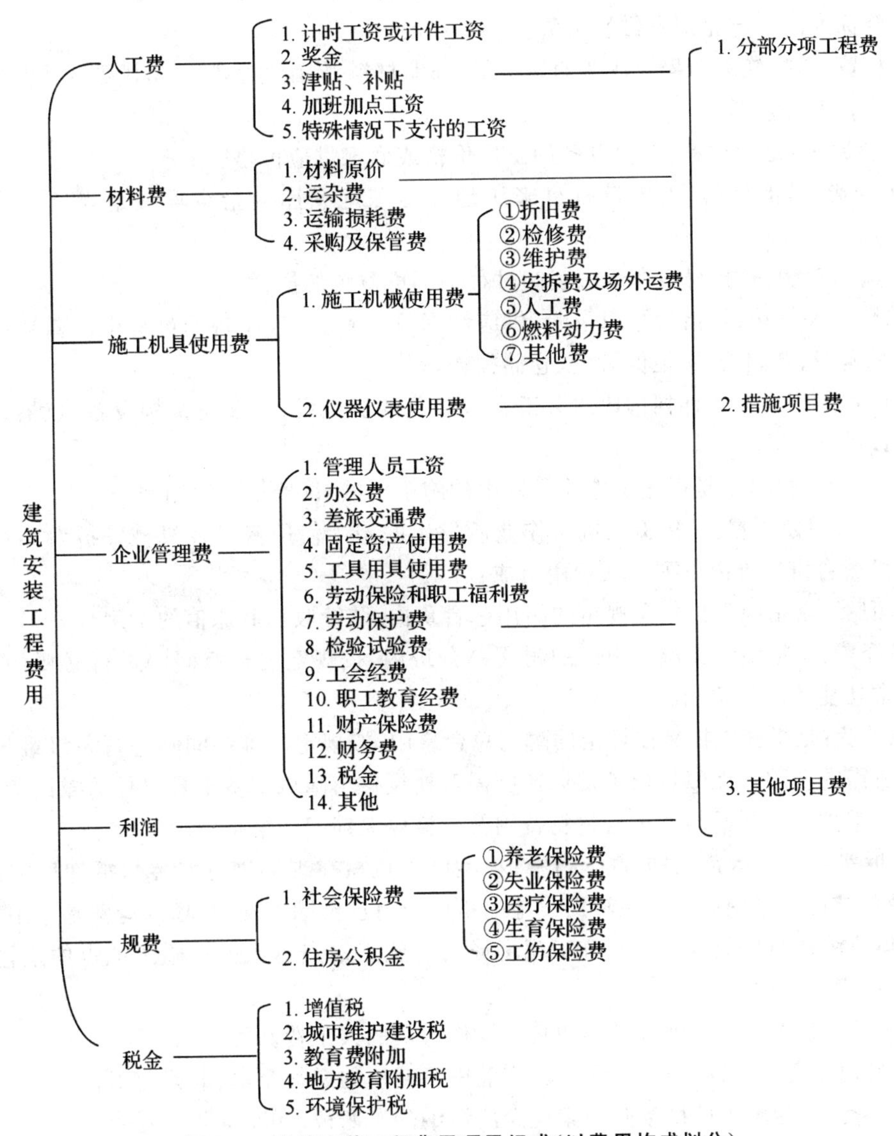

图 2.1 建筑安装工程费用项目组成(以费用构成划分)

①人工费:是指按工资总额构成规定,支付给从事建筑安装工程施工的生产工人和附属生产单位工人的各项费用。内容包括:

a. 计时工资或计件工资:是指按计时工资标准和工作时间或对已做工作按计件单价支付给个人的劳动报酬。

b. 奖金:是指对超额劳动和增收节支支付给个人的劳动报酬,如节约奖、劳动竞赛奖等。

c. 津贴、补贴:是指为了补偿职工特殊或额外的劳动消耗和因其他特殊原因支付给个人的津贴,以及为了保证职工工资水平不受物价影响支付给个人的物价补贴,如流动施工津贴、特殊地区施工津贴、高温(寒)作业临时津贴、高空津贴等。

d. 加班加点工资:是指按规定支付的在法定节假日工作的加班工资和在法定日工作时间

外延时工作的加点工资。

e. 特殊情况下支付的工资:是指根据国家法律、法规和政策规定,因病、工伤、产假、计划生育假、婚丧假、事假、探亲假、定期休假、停工学习、执行国家或社会义务等原因按计时工资标准或计件工资标准的一定比例支付的工资。

②材料费:是指施工过程中耗费的原材料、辅助材料、构配件、零件、半成品或成品以及工程设备的费用。内容包括:

a. 材料原价:是指材料、工程设备的出厂价格或商家供应价格。

b. 运杂费:是指材料、工程设备自来源地运至工地仓库或指定堆放地点所发生的全部费用。

c. 运输损耗费:是指材料在运输装卸过程中不可避免的损耗。

d. 采购及保管费:是指为组织采购、供应和保管材料、工程设备的过程中所需要的各项费用。包括采购费、仓储费、工地保管费、仓储损耗。

工程设备是指构成或计划构成永久工程一部分的机电设备、金属结构设备、仪器装置及其他类似的设备和装置。

③施工机具使用费:是指施工作业所发生的施工机械、仪器仪表使用费。

a. 施工机械使用费:是指施工机械作业所发生的施工使用费以及机械安拆费和场外运输费。施工机械台班单价由下列七项费用组成:

· 折旧费:是指施工机械在规定的耐用总台班内,陆续收回其原值的费用。

· 检修费:是指施工机械在规定的耐用总台班内,按规定的检修间隔进行必要的检修,以恢复其正常功能所需的费用。

· 维护费:是指施工机械在规定的耐用总台班内,按规定的维护间隔进行各级维护和临时故障排除所需的费用。保障机械正常运转所需替换设备与随机配备工具附具的摊销费用、机械运转及日常维护所需润滑与擦拭的材料费用及机械停滞期间的维护费用等。

· 安拆费及场外运费:安拆费是指中、小型施工机械在现场进行安装与拆卸所需的人工、材料、机械和试运转费用以及机械辅助设施的折旧、搭设、拆除等费用;场外运费是指中、小型施工机械整体或分体自停放地点运至施工现场或由一施工地点运至另一施工地点的运输、装卸、辅助材料、回程等费用。

· 人工费:是指机上司机(司炉)和其他操作人员的人工费。

· 燃料动力费:是指施工机械在运转作业中所耗用的燃料及水、电等费用。

· 其他费:是指施工机械按照国家规定应缴纳的车船税、保险费及检测费等。

b. 仪器仪表使用费:是指工程施工所需使用的仪器仪表的摊销及维修费用。

④企业管理费:是指建筑安装企业组织施工生产和经营管理所需的费用。内容包括:

a. 管理人员工资:是指按规定支付给管理人员的计时工资、奖金、津贴补贴、加班加点工资及特殊情况下支付的工资等。

b. 办公费:是指企业管理办公用的文具、纸张、账表、印刷、邮电、书报、办公软件、现场监控、会议、水电、烧水和集体取暖降温(包括现场临时宿舍取暖降温)等费用。

c. 差旅交通费:是指职工因公出差、调动工作的差旅费、住勤补助费,市内交通费和误餐补助费,职工探亲路费,劳动力招募费,职工退休、退职一次性路费,工伤人员就医路费,工地转移费以及管理部门使用的交通工具的油料、燃料等费用。

d. 固定资产使用费:是指管理和试验部门及附属生产单位使用的属于固定资产的房屋、设备、仪器等的折旧、大修、维修或租赁费。

e. 工具用具使用费：是指企业施工生产和管理使用的不属于固定资产的工具、器具、家具、交通工具和检验、试验、测绘、消防用具等的购置、维修和摊销费。

f. 劳动保险和职工福利费：是指由企业支付的职工退职金、按规定支付给离休干部的经费，集体福利费、夏季防暑降温、冬季取暖补贴、上下班交通补贴等。

g. 劳动保护费：是企业按规定发放的劳动保护用品的支出。如工作服、手套、防暑降温饮料以及在有碍身体健康的环境中施工的保健费用等。

h. 检验试验费：是指施工企业按照有关标准规定，对建筑以及材料、构件和建筑安装物进行一般鉴定、检查所发生的费用，包括自设试验室进行试验所耗用的材料等费用。不包括新结构、新材料的试验费，对构件做破坏性试验及其他特殊要求检验试验的费用和建设单位委托检测机构进行检测的费用，对此类检测发生的费用，由建设单位在工程建设其他费用中列支。但对施工企业提供的具有合格证明的材料进行检测不合格的，该检测费用由施工企业支付。

i. 工会经费：是指企业按《工会法》规定的全部职工工资总额比例计提的工会经费。

j. 职工教育经费：是指按职工工资总额的规定比例计提，企业为职工进行专业技术和职业技能培训，专业技术人员继续教育、职工职业技能鉴定、职业资格认定以及根据需要对职工进行各类文化教育所发生的费用。

k. 财产保险费：是指施工管理使用的财产、车辆等的保险费用。

l. 财务费：是指企业为施工生产筹集资金或提供预付款担保、履约担保、职工工资支付担保等所发生的各种费用。

m. 税金：是指企业按规定缴纳的房产税、车船使用税、土地使用税、印花税等。

n. 其他：包括技术转让费、技术开发费、投标费、业务招待费、绿化费、广告费、公证费、法律顾问费、审计费、咨询费、保险费等。

⑤利润：是指施工企业完成所承包工程获得的盈利。

⑥规费：是指按国家法律、法规规定，由省级政府和省级有关权力部门规定必须缴纳或计取的费用。包括：

a. 社会保险费，包括：

- 养老保险费：是指企业按照规定标准为职工缴纳的基本养老保险费。
- 失业保险费：是指企业按照规定标准为职工缴纳的失业保险费。
- 医疗保险费：是指企业按照规定标准为职工缴纳的基本医疗保险费。
- 生育保险费：是指企业按照规定标准为职工缴纳的生育保险费。
- 工伤保险费：是指企业按照规定标准为职工缴纳的工伤保险费。

b. 住房公积金：是指企业按规定标准为职工缴纳的住房公积金。

其他应列而未列入的规费，按实际发生计取。

⑦税金：是指国家税法规定的应计入建筑安装工程造价的增值税、城市维护建设税、教育费附加、地方教育附加税以及环境保护税。

(2) 按造价形成划分

建筑安装工程费用按照工程造价形成由分部分项工程费、措施项目费、其他项目费、规费、税金组成，分部分项工程费、措施项目费、其他项目费包含人工费、材料费、施工机具使用费、企业管理费和利润(见图 2.2)。

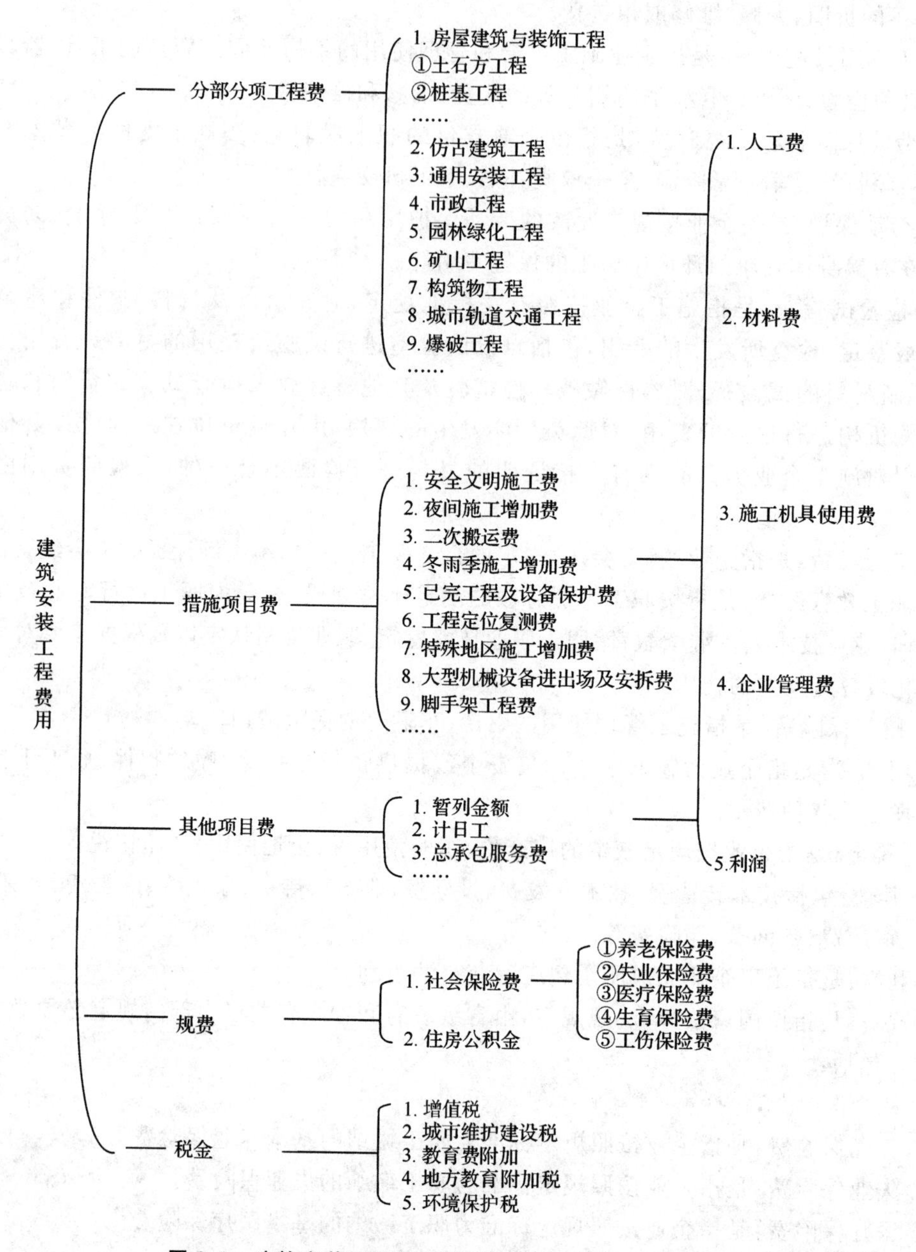

图 2.2　建筑安装工程费用项目组成(按造价形成划分)

①分部分项工程费:是指各专业工程的分部分项工程应予列支的各项费用。

a. 专业工程:是指按现行国家计量规范划分的房屋建筑与装饰工程、仿古建筑工程、通用安装工程、市政工程、园林绿化工程、矿山工程、构筑物工程、城市轨道交通工程、爆破工程等各类工程。

b. 分部分项工程:指按现行国家计量规范对各专业工程划分的项目。如房屋建筑与装饰工程划分的土石方工程、桩基工程、砌筑工程、钢筋及钢筋混凝土工程等。

各类专业工程的分部分项工程划分见现行国家或行业计量规范。

②措施项目费:是指为完成建设工程施工,发生于该工程施工前和施工过程中的技术、生

活、安全、环境保护等方面的费用。内容包括：

a. 安全文明施工费，包括：

· 环境保护费：是指施工现场为达到环保部门要求所需要的各项费用。

· 文明施工费：是指施工现场文明施工所需要的各项费用。

· 安全施工费：是指施工现场安全施工所需要的各项费用。

· 临时设施费：是指施工企业为进行建设工程施工所必须搭设的生活和生产用的临时建筑物、构筑物和其他临时设施费用。包括临时设施的搭设、维修、拆除、清理费或摊销费等。

b. 夜间施工增加费：是指因夜间施工所发生的夜班补助费、夜间施工降效、夜间施工照明设备摊销及照明用电等费用。

c. 二次搬运费：是指因施工场地条件限制而发生的材料、构配件、半成品等一次运输不能到达堆放地点，必须进行二次或多次搬运所发生的费用。

d. 冬雨季施工增加费：是指在冬季或雨季施工需增加的临时设施、防滑、排除雨雪，人工及施工机械效率降低等费用。

e. 已完工程及设备保护费：是指竣工验收前，对已完工程及设备采取的必要保护措施所发生的费用。

f. 工程定位复测费：是指工程施工过程中进行全部施工测量放线和复测工作的费用。

g. 特殊地区施工增加费：是指工程在沙漠或其边缘地区、高海拔、高寒、原始森林等特殊地区施工增加的费用。

h. 大型机械设备进出场及安拆费：是指机械整体或分体自停放场地运至施工现场或由一个施工地点运至另一个施工地点，所发生的机械进出场运输与转移费用与机械在施工现场进行安装、拆卸所需的人工费、材料费、机械费、试运转费和安装所需的辅助设施的费用。

i. 脚手架工程费：是指施工需要的各种脚手架搭、拆、运输费用以及脚手架购置费的摊销(或租赁)费用。

措施项目费及其包含的内容详见各类专业工程的现行国家或行业计量规范。

③其他项目费

a. 暂列金额：是指建设单位在工程量清单中暂定并包括在工程合同价款中的一笔款项。用于施工合同签订时尚未确定或者不可预见的所需材料、工程设备、服务的采购，施工中可能发生的工程变更、合同约定调整因素出现时的工程价款调整以及发生的索赔、现场签证确认等的费用。

b. 计日工：是指在施工过程中，施工企业完成建设单位提出的施工图纸以外的零星项目或工作所需的费用。

c. 总承包服务费：是指总承包人为配合、协调建设单位进行的专业工程发包，对建设单位自行采购的材料、工程设备等进行保管以及施工现场管理、竣工资料汇总整理等服务所需的费用。

④规费：定义同上。

⑤税金：定义同上。

5）市政工程类别的划分标准及说明

(1) 市政工程类别的划分标准

市政工程类别的划分标准见表2.1。

表 2.1　市政工程类别的划分标准

项目		单位	一类	二类	三类	四类
道路工程:车行道宽度		m	>14	>10	>7	≤7
桥梁工程	单跨跨径	m	>20	≤20		
	多跨总长	m	>30	≤30		
隧道工程及地下通道工程			隧道工程	地下通道		
运动场、停车场及广场工程					全部	
排水工程:管径		mm	>1000	>700	≤700	
给水工程:管径		mm	>700	>400	≤400	
燃气工程:管径		mm		>150	≤150	
道路交通管理设施						全部
河堤、挡墙工程	混凝土:墙高	m			>10	≤10
	砌石	m				全部
	锚杆、连拱、扶壁式混凝土挡墙:墙高	m		>10	≤10	
涵洞			双排或多排	单排		
特殊工程			Ⅰ级	Ⅱ级	Ⅲ级	Ⅳ级

(2) 市政工程类别的划分说明

市政工程类别的划分说明包括:

①工程类别划分标准是工程建设各方确定工程类别等级的依据。

②工程类别按单位工程划分。

③一个单位工程满足表中的一个条件即可执行相应类别标准。

④市政工程的道路、桥梁、隧道等单位工程,应单独划分工程类别,但附属于道路、桥梁、隧道的其他市政工程,如由同一企业承包施工时,应并入主体单位工程划分工程类别。

⑤道路工程既有主干道又有支干道的,按加权平均办法确定车行道宽度,划分工程类别。

⑥管道工程按管道的不同,管径加权平均确定管径,划分工程类别。

⑦特殊工程类别按设计等级标准划分。

(3) 名词解释

①车行道:指机动车道(不含路沿及绿化带的宽度)。

②单跨跨径:指桥梁设计跨径。

③多跨总长:指设计桥台间跨径总长度。

④管径:指管道内径。

⑤河堤、挡墙的高度:指基础顶面至河堤或挡墙顶面的高度。

⑥涵洞:包括管涵及箱涵。

2.3 市政工程定额

2.3.1 市政工程定额概述

1) 市政工程定额的概念

定额:“定”就是规定,“额”就是数额。定额就是规定在产品生产过程中人力、物力或资金消耗的标准数额。

市政施工过程中,在一定的施工组织和施工技术条件下,用科学的方法和实践经验相结合,制定为生产质量合格的单位产品所必须消耗的人工、材料和机械台班的数量标准,称为市政工程定额。

2) 市政工程定额的性质

(1) 科学性

定额的科学性是表现在定额时遵守客观规律的要求,在认真调查研究和总结生产实践经验的基础上,实事求是地运用科学的方法制定的。定额的内容,采用了经过实践证明成熟的、行之有效的先进技术和先进操作方法,同时在编制定额的技术方法上,吸取了现代科学管理的成就,具有严密的、科学的确定定额水平的手段和方法。因此,定额中各种消耗指标能正确反映当前社会生产力的水平。

(2) 权威性

在计划经济条件下,定额具有法令性,即定额经国家机关或地方主管部门批准颁发后,具有经济法规的性质,执行定额的各方必须严格遵守,未经允许,不得随意改变定额的内容和水平。

但是,在市场经济条件下,定额要体现市场经济的特点,定额应是社会公认的,具有指导意义,具有权威的控制量。业主和承包商可以在一定范围内根据具体情况适当调整控制量,在定额的指导下,根据市场的供求情况,合理确定工程造价。这种具有权威的定额更加符合市场经济条件下建筑产品的生产规律。

(3) 群众性

定额的群众性表现在定额的制定和执行都具有广泛的群众基础。定额的水平主要取决于建筑安装工人劳动生产能力的水平,因此定额中各种消耗的数量标准,是建筑企业职工劳动和智慧的结晶。定额的制定是在工人直接参与下进行的,使得定额能从实际水平出发,又能保持一定的先进性,既反映了群众的愿望和要求,又能把国家、企业和个人三者的利益结合起来,群众乐于接受并认真贯彻执行。

(4) 稳定性和时效性

任何一种定额都是一定时期社会生产力发展水平的反映,在一段时间内是稳定的,如果定额是处于经常修改的变动状态中,势必造成执行时的困难与混乱,使人们对定额的科学性产生怀疑。

然而,定额的稳定性又是相对的,任何一种定额仅能反映一定时期的生产力水平,而生产力是社会生活中最活跃的因素,始终处于不断发展的变化中,当生产力向前发展,就要求定额水平与之相适应。所以从长远看,定额又处于不断完善中,具有时效性。

3）市政工程定额的作用

市政工程定额的作用，包括：

①定额是国家对工程建设进行宏观调控和管理的手段。

②定额具有节约社会劳动和提高劳动生产效率的作用。

③定额有利于建筑市场公平竞争。

④定额是完成规定计量单位分项工程计价所需的人工、材料、机械台班的消耗量标准。

⑤定额是编制施工图预算、招标工程招标控制价、投标报价的依据。

⑥定额有利于完善市场的信息系统。

2.3.2 市政工程预算定额

1）市政工程预算定额的概念

市政工程预算定额是确定一定计量单位的分项工程或结构构件的人工、材料、机械台班消耗量的标准。

现行市政工程预算定额，有全国统一使用的预算定额，如原建设部编制的《全国统一市政工程预算定额》，也有各省、市编制的地区预算定额，如《重庆市市政工程计价定额》(2018版)。

2）市政工程预算定额的编制依据

市政工程预算定额的编制依据包括：

①现行的劳动定额、材料消耗定额和施工机械台班定额。

②现行的设计规范、施工及验收规范、质量评定标准和安全操作规程。

③有关的标准图集、有代表性的设计图样。

④建筑材料标准及新材料、新技术、新结构和先进的施工方法。

⑤现行的地区建筑安装工人工资标准和材料预算价格。

⑥过去颁发的预算定额及有关预算定额编制的基础资料。

⑦有关可靠的科学试验、测定、统计资料等。

3）市政工程预算定额的组成内容

市政工程预算定额主要由总说明、册说明、目录、分部说明及工程量计算规则、定额项目表、附录等内容组成。

(1) 总说明

①《重庆市市政工程计价定额》(以下简称本定额)是根据《市政工程消耗量定额》(ZYA 1-31—2015)、《市政工程工程量计算规范》(GB 50857—2013)、《重庆市市政工程计价定额》(CQSZDE—2018)、现行有关设计规范、施工验收规范、质量评定标准、国家产品标准、安全操作规程并参考了行业、地方标准以及有代表性的工程设计、施工资料、其他资料等依据和相关规定，结合重庆市的实际情况进行编制的。

②本定额适用于重庆市行政区域内新建、扩建、改建的市政工程。

③本定额是编制和审核工程预算、工程标底、最高限价、工程结算的依据；是编制企业定额、投标报价和工程量清单综合单价的参考依据；也是编制概算定额和建设工程投资估算指标的基础。

④本定额是按照正常的施工条件，目前多数施工企业的施工机械装备程度，合理的施工工期、施工工艺、劳动组织为基础编制的，反映了社会平均人工、材料、机械消耗水平。本定额中的人工、材料、机械消耗量除规定允许调整外，均不得调整。

⑤本定额用工不分工种、技术等级，以综合工日表示。内容包括：基本用工、超运距用工、辅助用工、人工幅度差。定额人工单价分别为：土石方综合工 100 元/工日，筑路、混凝土、砌筑、防水、市政综合工 115 元/工日，吊装、模板、金属制安综合工 120 元/工日，木工、抹灰、安装综合工 125 元/工日，镶贴综合工 130 元/工日。

⑥本定额材料消耗已包括施工中消耗的主要材料、辅助材料和零星材料，辅助材料和零星材料合并为其他材料费。本定额中的人工、材料、成品、半成品和机械燃(油)料价格，是以定额编制期的价格为依据确定的基价，作为计取费用的基础，其价差可参照重庆市建设工程造价管理机构发布的工程所在地的信息价格或市场价格进行调整。

⑦本定额已包括材料、成品、半成品从工地仓库、现场堆放地点或现场加工地点至操作安装地点的水平运输以及运输损耗、施工操作损耗、施工现场堆放损耗。

⑧本定额已包括工程施工的周转性材料和中小型机械的 30 km 以内，从甲工地(或基地)至乙工地搬迁运输费和场内运输费。

⑨本定额的混凝土强度等级、砌筑砂浆强度等级、抹灰砂浆配合比以及砂石品种，如设计与定额不同时，应根据设计和施工规范要求，按“混凝土及砂浆配合比表”进行换算，但粗骨料的粒径规格不作调整。

⑩本定额中所采用的水泥强度等级是根据市场生产与供应情况和施工操作规程考虑的，施工中实际采用水泥强度等级不同时，不作调整。

⑪本定额土石方运输、构件运输及特大型机械进出场中已综合考虑了运输道路等级、重车上下坡等多种因素，但不包括过路费、过桥费和桥梁加固、道路拓宽、道路修整等费用，发生时另行计算。

⑫本定额不包括机械原值在 2 000 元以内、使用年限在 1 年以内、不构成固定资产的工具用具性小型机械费用，该项“工具用具使用费”已包括在企业管理费中，但其消耗的燃料动力已列入材料内。

⑬本定额的缺项，按 2018 年重庆市建筑、装饰、安装、仿古及园林、修缮工程计价定额及现行重庆市相关定额执行；再缺项时，由建设、施工、监理单位共同编制一次性补充定额，并报重庆市建设工程造价管理总站备案。

⑭本定额的“工作内容”中已说明了主要施工工序，次要工序虽未说明，但均已包括在定额项目内。

⑮定额中注有“×××以内”或者“×××以下”者，均包括×××本身；“×××以外”或者“×××以上”者，则不包括×××本身。

⑯本总说明未尽事宜，详见各章说明。

(2) 册说明

册说明见市政工程预算定额的各册定额中，册说明主要介绍各册中包括的主要内容，适用范围，主要编制依据，人工、材料、机械的取定。

(3) 目录

目录便于查阅分项工程(定额子目)在市政工程预算定额中的页数，也便于了解市政工程预算定额的基本内容。

(4) 分部说明及工程量计算规则

分部说明及工程量计算规则是对各章、册及各分部工程编制中有关问题说明，执行中的一些规定，特殊情况的处理，各分部工程量计算规则，以及定额中规定允许换算和不做换算的具体规定。它是定额的重要组成部分,是执行定额和进行工程量计算的基准,必须全面掌控。

(5) 定额项目表

定额项目表是预算定额中最重要的部分,每个定额项目表列有分项工程的名称、计量单位、定额编号、定额基价以及人工、材料、机械台班等的消耗量指标等。有些定额项目表下列有附注,说明设计与定额不符时如何调整,以及其他有关事项的说明。

分部分项表头说明列于定额项目表的上方,说明该分项工程所包含的主要工序和工作内容。

(6) 附录

附录是定额的有机组成部分,包括选用材料价格表。

4) 市政工程预算定额的应用

(1) 定额的直接套用

定额的直接套用,其计算公式为:

$$\text{定额综合单价}=\text{人工费}+\text{材料费}+\text{机械费}+\text{企业管理费}+\text{利润}+\text{一般风险费}$$

$$\text{人工费}=\text{定额人工工日消耗量}\times\text{人工单价}$$

$$\text{材料费}=\sum(\text{材料消耗量}\times\text{材料预算价格})$$

$$\text{机械费}=\sum(\text{机械台班消耗量}\times\text{机械台班单价})$$

$$\text{企业管理费(利润、一般风险费)}=(\text{人工费}+\text{机械费})\times\text{费率}$$

首先是根据工程种类,以《重庆市市政工程预算定额》的第一册到第六册来划分;每册又根据工程的不同部位、性质等分成若干章节;每一章节根据施工方法、规格、厚度等分成许多子目。每个定额子目有一个定额编号,定额编号由册号和子目顺序号组成。

【例 2.1】 人工挖一、二类土方 1 500 m^3,求直接工程费、人工费。

【解】 套用定额 DA0001:人工挖土方(一、二类土),综合单价 3 701.54 元/100 m^3,人工费 722.72 元/100 m^3。

直接工程费=1 500 m^3×3 701.54 元/100 m^3=55 523.10 元

人工费=1 500 m^3×3 237.60 元/100 m^3=48 564 元

【例 2.2】 某工程需要安砌 850 m^2 人行道砖(砂垫层),求直接工程费、人工费。

【解】 套用定额 DB0308:人行道砖铺装(砂垫层),综合单价 6 876.07 元/100 m^2,人工费 858.48 元/100 m^2。

直接工程费=850 m^2×6 876.07 元/100 m^2=58 446.60 元

人工费=850 m^2×858.48 元/100 m^2=7 297.08 元

(2) 预算定额的换算

①混凝土强度等级换算。混凝土强度等级与定额不同时允许换算。其公式为:

$$\text{换算后综合单价}=\text{换算前综合单价}+\text{定额含量}\times(\text{设计强度等级单价}-\text{定额强度等级单价})$$

【例 2.3】 喷射混凝土,垂直面素喷厚度为 50 mm,设计强度 C30,求 100 m^2 换算后的综合单价和 220 m^2 的直接工程费、人工费、机械费。

【解】 套用定额 DC0189:垂直面素喷,综合单价 5 887.45 元/100 m^2,混凝土定额含量为

6.062 $m^3/100\ m^2$，定额强度等级 C25—喷—机粗—碎 5～10 单价 383.31 元/m^2，设计强度等级 C30 单价 390.87 元/m^3，人工费 1 914.75 元/100 m^2，机械费 815.92 元/100 m^2。

[5 887.45 元＋6.062 m^3 ×（390.87 元/m^3 － 383.31 元/m^3）]/100 m^2 ＝5 933.28 元/100 m^2

直接工程费＝220 m^2×5 933.28 元/100 m^2＝13 053.22 元

人工费＝220 m^2×1 914.75 元/100 m^2＝4 212.45 元

机械费＝220 m^2×815.92 元/100 m^2＝1 795.02 元

②厚度增加换算。其公式为：

换算后综合单价＝换算前综合单价＋换入费用－换出费用

【例 2.4】 某道路粉煤灰三渣基层厚度分别为 22 cm 和 38 cm，求 100 m^2 换算后的综合单价。

【解】路拌粉煤灰三渣基层，DB0130（厚度 20 cm）综合单价 7 299.38 元/100 m^2，DB0131（厚度每增减 1 cm）基价 374.48 元/100 m^2。

a. 22 cm 厚度三渣基层基价：

套用定额 DB0130＋DB0131×2：

7 299.38 元/100 m^2＋374.48 元/100 m^2×2＝8 048.34 元/100 m^2

b. 38 cm 厚度三渣基层基价：

套用定额 DB0130×2－DB0131×2：

7 299.38 元/100 m^2×2－374.48 元/100 m^2×2＝14 224.28 元/100 m^2

【例 2.5】 机械摊铺某道路工程中粒式沥青混凝土路面，面层厚度 5.5 cm，求 100 m^2 换算后综合单价和 520 m^2 直接工程费、人工费、机械费。

【解】套用定额 DB0232＋DB0233×0.5：中粒式沥青混凝土路面（机械摊铺厚度 5 cm），DB0232 综合单价 5 153.50 元/100 m^2，人工费 84.87 元/100 m^2，机械费 234.34 元/100 m^2，DB0233 综合单价 1 050.81 元/100 m^2，人工费 16.91 元/100 m^2，机械费 28.59 元/100 m^2。

换算后基价＝5 153.50 元/100 m^2＋1 050.81 元/100 m^2×0.5＝5 678.91 元/100 m^2

直接工程费＝520 m^2×5 678.91 元/100 m^2＝29 530.31 元

人工费＝520 m^2×(84.87＋16.91×0.5)元/100 m^2＝482.92 元

机械费＝520 m^2×(234.34＋28.59×0.5)元/100 m^2＝1 294.20 元

③乘系数换算。干、湿土的划分以地质勘查资料为准，含水率大于或等于 25％为湿土，或以地下常水位为准，常水位以上为干土，以下为湿土。挖湿土时，人工和机械乘以系数 1.18，干、湿土工程量分别计算，含水率大于 40％时，执行人工、机械挖淤泥定额。采用了降水的土方应按干土计算（如含水率大于或等于 25％按湿土计算）。

【例 2.6】 挖掘机挖三类湿土（含水率为 28％），不装车，求挖土方 2 530 m^3 的直接工程费、人工费、机械费。

【解】套用定额 DA0003：挖掘机挖土（不装车，三类土），综合单价 3 574.32 元/1 000 m^3，人工费 400.00 元/1 000 m^3，机械费 2 409.11 元/1 000 m^3。

直接工程费＝2 530 m^3×3 574.32 元/1 000 m^3×1.18＝10 670.77 元

人工费＝2 530 m^3×400.00 元/1 000 m^3×1.18＝1 194.16 元

机械费＝2 530 m^3×2 409.11 元/1 000 m^3×1.18＝7 192.16 元

④配合比调整换算。多合土基层中各种材料按常用的配合比编制的,当设计配合比与定额中的配合比不符时,有关的材料消耗量可以按照定额编制的有关规定进行调整,但人工和机械台班消耗量不得调整。

调整材料可分别按下式计算:

$$C_1 = [C_d + B_d \times (H_1 - H_0)] \times L_1 / L_d$$

式中:C_1——按实际配合比换算后的材料数量;

C_d——定额中基本压实厚度材料数量;

B_d——定额中压实厚度每增加1 cm的材料数量;

H_1——定额的基本压实厚度;

H_0——设计的压实厚度;

L_d——定额标明的材料百分率;

L_1——实际配合比的材料百分率。

2.4 工程量清单计价概述

1) 工程量清单的概念

工程量清单是指表达拟建工程的分部分项工程项目、措施项目、其他项目名称和相应数量的明细清单。

分部分项工程量清单表明了拟建工程的全部分项实体工程的名称和相应的工程数量,例如,某工程现浇C20钢筋混凝土基础梁,167.26 m^3;低碳钢Φ219×8无缝钢管安装,320 m等。

措施项目清单表明了为完成拟建工程全部分项实体工程而必须采取的措施性项目及相应的费用,例如,某工程大型施工机械设备(塔吊)进场及安拆、脚手架搭拆等。

其他项目清单主要表明了招标人提出的与拟建工程有关的特殊要求所发生的费用,例如,某工程考虑可能发生工程量变更而预先提出的预留金项目、零星工作项目费等。

工程量清单是招标投标活动中,对招标人和投标人都具有约束力的重要文件,是招标投标活动的重要依据。

2) 工程量清单计价的概念

工程量清单计价包括两个方面的内容:一是工程量清单的编制;二是工程量清单报价的编制。

在建设工程招标投标中,招标人按照国家统一的《建设工程工程量清单计价规范》(GB 50500—2013)的要求、施工图、招标文件编制工程量清单;投标人依据工程量清单、《建设工程工程量清单计价规范》(GB 50500—2013)、施工图、招标文件、企业定额(或有关消耗量定额)、工料机市场价、自主确定的利润率等,编制工程量清单报价。

工程量清单计价是一种国际上通行的工程造价计价方式,是经评审后合理低价中标的工程造价计价方式。

3)《建设工程工程量清单计价规范》的编制依据

《建设工程工程量清单计价规范》(GB 50500—2013)依据《中华人民共和国招标投标法》、住建部2013年第16号令《建筑工程施工发包与承包计价管理办法》编制,并遵照国家宏观调控、市场竞争形成价格的原则,结合我国当前的实际情况制定的。

4）工程量清单编制原则

工程量清单编制原则包括：四个统一、三个自主、两个分离。

（1）四个统一

分部分项工程量清单包括的内容，应满足两方面的要求：一是满足方便管理和规范管理的要求；二是满足工程计价的要求。为了满足上述要求，工程量清单编制必须符合四个统一的要求，即项目编码统一、项目名称统一、计量单位统一、工程量计算规则统一。

（2）三个自主

工程量清单计价是市场形成工程造价的主要形式。《建设工程工程量清单计价规范》(GB 50500—2013)第 4.0.8 条指出："投标报价应根据招标文件中的工程量清单和有关要求、施工现场实际情况及拟定的施工方案或施工组织设计，依据企业定额和市场价格信息进行编制。"这一要求使得投标人在报价时自主确定工料机消耗量、自主确定工料机单价、自主确定措施项目费及其他项目费的内容和费率。

（3）两个分离

两个分离是指：量与价分离，清单工程量与计价工程量分离。

量与价分离是从定额计价方式的角度来表达的。因为定额计价的方式采用定额基价计算直接费，工料机消耗量是固定的，工料机单价也是固定的，量价没有分离；而工程量清单计价由于自主确定工料机消耗量、自主确定工料机单价，量价是分离的。

清单工程量与计价工程量分离是从工程量清单报价方式来描述的。我们知道清单工程虽是根据《建设工程工程量清单计价规范》(GB 50500—2013)编制的，计价工程量是根据所选定的消耗量定额计算的，一项清单工程量可能要对应几项消耗量定额，两者的计算规则也不一定相同，所以，一项清单工程量可能要对应几项计价工程量，其清单工程量与计价工程量要分离。

2.5 工程量清单编制

2.5.1 工程量清单编制内容

工程量清单主要包括三部分内容：一是分部分项工程量清单；二是措施项目清单；三是其他项目清单。

1）分部分项工程量清单

分部分项工程量清单主要包括以下内容：

（1）项目编码

分部分项工程量清单编码以 12 位阿拉伯数字表示，前 9 位为全国统一编码，由《建设工程工程量清单计价规范》(GB 50500—2013)确定，不得改变。后 3 位是清单项目名称编码，由清单编制人根据拟建工程确定的清单项目编码，例如，某拟建工程的砖基础清单项目的编码为"010301001001"，前 9 位"010301001"为计价规范的统一编码，后 3 位"001"为该项目名称的顺序编码，又如，某拟建工程的静置设备碳钢填料塔制作清单项目的编码为"030501002001"，前 9 位"030501002"为计价规范的统一编码，后 3 位"001"为该项目名称的顺序编码。

（2）项目名称

与现行的"预算定额"项目一样，每一个分部分项工程量清单项目都有一个项目名称，该名称由《建设工程工程量清单计价规范》(GB 50500—2013)统一规定。分部分项工程量清单项目名称的确定,应考虑三个方面的因素:一是计价规范中的项目名称;二是计价规范中的项目特征;三是拟定工程的实际情况。编制工程量清单时,应以计价规范中的项目名称为主体,考虑该项目的规格、型号、材质等特征要求,结合拟建工程的实际情况,使其工程量清单项目名称具体化,能够反映影响工程造价的主要因素,如C30钢筋混凝土预应力空心板制、运、安,又如,低压Φ159×5不锈钢管安装等。

(3) 项目特征和工程内容

项目特征、工程内容是与项目名称相对应的。预算定额的项目,一般按施工或工作过程、综合工作过程设置,包含的工程内容相对来说较单一,据此规定了相应的工程量计算规则。工程量清单项目的划分,一般按"综合实体"来考虑,一个项目中包含了多个工作过程或综合工作过程,据此也规定了相应的工程量计算规则。这两者的工程内容和工程量计算规则有较大的差别,使用时应充分注意。所以,应该明白,相对地说工程量清单的工程内容综合性较强。例如,在工程量清单项目中,砖基础项目的工程内容包括:砂浆制作与运输、材料运输、铺设垫层、砌砖基础、防潮层铺设等,上述项目可由2～3个预算定额项目构成;又如,低压Φ159×5不锈钢管安装清单项目包含了管道安装、水压试验、管酸洗、管脱蜡、管绝热、镀锌薄钢板保护层等6个预算定额项目。

在工程内容中,每一个工作对象都有不同的规格、型号和材质,这些必须在项目中说明。所以,每个项目名称都要表达出项目特征,例如,清单项目的砖基础项目,其项目特征包括:垫层材料的种类、厚度,砖品种、规格、强度等级,基础类型,基础深度,砂浆强度等级等等。

编制工程量清单时,应以工程量清单计价规范的项目名称为主体,再考虑拟建工程的工程内容的实际情况和规格、型号、材质等特征要求,使项目名称具体化、细化,能直观反映出影响工程造价的主要因素,例如,工程量清单计价规范中编号为"010301001"的项目名称为"砖基础",但是,可以根据拟建工程的实际情况写成"C15混凝土基础垫层200 mm厚,M5水泥砂浆砌1.2 m深标准砖带形基础",其工程内容包括:"砂浆、混凝土制作,垫层铺设,材料运输,砌砖基础"等。

(4) 计量单位

分部分项工程量清单项目的计量单位,由工程量清单计价规范规定。

工程量清单项目的计量单位是按照能够较准确地反映该项目工程内容的原则确定的,例如,"实心砖墙"项目的计量单位是"m^3";"砖水池"项目的计量单位为"座";"硬木靠墙扶手"项目的计量单位为"m";"墙面一般抹灰"项目的计量单位为"m^2";"墙面干挂石材钢骨架"项目的计量单位为"t";"荧光灯安装"项目的计量单位为"套";"车床安装"项目的计量单位为"台";"接地装置"项目的计量单位为"项";"电气配线"项目的计量单位为"m";"拱顶罐制作、安装"项目的计量单位为"台"等等。

(5) 工程量

工程量即工程的实物数量。分部分项工程量清单项目的计算依据有:施工图纸、《建设工程工程量清单计价规范》(GB 50500—2013)等。

分部分项工程量清单项目的工程量是一个综合的数量。综合的意思是指一项工程量中,综合了若干项工程内容,这些工程内容的工程量可能是相同的,也可能是不相同的,例如,"砖基础"这个项目中,综合了铺设垫层的工程量、砌砖的工程量、铺设防潮层的工程量。当这些不同工程内容的工程量不相同时,除了应该算出项目实体的(主项)工程量外,还要分别算出相关工程内容的(附项)工程量,例如,根据某拟建工程实际情况,算出的砖基础(主项)工程量为125.51 m^3,算出的基础垫层(附项)工程量为36.07 m^3,算出的基础防潮层(附项)工程量为8.25 m^2,这时,该项目的主项工程量可以确定为砖基础125.51 m^3,但计算材料、人工、机械台班消耗量时，应分别按各自的工程量计算。只有这样计算，才能为计算综合单价提供准确的依据。

计算工程量还要依据工程量计算规则。分部分项清单项目的工程量计算，必须按照清单计价规则的规定计算。

还需指出，在分析工、料、机消耗量时套用的定额，必须与所采用的消耗量定额的工程量计算规则的规定相对应，这是因为工程量计算规则与编制定额确定消耗量有着内在的对应关系。

2）措施项目清单

措施项目清单的编制应考虑多种因素，除了工程本身的因素外，还要考虑水文、气象、环境、安全和施工企业的实际情况，为此，《建设工程工程量清单计价规范》(GB 50500—2013)提供了“措施项目一览表”(详见表2.2)，作为列项的参考。表2.2中通用项目所列内容是指各专业工程的“措施项目清单”中均可列的措施项目，表2.2中各专业工程中所列的内容是指相应专业的“措施项目清单”中均可列的措施项目。

表2.2 措施项目一览表

序号	项目名称	序号	项目名称
1 通用项目		4.4	焦炉施工大棚
1.1	环境保护	4.5	焦炉烘炉、热态工程
1.2	文明施工	4.6	管道安装后的充气保护措施
1.3	安全施工	4.7	隧道内施工的通风、供水、供气、供电、照明及通信设施
1.4	临时设施		
1.5	夜间施工	4.8	现场施工围栏
1.6	二次搬运	4.9	长输管道临时水工保护设施
1.7	大型机械设备进出场及安拆	4.10	长输管道施工便道
1.8	混凝土、钢筋混凝土模板及支架	4.11	长输管道跨越或穿越施工措施
1.9	脚手架	4.12	长输管道地下穿越地上及建筑物的保护措施
1.10	已完工程及设备保护	4.13	长输管道工程施工队伍调遣
1.11	施工排水、降水	4.14	格架式抱杆
2 建筑工程		5 市政工程	
2.1	垂直运输机械	5.1	围堰
3 装饰装修工程		5.2	筑岛
3.1	垂直运输机械	5.3	现场施工围栏
3.2	室内空气污染测试	5.4	便道
4 安装工程		5.5	便桥
4.1	组装平台	5.6	洞内施工的通风、供水、供电、照明及通信设施
4.2	设备、管道施工的安全、防冻和焊接保护措施		
4.3	压力容器和高压管道的检验	5.7	驳岸块石清理

措施项目清单以“项”为计量单位,相应的计量数量为“1”。

由于影响措施项目的因素较多,“措施项目一览表”中没有列出的而实际又发生的项目,工程量清单编制人可以补充。补充项目应列在最后,并在序号栏中以“补”字示之。

3)其他项目清单

工程建设项目标准的高低、工程的复杂程度、工程的工期长短、工程的组成内容等直接影响其他项目清单中的具体内容。

其他项目清单应根据工程的实际情况确定,一般包括预留金、材料购置费、总承包服务费、零星工作项目费等。

预留金的设置主要是考虑可能发生的工程量变更而预留的资金。工程量变更主要是指工程量清单漏项、有误所引起的工程量的增加或施工中设计变更引起标准提高或工程量的增加等。

总承包服务费包括配合、协调招标人工程分包和材料采购所需的费用,此处提出的分包是指国家允许的分包工程。

零星工作项目费,应根据拟建工程的项目的具体情况,详细列出人工、材料、机械的名称、计量单位和相应数量,例如,某办公楼建筑工程,在设计图纸以外发生的零星工作项目,家具搬运用工30个人工等。

2.5.2 工程量清单编制方法

1)编制依据

工程量清单是建设工程招标的主要文件,应由具有编制招标文件能力的招标人或受其委托具有相应资质的中介机构进行编制。

工程量清单的编制依据主要有《建设工程工程量清单计价规范》(GB 50500—2013)、工程招标文件、施工图等。

(1)建设工程工程量清单计价规范

根据《建设工程工程量清单计价规范》(GB 50500—2013)及附录A、B、C、D、E,确定拟建工程的分部分项工程项目、措施项目、其他项目的项目名称和相应数量。

(2)工程招标文件

根据拟建工程特定的工艺要求,确定措施项目;根据工程承包、分包的要求,确定总承包服务费项目;根据对施工图范围的其他要求,确定零星工作项目等。

(3)施工图

施工图是计算分部分项工程量的主要依据,依据《建设工程工程量清单计价规范》(GB 50500—2013)中对项目名称、工程内容、计量单位、工程量计算规则的要求和拟建工程施工图、计算分部分项工程量。

2)清单工程量计算

(1)清单工程量的概念

清单工程量是分部分项工程量清单的简称,它是招标人发布的拟建工程的实物数量,也是投标人计算工、料、机消耗量的依据。按照计价规范计算的分部分项工程量与承包商计算的投标报价的工程量有较大的差别。这是因为分部分项工程量清单中每一项工程量的工程内容、工程量计算规则与各承包商采用的分析工、料、机消耗量的定额的工程内容和工程量计算规则各不相同,所以两者有较大差别。

清单工程量是业主按照《建设工程工程量清单计价规范》(GB 50500—2013)的要求编制，起到统一报价标准作用的工程量。

(2) 清单工程量的计算方法

①清单工程量计算的思路

根据拟建工程施工图和建设工程工程量计价规范列项。

根据所列项目填写清单项目的项目编码和计量单位。

确定清单工程量项目的主要内容和所包含的附项内容。

根据施工图、项目主项内容和计价规范中的工程量计算规则，计算主项工程量。一般的主项工程量就是清单工程量。

按《建设工程工程量清单计价规范》(GB 50500—2013)中附录所示工程量清单项目的顺序，整理清单工程量的顺序，最后形成分部分项工程量清单。

②清单工程量计算方法

清单工程量的计算，应严格按照计价规范中计价规则规定的要求计算，其具体的长度、面积、体积计算方法，已经介绍过，这里不再赘述。

③清单工程量计算表格

清单工程量计算表格见表2.3。

表2.3 清单工程量计算表

工程名称：　　　　　　　　　　　　　　　　　　　　　　　　第　页　共　页

序号	项目编号	项目名称	单位	工程数量	计算式

3) 措施项目清单、其他项目清单编制

(1) 措施项目清单

建设工程工程量清单计价规范中列出了措施项目清单。业主在提交工程量清单时，这一部分的内容主要由承包商自主确定，因此，一般不作具体的规定，承包商在确定这部分内容的价格时，根据拟建工程和企业的具体情况自主确定。

(2) 其他项目清单

其他项目清单分为两部分内容。第一部分是招标人提出的项目，一般包括预留金和材料设备购置费等，业主在提供工程量清单时，可以明确规定项目的金额。对于招标人提出的这部分清单项目，如果在工程实施过程中没有发生或只发生一部分，其费用及剩余的费用归业主所有。第二部分是由承包商提出的项目。承包商根据招标文件或承包工程的实际需要发生了分包工程，那么就要提出总承包服务这个项目。如果在投标报价中根据招标人的要求，完成了分部分项工程量清单项目以外的工作，则还要提出零星工作项目费。

2.6 工程量清单计价与定额计价的区别

工程量清单计价与定额计价主要有以下几个方面的区别。

1) 计价依据不同

(1) 依据不同定额

定额计价一般按照政府主管部门颁发的预算定额计算各项消耗量;而工程量清单计价则按照企业定额计算各项消耗量,也可以选择其他合适的消耗量定额计算工、料、机消耗量。选择何种定额,由投标人自主确定。

(2) 采用的单价不同

定额计价的人工单价、材料单价、机械台班单价采用预算定额基价中的单价或政府指导价;工程量清单计价的人工单价、材料单价、机械台班单价则采用市场价,由投标人自主确定。

(3) 费用项目不同

定额计价的费用计算,根据政府主管部门颁发的费用计算程序所规定的项目和费率计算;工程量清单计价的费用按照工程量清单计价规范的规定和根据拟建项目以及本企业的具体情况自主确定实际的费用项目和费率。

2) 费用构成不同

定额计价方式的工程造价费用构成一般由直接费(包括直接工程费和措施费)、间接费(包括规费和企业管理费)、利润和税金(包括增值税、城市维护建设税、地方教育附加税、环境保护费和教育费附加)构成;工程量清单计价的工程造价费用由分部分项工程项目费、措施项目费、其他项目费、规费和税金构成。

3) 计价方法不同

定额计价方式常采用单位估价法和实物金额法计算直接费,然后计算间接费、利润和税金。而工程量清单计价则采用综合单价的计算方法计算分部分项工程量清单项目费,然后计算措施项目费、其他措施项目费、规费和税金。

4) 本质特性不同

定额计价方式确定的工程造价,具有计划价格的特性;工程量清单计价方式确定的工程造价具有市场价格的特性。两者有着本质上的区别。

本章小结

本章主要介绍以下内容:

1. 市政工程造价的概念,即市政工程项目按照确定的建设项目、建设规模、建设标准、功能要求、使用要求等在筹划、建设过程中预期的费用或全部建成经验收合格并交付使用实际所需的费用。

2. 市政工程造价的特点:工程造价的大额性、工程造价的个别性和差异性、工程造价计算的长期性和动态性、工程造价的广泛性和复杂性。

3. 市政工程计价的原理包括:市政工程施工图预算的概念,市政工程施工图预算的编制依据与方法、建设工程费用组成、市政工程类别的划分标准及说明。

4. 市政工程定额的概念、性质、作用,市政工程预算定额的概念,市政工程预算定额的编制依据,市政工程预算定额的组成内容。

5. 市政工程预算定额的应用:定额的直接套用、预算定额的换算、乘系数换算、配合比调整换算。

6. 工程量清单是指表达拟建工程的分部分项工程项目、措施项目、其他项目名称和相应数量的明细清单。工程量清单计价包括两个方面的内容:一是工程量清单的编制;二是工程量清单报价的编制。工程量清单编制原则包括:四个统一、三个自主、两个分离。

7. 工程量清单主要包括三部分内容:一是分部分项工程量清单;二是措施项目清单;三是其他项目清单。

8. 清单工程量的概念、编制依据、计算方法。

9. 工程量清单计价与定额计价的区别：计价依据不同、费用构成不同、计价方法不同、本质特性不同。

课后思考题

1. 什么是市政工程造价？
2. 市政工程造价的特点有哪些？
3. 市政工程施工图预算的编制方法有哪些？
4. 简述建设工程费用组成。
5. 市政工程预算定额的组成内容有哪些？
6. 简述工程量清单的概念。
7. 工程量清单编制内容有哪些？
8. 简述工程量清单计价与定额计价的区别。

3 土石方工程

3.1 土石方工程基础知识

3.1.1 土石方工程概述

1）土的形成

土是连续、坚固的岩石在风化作用下形成的大小悬殊的颗粒，经过不同的搬运方式，在各种自然环境中生成的沉积物。而土历经压密固结、胶结硬化也可再生成岩石。转化过程如图 3.1 所示。

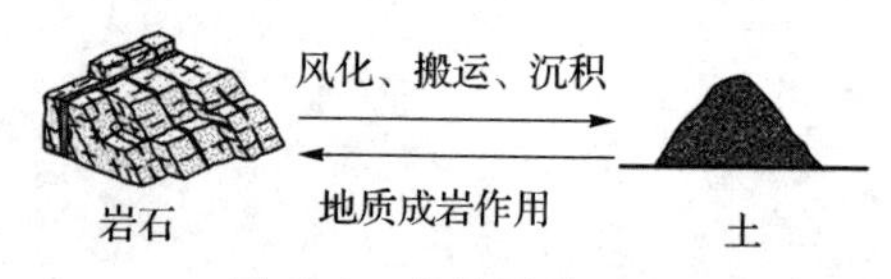

图 3.1 土的形成过程

2）土的组成

土是由固体颗粒、液体水和气体三部分组成，称为土的三相组成。土中的固体矿物构成骨架，骨架之间贯穿着孔隙，孔隙中充填着水和空气，如图 3.2 所示。

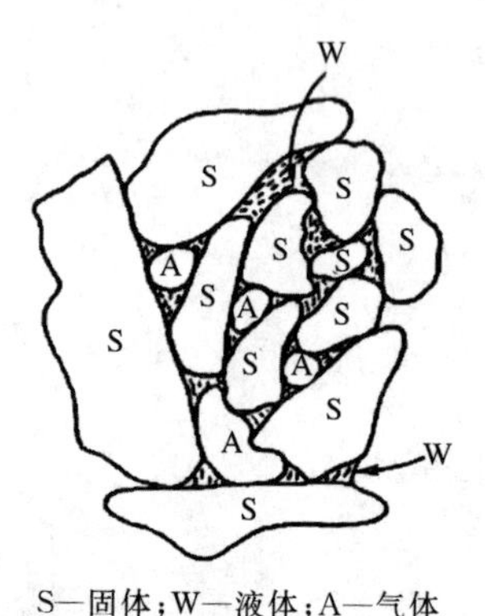

S—固体；W—液体；A—气体

图 3.2 土的组成示意图

三相比例不同，土的状态和工程性质也不相同。

固体＋气体(液体＝0)为干土，干黏土较硬，干砂松散；固体＋液体＋气体为湿土，湿的黏土多为可塑状态；固体＋液体(气体＝0)为饱和土，饱和粉细砂受震动可能产生液化；饱和黏土地基沉降需很长时间才能稳定。

由此可见，研究土的工程性质，首先从最基本的、组成土的三相，即固体、水和气体本身开始研究。

3）土石方的分类

（1）土壤的分类

土壤类别是按土(石)的开挖方法及工具、坚固系数值，划分为一至四类土，一般将一、二类土合并在一起，如表3.1所示。

表3.1 土壤分类表

土壤类别	土壤名称	开挖方法
一、二类土	粉土、砂土(粉砂、细砂、中砂、粗砂、砾砂)、粉质黏土、弱中盐渍土、软土(淤泥质土、泥炭、泥炭质土)、软塑红黏土、冲填土	用锹，少许用镐、条锄开挖。机械能全部直接铲挖满载者
三类土	黏土、碎石土(圆砾、角砾)、混合土、可塑红黏土、硬塑红黏土、强盐渍土、素填土、压实填土	主要用镐、条锄，少许用锹开挖。机械需部分刨松方能铲挖满载者或可直接铲挖但不能满载者
四类土	碎石土(卵石、碎石、漂石、块石)、坚硬红黏土、超盐渍土、杂填土	全部用镐、条锄挖掘，少许用撬棍挖掘。机械需普遍刨松方能铲挖满载者

注：本表中土的名称及含义按现行国家标准《岩土工程勘察规范》(GB 50021—2001)(2009年局部修订版)定义。

（2）岩石的分类

岩石类别根据岩石的极限压碎强度、开挖方法及工具、坚固系数值进行划分，如表3.2所示。

表3.2 岩石分类表

<table>
<tr><th colspan="2">岩石分类</th><th>代表性岩石</th><th>开挖方法</th></tr>
<tr><td colspan="2">极软岩</td><td>1. 全风化的各种岩石
2. 各种半成岩</td><td>部分用手凿工具、部分用爆破法开挖</td></tr>
<tr><td rowspan="2">软质岩</td><td>软岩</td><td>1. 强风化的坚硬岩或较硬岩
2. 中等风化—强风化的较软岩
3. 未风化—微风化的页岩、泥岩、泥质砂岩等</td><td>用风镐和爆破法开挖</td></tr>
<tr><td>较软岩</td><td>1. 中等风化—强风化的坚硬岩或较硬岩
2. 未风化—微风化的凝灰岩、千枚岩、泥灰岩、砂质泥岩等</td><td rowspan="3">用爆破法开挖</td></tr>
<tr><td rowspan="2">硬质岩</td><td>较硬岩</td><td>1. 微风化的坚硬岩
2. 未风化—微风化的大理岩、板岩、石灰岩、白云岩、钙质砂岩等</td></tr>
<tr><td>坚硬岩</td><td>未风化—微风化的花岗岩、闪长岩、辉绿岩、玄武岩、安山岩、片麻岩、石英岩、石英砂岩、硅质砾岩、硅质石灰岩等</td></tr>
</table>

注：本表依据现行国家标准《工程岩体分级标准》(GB 50218—2014)和《岩土工程勘察规范》(GB 50021—2001)(2009年局部修订版)整理。

3.1.2 土石方工程施工工艺

市政工程中,常见的土石方工程有场地平整、基坑(槽)与管沟开挖、路基开挖、填土、路基填筑以及基坑回填等。土石方工程的施工方法有人工施工和机械施工两种。人工施工比较简单,劳动强度较大,大型土石方工程采用机械施工较多。

1) 人工土石方工程施工工艺

(1) 工艺流程

人工土石方工程施工工艺流程,如图3.3所示。

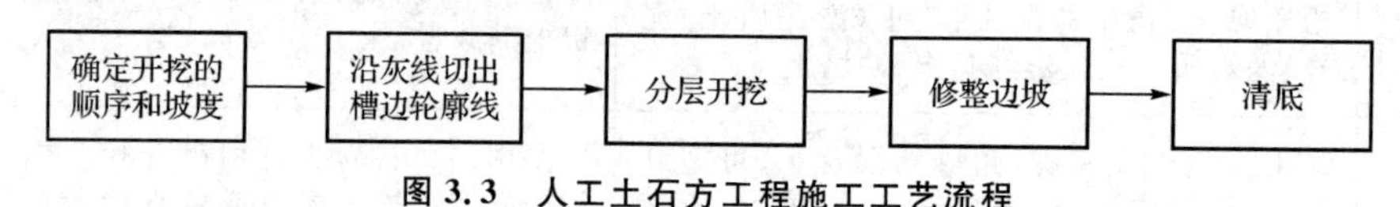

图3.3 人工土石方工程施工工艺流程

(2) 施工要点

①挖方工程应在定位放线后,方可施工。

②土方开挖前,施工现场内的地上地下障碍物(建筑物、构筑物、道路、沟渠、管线、坟墓、树木等)应清除和处理,表面要清理平整,做好排水坡向,一般不小于2%的坡度。在施工范围内应挖临时性排水沟。

③土方开挖时,应防止附近的建筑物或构筑物道路、管线等发生下沉和变形。

④挖方的边坡坡度,应根据土的种类、物理力学性质(质量密度、含水量、内摩擦角及内聚力等)、工程地质情况、边坡高度及使用期确定,在土质具有天然湿度、构造均匀、水文地质良好且无地下水时,深度在5 m以内的基坑边坡可按表3.3、表3.4确定。

表3.3 深度在5 m以内的基坑边坡的最大坡度(一)

土名称	人工挖土土抛坑边	土名称	人工挖土土抛坑边
砂土	1∶1.0	黏土	1∶0.33
砂质粉土	1∶0.67	干黄土	1∶0.25
粉质黏土	1∶0.50		

表3.4 深度在5 m以内的基坑边坡的最大坡度(二)

土名称	机械在坑底挖土	机械在坑上边挖土
砂土	1∶0.75	1∶1.0
砂质粉土	1∶0.50	1∶0.75
粉质黏土	1∶0.33	1∶0.75
黏土	1∶0.25	1∶0.67
干黄土	1∶0.10	1∶0.33

⑤当地质条件良好,土质均匀且地下水位低于基坑(槽)时,在规范允许的挖土深度内可以不放坡,也可以不加支撑。

⑥挖掘土方有地下水时,应先用人工降低地下水位,防止建筑物基坑(槽)底土壤扰动,然后进行挖掘。

⑦开挖基坑(槽)时,应首先沿灰线直边切出槽边的轮廓线。土方开挖宜自上而下分层、分段开挖,随时做成一定的坡势,以利泄水,并不得在影响边坡稳定的范围内积水,开挖端部逆向倒退按踏步型挖掘。坚土、砂砾土先用镐翻松,向下挖掘,每层深度视翻松度而定,每层应清底出土,然后逐层挖掘。

所挖土方皆两侧出土,当土质良好时,抛于槽边的土方距槽边 0.8 m 以外,高度不宜超过 1.5 m。在挖到距槽底 500 mm 以内时,测地放线人员应配合定出距槽底 500 mm 的水平线。自每条槽端部 200 mm 处每隔 2～3 m,在槽帮上定水平标高小木橛。在挖至接近槽底标高时,用尺或事先量好的 500 mm 标准尺杆,以小木橛为准校核槽底标高。槽底不得挖深,如已挖深,不得用虚土回填。由两端轴线引桩拉通线,以轴线至槽边距离检查槽宽,修整槽壁,最后清除槽底土方,修底铲平。

⑧挖放坡的坑(槽)和管沟时,应先按规定坡度,粗略垂直开挖,每挖至约 1 m 深时,再按坡度要求做出坡度线,每隔 3 m 做一条,以此为准进行铲坡。

⑨开挖大面积浅基坑时,沿基坑三面开挖,挖出的土方由未开挖的一面运至弃土地点,坑边存放一部分好土作为回填土用。

⑩基槽挖至槽底后,应对土质进行检查,如遇松软土层、坟坑、枯井、树根等深于设计标高时,应予加深处理。加深部分应以踏步式自槽底逐步挖至加深部位的底部,每个踏步的高度为 500 mm,长度为 1 m。

⑪在土方开挖过程中,如出现滑坡迹象(如裂缝、滑动等)时应暂停施工,立即采取相应措施,并观测滑动迹象,做好记录。

2) *机械土石方工程施工工艺*

(1) 工艺流程

机械土石方工程施工工艺流程,如图 3.4 所示。

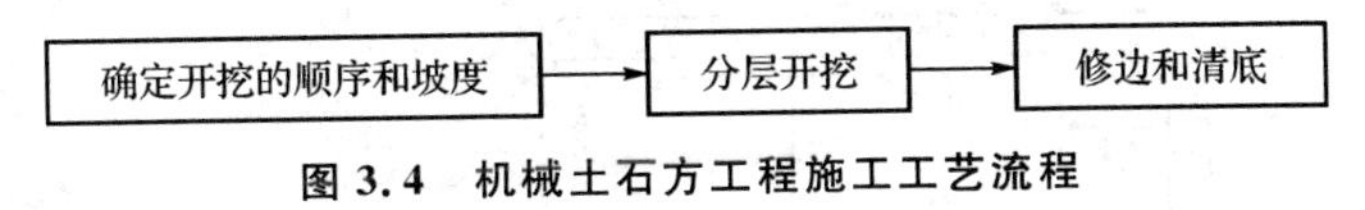

图 3.4　机械土石方工程施工工艺流程

①机械开挖应根据工程规范、地下水位高低、施工机械条件、进度要求等合理地选用施工机械,以充分发挥机械效率,节省机械费用,加速工程进度。

一般深度 2 m 以内的大面积基坑开挖,宜采用推土机或装载机推土和装车;对长度和宽度均较大的大面积土方一次开挖,可用铲运机铲土;对面积大且深的基础,多采用 0.5 m^3、1.0 m^3 斗容量的液压正铲挖掘机;如操作面较狭窄,且有地下水,土的湿度大,可采用液压反铲挖掘机在停机面一次开挖;深 5 m 以上的,宜分层开挖或开沟道用正铲挖掘机下入基坑分层开挖;对面积很大且很深的设备基础基坑或高层建筑地下室深基坑,可采用多层接力开挖方法,土方用翻斗汽车运出;在地下水中挖土可用拉铲或抓铲,效率较高。

②土方开挖时应绘制土方开挖图,如图 3.5 所示。确定开挖路线、顺序、范围、基底标高、边坡坡度、排水沟、集水井位置以及挖出的土方堆放地点等。绘制土方开挖图,应尽可能多使用机械挖,减少机械超挖和人工挖方。

③大面积基础群基坑底标高不一时,机械开挖次序一般采取先整片挖至一平均标高,然后挖个别较深部位。当一次开挖深度超过挖土机最大挖掘高度(5 m 以上)时,宜分一至三层开挖,并修筑 10%～15%的坡道,以便挖土及运输车辆进出。

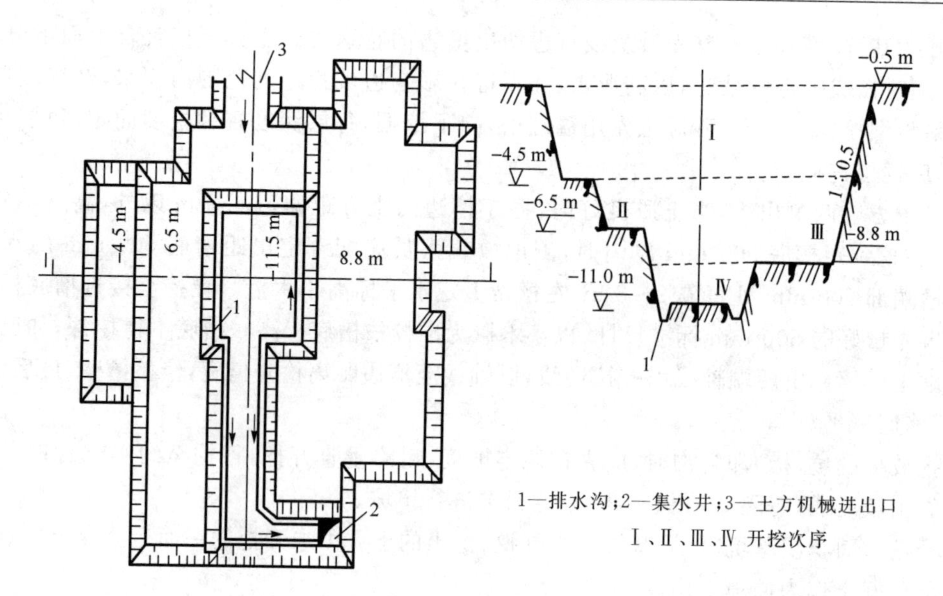

图 3.5　土方开挖图

④基坑边角部位,机械开挖不到之处,应用少量人工配合清坡,将松土清至机械作业半径范围内,再用机械掏取运走。人工清土所占比例一般为 1%～10%,挖土方量越大,则人工清土比例越小,修坡以厘米作限制误差。大基坑宜另配一台推土机清土、送土、运土。

⑤挖掘机、运土汽车进出基坑的运输道路,应尽量利用基础一侧或两侧相邻的基础后开挖的部位,使它互相贯通作为车道,如图 3.6 所示,或利用提前挖除土方后的地下设施部位作为相邻的几个基坑开挖地下运输通道,以减少挖土量。

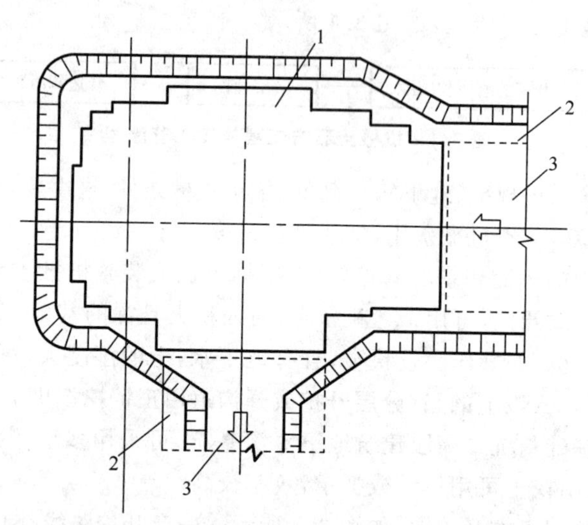

1—先开挖设备基础部位;2—后开挖设备基础或地下室、沟道部位;3—挖掘机、汽车进出运输道

图 3.6　利用后开挖基础部位作车道

⑥对面积和深度均较大的基坑,通常采用分层挖土施工法,使用大型土方机械,在坑下作业。如为软土地基或在雨期施工,进入基坑行走需铺垫钢板或铺路基箱垫道。

⑦对大型软土基坑,为减少分层挖运土方的复杂性,可采用"接力挖土法"。它是利用两台或三台挖土机分别在基坑的不同标高处同时挖土。一台在地表,两台在基坑不同标高的台阶

上，边挖土边向上传递到上层，由地表挖土机装车，用自卸汽车运至弃土地点。上部可用大型挖土机，中、下层可用液压中小型挖土机，以便挖土。

装车均衡作业，机械开挖不到之处，再配以人工开挖修坡、找平。

在基坑纵向两端设有道路出入口，上部汽车实行单向行驶。

用本法开挖基坑，可一次挖到设计标高，一次完成，一般两层挖土可挖到 10 m，三层挖土可挖到 15 m 左右，可避免将载重汽车开进基坑装土、运土作业，工作条件好，效率高，并可降低成本。

⑧对某些面积不大、深度较大的基坑，一般亦尽量利用挖土机开挖，不开或少开坡道，采用机械接力挖运土方法和人工与机械合理地配合挖土，最后用搭枕木垛的方法，使挖土机开出基坑，如图 3.7 所示。

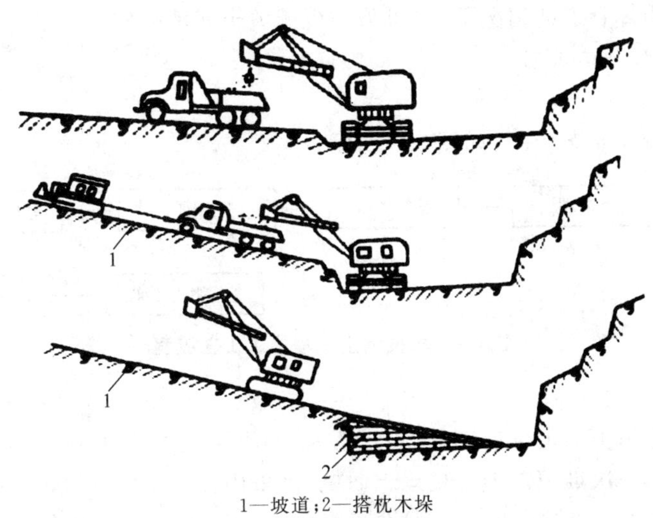

1—坡道；2—搭枕木垛

图 3.7　深基坑机械开挖

⑨机械开挖应由深而浅，基底及边坡应预留一层 300～500 mm 厚土层用人工清底、修坡、找平，以保证基底标高和边坡坡度正确，避免超挖和土层遭受扰动。

3）人工填土工程施工工艺

（1）工艺流程

人工填土工程施工工艺流程，如图 3.8 所示。

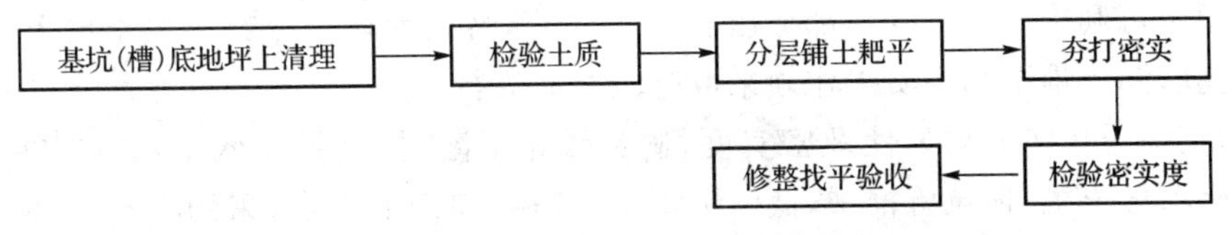

图 3.8　人工填土工程施工工艺流程

（2）施工要点

①用手推车送土，以人工用铁锹、耙、锄等工具进行回填土。填土应从场地最低部分开始，由一端向另一端自下而上分层铺填。每层虚铺厚度，用人工木夯夯实时不大于 20 cm，用打夯机械夯实时不大于 25 cm。

②深浅坑（槽）相连时，应先填深坑（槽），相平后与浅坑全面分层填夯。如采取分段填筑，交接处应填成阶梯形。墙基及管道回填应在两侧用细土同时均匀回填、夯实，防止墙基管道中心线位移。

③夯填土采用人工用60～80 kg的木夯或铁、石夯，由4～8人拉绳，二人扶夯，举高不小于0.5 m，一夯压半夯，按次序进行。较大面积人工回填用打夯机夯实。两机平行时其间距不得小于3 m，在同一夯打路线上，前后间距不得小于10 m。

④人力打夯前应将填土初步整平，打夯要按一定方向进行，一夯压半夯，夯夯相接，行行相连，两遍纵横交叉，分层夯打。夯实基槽及地坪时，行夯路线应由四边开始，夯向中间。

⑤用柴油打夯机等小型机具夯实时，一般填土厚度不宜大于25 cm，打夯之前对填土应初步平整，打夯机依次夯打，均匀分布，不留间隙。

⑥基坑(槽)回填应在相对两侧或四周同时进行回填与夯实。

⑦回填管沟时，应用人工先在管子周围填土夯实，并从管道两边同时进行，直至管顶0.5 m以上。在不损坏管道的情况下，方可采用机械填土回填夯实。

4) 机械填土工程施工工艺

(1) 工艺流程

机械填土工程施工工艺流程，如图3.9所示。

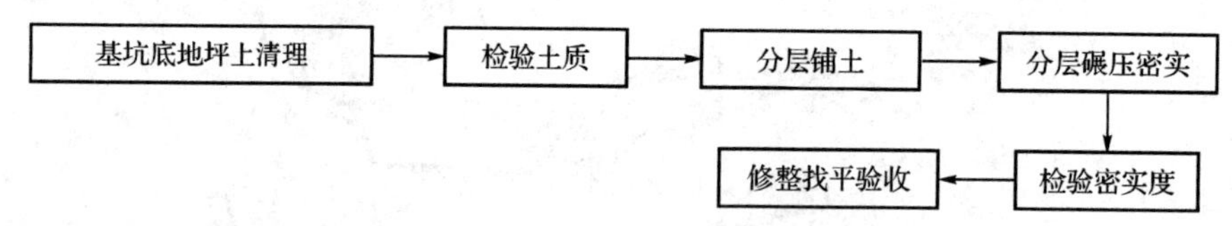

图3.9 机械填土工程施工工艺流程

(2) 施工要点

①推土机填土应由下而上分层铺填，每层虚铺厚度不宜大于30 cm。大坡度堆填土，不得居高临下，不分层次，一次堆填。推土机运土回填，可采用分堆集中，一次运送的方法，分段距离约为10～15 m，以减少运土漏失量。土方推至填方部位时，应提起一次铲刀，成堆卸土，并向前行驶0.5～10 m，利用推土机后退时将土刮平。用推土机来回行驶进行碾压，履带应重叠宽度的一半。填土程序宜采用纵向铺填顺序，从挖土区段至填土区段，以40～60 m距离为宜。

②铲运机填土，铺填土区段，长度不宜小于20 m，宽度不宜小于8 m。铺土应分层进行，每次铺土厚度不大于30～50 cm(视所用压实机械的要求而定)，每层铺土后，利用空车返回时将地表面刮平。填土程序一般尽量采取横向或纵向分层卸土，以利行驶时初步压实。

③汽车填土须配以推土机推土、摊平。每层的铺土厚度不大于30～50 cm(随选用压实机具而定)。填土可利用汽车行驶作部分压实工作，行车路线须均匀分布于填土层上。汽车不能在虚土上行驶，卸土推平和压实工作须采取分段交叉进行。

④为保证填土压实的均匀性及密实度，避免碾轮下陷，提高碾压效率，在碾压机械碾压之前，宜先用轻型推土机、拖拉机推平，低速预压4～5遍，使表面平实；采用振动平碾压实爆破石渣或碎石类土，应先静压，而后振压。

⑤碾压机械压实填方时，应控制行驶速度，一般平碾，振动碾不超过2 km/h；并要控制压实遍数。碾压机械与基础或管道廊保持一定的距离，防止将基础或管道压坏或使其位移。

⑥用压路机进行填方压实，应采用"薄填、慢驶、多次"的方法，填土厚度不应超过25～30 cm；碾压方向应从两边逐渐压向中间，碾轮每次重叠宽度约15～25 cm，避免漏压。运行中碾轮边距填方边缘应大于500 mm，以防发生溜坡倾倒。边角、边坡、边缘压实不到之处，应辅以人力夯或小型夯实机具夯实。压实密实度，除另有规定外，应压至轮子下沉量不超过1～2 cm为度。

⑦平碾碾压一层结束后，应用人工或推土机将表面拉毛。上层表面太干时，应洒水湿润后，

继续回填,以保证上、下层接合良好。

⑧用铲运机及运土工具进行压实,铲运机及运土工具的移动须均匀分布于填筑层的表面,逐次卸土碾压。

3.2 土石方工程清单编制

3.2.1 土石方工程量计算规则

1) 土方工程

(1) 土方工程计算规则

土方工程工程量清单项目设置、项目特征描述的内容、计量单位及工程量计算规则,应按表3.5的规定执行。

表3.5 土方工程(编号:040101)

项目编码	项目名称	项目特征	计量单位	工程量计算规则	工作内容
040101001	挖一般土方	1. 土壤类别 2. 挖土深度	m^3	按设计图示尺寸以体积计算	1. 排地表水 2. 土方开挖 3. 围护(挡土板)及拆除 4. 基底钎探 5. 场内运输
040101002	挖沟槽土方			按设计图示尺寸以基础垫层底面积乘以挖土深度计算	
040101003	挖基坑土方				
040101004	暗挖土方	1. 土壤类别 2. 平洞、斜洞(坡度) 3. 运距		按设计图示断面乘以长度以体积计算	1. 排地表水 2. 土方开挖 3. 场内运输
040101005	挖淤泥、流砂	1. 挖掘深度 2. 运距		按设计图示位置、界限以体积计算	1. 开挖 2. 运输

(2) 相关问题及说明

①沟槽、基坑、一般土方的划分为:底宽≤7 m且底长>3倍底宽的为沟槽,底长≤3倍底宽且面积≤150 m^2 的为基坑。超出上述范围的则为一般土方。

②土方体积应按挖掘前的天然密实体积计算。土方体积换算见表3.6。

表3.6 土方体积换算表

虚方体积	天然密实度体积	夯实后体积	松填体积
1.00	0.77	0.67	0.83
1.30	1.00	0.87	1.08
1.50	1.15	1.00	1.25
1.20	0.92	0.80	1.00

③挖沟槽、基坑土方中的挖土深度,一般指原地面标高至槽、坑底的平均高度。

④挖沟槽、基坑、一般土方因工作面和放坡增加的工程量,是否并入各土方工程量中,按各省、自治区、直辖市或行业建设主管部门的规定实施。如并入各土方工程量中,编制工程量清单时,可按表3.7、表3.8规定计算。

表3.7 放坡系数表

土类别	放坡起点(m)	人工挖土	机械挖土		
			在沟槽、坑内作业	在沟槽侧、坑边上作业	顺沟槽方向坑上作业
一、二类土	1.20	1∶0.50	1∶0.33	1∶0.75	1∶0.50
三类土	1.50	1∶0.33	1∶0.25	1∶0.67	1∶0.33
四类土	2.00	1∶0.25	1∶0.10	1∶0.33	1∶0.25

注:1. 沟槽、基坑中土类别不同时,分别按其放坡起点、放坡系数,依不同土类别厚度加权平均计算。

2. 计算放坡时,在交接处的重复工程量不予扣除,原槽、坑做基础垫层时,放坡自垫层上表面开始计算。

3. 本表按《全国统一市政工程预算定额》(GYD—301—1999)整理,并增加机械挖土顺沟槽方向坑上作业的放坡系数。

表3.8 管沟施工每侧所需工作面宽度计算表(mm)

管道结构宽	混凝土管道基础＜90°	混凝土管道基础＞90°	金属管道	构筑物	
				无防潮层	有防潮层
500以内	400	400	300	400	600
1 000以内	500	500	400		
2 500以内	600	500	400		
2 500以上	700	600	500		

注:1. 管道结构宽:有管座按管道基础外缘,无管座按管道外径计算;构筑物按基础外缘计算。

2. 本表按《全国统一市政工程预算定额》(GYD—301—1999)整理,并增加管道结构宽2 500 mm以上的工作面宽度值。

⑤挖沟槽、基坑、一般土方和暗挖土方清单项目的工作内容中仅包括了土方场内平衡所需的运输费用,如需土方外运时,按040103002"余方弃置"项目编码列项。

⑥挖方出现流砂、淤泥时,如设计未明确,在编制工程量清单时,其工程数量可为暂估值。

⑦挖淤泥、流砂的运距可以不描述,但应注明由投标人根据施工现场实际情况自行考虑决定报价。

2) *石方工程*

(1) 石方工程计算规则

石方工程工程量清单项目设置、项目特征描述的内容、计量单位及工程量计算规则,应按表3.9的规定执行。

表3.9 石方工程(编号:040102)

项目编码	项目名称	项目特征	计量单位	工程量计算规则	工作内容
040102001	挖一般石方	1. 岩石类别 2. 开凿深度	m^3	按设计图示尺寸以体积计算	1. 排地表水 2. 石方开凿 3. 修整底、边 4. 场内运输
040102002	挖沟槽石方			按设计图示尺寸以基础垫层底面积乘以挖石深度计算	
040102003	挖基坑石方				

(2) 相关问题及说明

①沟槽、基坑、一般石方的划分为:底宽≤7 m且底长＞3倍底宽的为沟槽,底长≤3倍底宽

且面积≤150 m^2 的为基坑。超出上述范围的则为一般石方。

②石方体积应按挖掘前的天然密实体积计算。石方体积换算见表 3.10。

表 3.10　石方体积换算表

名称	天然密实体积	虚方体积	松填体积	码方
石方	1.00	1.54	1.31	
块方	1.00	1.75	1.45	1.67
砂夹石	1.00	1.07	0.94	

③挖沟槽、基坑、一般石方因工作面和放坡增加的工程量，是否并入各石方工程量中，按各省、自治区、直辖市或行业建设主管部门的规定实施。如并入各石方工程量中，编制工程量清单时，其所需增加的工程数量可为暂估值，且在清单项目中予以注明。

④挖沟槽、基坑、一般石方清单项目的工作内容中仅包括了石方场内平整所需的运输费用，如需石方外运时，按 040103002“余方弃置”项目编码列项。

⑤石方爆破按现行国家标准《爆破工程工程量计算规范》(GB 50862—2013)相关项目编码列项。

3）回填方及土石方运输

(1) 回填方及土石方运输计算规则

回填方及土石方运输工程量清单项目设置、项目特征描述的内容、计量单位及工程量计算规则，应按表 3.11 的规定执行。

表 3.11　回填方及土石方运输(编号:040103)

项目编码	项目名称	项目特征	计量单位	工程量计算规则	工作内容
040103001	回填方	1. 密实度要求 2. 填方材料品种 3. 填方粒径要求 4. 填方来源、运距	m^3	1. 按挖方清单项目工程量加原地面线至设计要求标高间的体积，减基础、构筑物等埋入体积计算 2. 按设计图示尺寸以体积计算	1. 运输 2. 回填 3. 压实
040103002	余方弃置	1. 废弃料品种 2. 运距		按挖方清单项目工程量减利用回填方体积(正数)计算	余方点装料运输至弃置点

(2) 相关问题及说明

①填方材料品种为土时，可以不描述。

②填方粒径，在无特殊要求的情况下，项目特征可以不描述。

③对于沟、槽坑等开挖后再进行回填方的清单项目，其工程量计算规则按第①条确定；场地填方等按第②条确定。其中，对工程量计算规则①，当原地面线高于设计要求标高时，则其体积为负值。

④回填方总工程量中若包括场内平衡和缺方内运两部分时，应分别编码列项。

⑤余方弃置和回填方的运距可以不用描述，但应注明由投标人根据施工现场实际情况自行考虑决定报价。

⑥回填方如需缺方内运，且填方材料品种为土方时，是否在综合单价中计入购买土方费用，由投标人根据工程实际情况自行考虑决定报价。

3.2.2　土石方工程量计算方法

1）大型土石方工程量计算方法

大型土石方工程量的计算方法有两种：一种是方格网计算法，另一种是横断面计算法。方格网计算法适用于地形比较平坦、变化不大的工程,例如场地平整;横断面计算法适用于地形起伏变化较大,地面复杂的地区。

(1) 大型土石方工程量方格网计算法

大型土石方工程量方格网计算法,一般是指在有等高线的地形图上,划分为许多正方形的方格。正方形的边长,在初步设计阶段一般为 50 m 或 40 m 方格;在施工图设计阶段为 20 m 或 10 m 方格。方格边长越小,计算得出的工程量数值越正确。在所划方格的各角点上标出推算出的设计高程,同时也标出自然地面的实际高程。通常是将设计高程填写在角点的右上角,实际地面高程填写在角点的右下角。该地面高程以现场实际测量为准,然后将地面实测标高减去设计标高,正号(+)为挖方,负号(−)为填方,将带正负号的数值填写在角点的左上角。在角点的左下角的数字为角点的排列号,如图 3.10 所示。

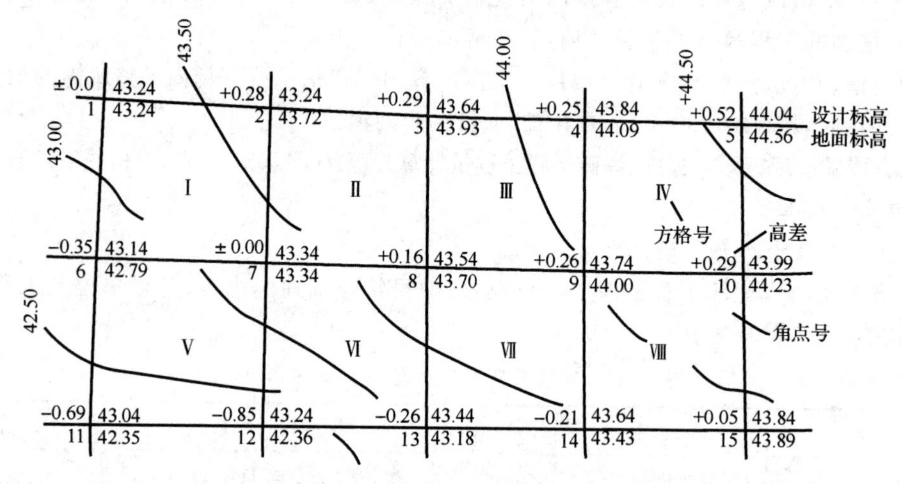

图 3.10　20 m 方格网图(m)

大型土石方工程量方格网计算法有图解法和公式计算法两种,一般来说,图解法不仅使用不便,而且精度太差,一般不采用。公式计算法有两种方法,即三角棱柱体法和四方棱柱体法。

①三角棱柱体法

三角棱柱体法是沿地形等高线,将每个方格相对角点连接起来划分为两个三角形。这时有两种情况,一种是三角形内全部为挖方或填方(见图 3.11(a)),一种是三角形内有零位线,即部分为挖方,部分为填方(见图 3.11(b))。

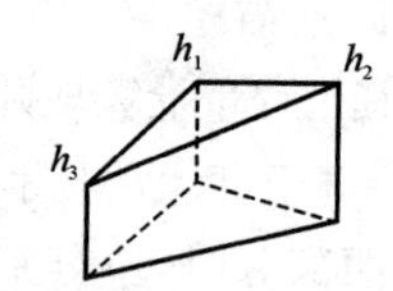

(a) 三角形内全部为挖方或填方

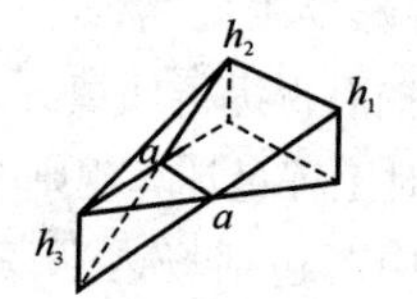

(b) 三角形内部分为挖方或填方

a—a 为零位线(即不填也不挖)

图 3.11　三角棱柱体法示意图

当三角形内全部为挖方或填方时,其截棱柱的体积为:

$$V = a^2(h_1 + h_2 + h_3)/6$$

式中:V——挖方或填方的体积,m^3;

a——方格边长,m;

h_1、h_2、h_3——三角形各角点的施工高度，用绝对值代入，m。

各施工高度若有正负号时应与图符合。

当三角形为部分挖方及部分填方时，必然会出现零位线（即不填也不挖），这时小三角部分为锥体，其体积为：

$$V_{锥} = a^2 h_3^3 / [6(h_1 + h_3)(h_2 + h_3)]$$

斜梯形部分为楔体，其体积为：

$$V_{楔} = a^2/6[h_3^3/(h_1 + h_3)(h_2 + h_3) - (h_3 + h_2 + h_1)]$$

式中：h_1、h_2、h_3——三角形各角点的施工高度，取绝对值，m。其中 h_3 指的是锥体顶点的施工高度。

②四方棱柱体法

四方棱柱体法适用于地形比较平坦或坡度比较一致的地形。一般采用 30 m 方格及 20 m 方格，以 20 m 方格使用为多并且计算也较方便，一般均可查阅土方量计算表。根据四角的施工高度（高差）符号不同，零位线可能将正方形划分为 4 种情况：正方形全部为填方（或挖方）；其中一小部分为填方（或挖方）形成三角形和五角形面积；其中近一半为填方（或挖方）形成两个梯形面积；其中有两个三角形及一个六角形（假定空白为挖方，阴影为填方）。如图 3.12 所示方格边长以 a 表示，对有零位线的零位距离，计算式中有两种表示方式：一种以 b,c 表示，另一种以施工高度 h_1,h_2,…的值来表示。

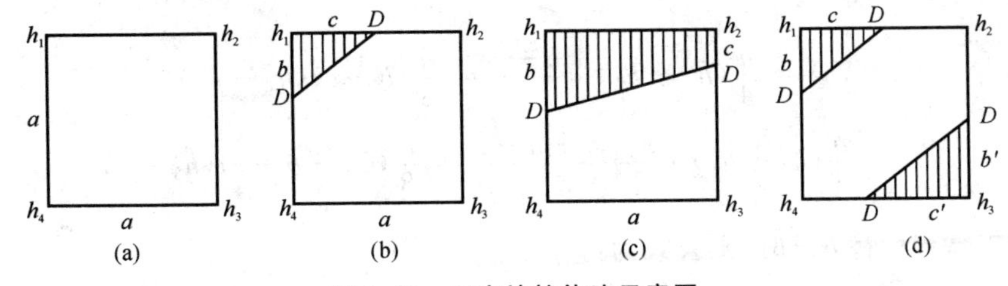

图 3.12　四方棱柱体法示意图

a. 当方格内全部为填方（或挖方）时，如图 3.12(a)所示。其计算公式为：

$$V = a^2(h_1 + h_2 + h_3 + h_4)/4$$

式中：V——挖方或填方的体积，m^3；

a——方格边长，m；

h_1、h_2、h_3、h_4——方格四角点挖方或填方的施工高度，均取绝对值，m。

b. 当方格内有底面积为三角形的角锥体的填方（或挖方）及五角形的截棱柱体的挖土（或填方）时，则三角形的角锥体的体积如图 3.12(b)所示。其计算公式为：

$$V_{填} = \frac{1}{2} b \times c \times \frac{h_1}{3} = \frac{h_1}{6}(b \times c)$$

若以施工高程来表示距离 a、b 时，则

$$b = \frac{a \times h_1}{h_1 + h_4}, c = \frac{a \times h_1}{h_1 + h_2}$$

代入上述公式得

$$V_{填}=\frac{a^2\times h_1^3}{6(h_1+h_4)(h_1+h_2)}$$

五角形的截棱柱体的体积如图 3.12(b)所示,在一般土石方计算资料中均采用近似值,公式如下:

$$V_{挖}=\left(a^2-\frac{b\times c}{2}\right)\frac{h_2+h_3+h_4}{6}$$

若将 b、c 以施工高度表示,其公式为:

$$V_{挖}=a^2\left[1-\frac{h_1^2}{2(h_1+h_4)(h_1+h_2)}\right]\frac{h_2+h_3+h_4}{5}$$

若该五角形的截棱柱体用较精确计算时,其公式为:

$$\begin{aligned}V_{挖}&=a^2\times\frac{h_2+h_3+h_4}{3}-\left[\frac{1}{3}\times\frac{a^2}{2}(h_1+h_3)-V_{填}\right]\\&=\frac{a^2}{6}(2h_2+h_3+2h_4-h_1)+V_{填}\\&=\frac{a^2}{6}\left[2h_2+h_3+2h_4-h_1+\frac{h_1^3}{(h_1+h_4)(h_1+h_2)}\right]\end{aligned}$$

c. 当方格两对边有零点,且相邻两点为填方,两点为挖方,底面积为两个梯形时,如图 3.12(c)所示,其计算公式为:

$$V_{挖}=\frac{a}{4}(h_1+h_2)\cdot\frac{b+c}{2}=\frac{a}{8}(b+c)(h_1+h_2)$$

$$V_{挖}=\frac{a}{4}(h_3+h_4)\cdot\frac{a-b+a-c}{2}=\frac{a}{8}(2a-b-c)(h_3+h_4)$$

若以施工高程代替 b、c 时,则公式为:

$$V_{填}=\frac{a^2}{8}(h_1+h_2)\cdot\frac{2h_1h_2+h_1h_3+h_2h_4}{h_1+h_2+h_3+h_4}=\frac{a^2}{4}\cdot\frac{(h_1+h_2)^2}{h_1+h_2+h_3+h_4}$$

$$V_{挖}=\frac{a^2}{8}(h_3+h_4)\cdot\left(2a-\frac{2h_3h_4+h_1h_3+h_2h_4}{h_1+h_2+h_3+h_4}\right)=\frac{a^2}{4}\cdot\frac{(h_3+h_4)^2}{h_1+h_2+h_3+h_4}$$

d. 当方格四边都有零点时,则填方为对顶点所组成的两个三角形,中间部分为挖方的六角形面积,如图 3.12(d)所示,则

$$V_{1填}=\frac{a^2h_1^3}{6(h_1+h_4)(h_1+h_2)}$$

$$V_{2填}=\frac{a^2h_3^3}{6(h_3+h_4)(h_3+h_2)}$$

$$V_{挖}=\frac{a^2}{6}(2h_2+2h_4-h_3-h_1)+V_{1填}+V_{2填}$$

其他尚有零位线通过 h 点及零位线在相邻三边组成两个相邻三角形等图形(见图 3.13),按三角形及五角形的各角点的符号在上述公式中变换即可。

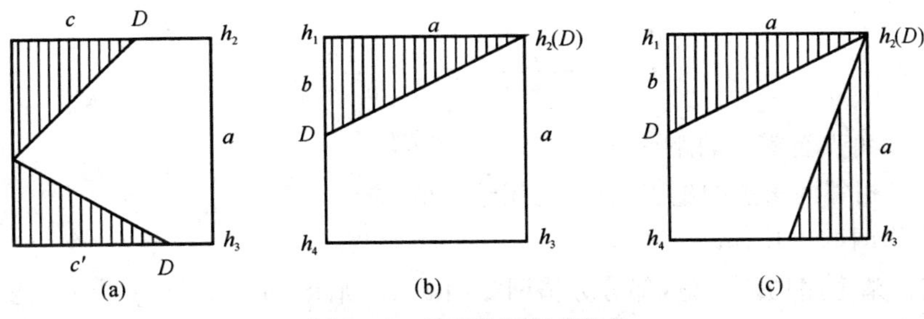

图 3.13 演变的四角棱柱体

常用方格网点挖填土计算公式见表 3.12。

表 3.12 常用方格网点挖填土计算公式

项目	图式	计算公式
一点填方或挖方(三角形)		$V=\frac{1}{2}bc\frac{\sum h}{3}=\frac{bch_4}{6}$ 当 $b=a=c$ 时,$V=\frac{a^2h_4}{6}$
两点填方或挖方(梯形)		$V_+=\frac{b+c}{2}a\frac{\sum h}{4}=\frac{a}{8}(b+c)(h_1+h_4)$ $V_-=\frac{d+e}{2}a\frac{\sum h}{4}=\frac{a}{8}(d+e)(h_3+h_2)$
三点填方或挖方(五角形)		$V=\left(a^2-\frac{bc}{2}\right)\frac{\sum h}{5}$ $=\left(a^2-\frac{bc}{2}\right)\frac{h_1+h_2+h_3}{5}$
四点填方或挖方(正方形)		$V=\frac{a^2}{4}\sum h=\frac{a^2}{4}(h_1+h_2+h_3+h_4)$

注:a—方格网的边长(m);b、c—零点到一角的边长(m);h_1、h_2、h_3、h_4—方格网四角点的施工高程(m),用绝对值代入;$\sum h$—填方或挖方施工高程的总和(m),用绝对值代入;V—挖方或填方体积(m^3)。

其中,计算零点边长如图 3.14 所示。

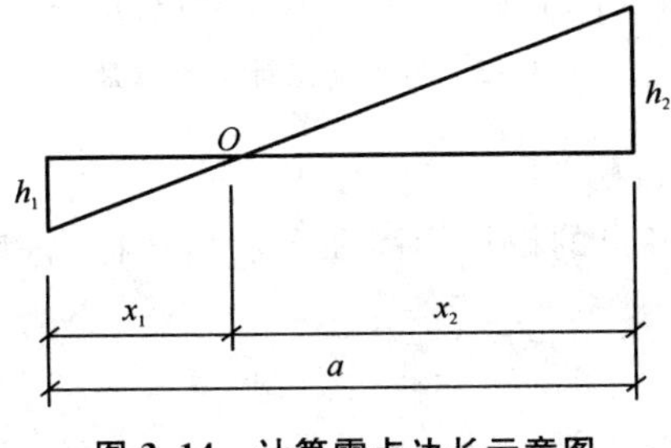

图 3.14 计算零点边长示意图

其计算公式为:

$$x_1=\frac{ah_1}{h_1+h_2}\quad x_2=\frac{ah_2}{h_1+h_2}$$

式中:x_1、x_2——角点至零点的距离,m;

h_1、h_2——相邻两角点的施工高度(均用绝对值),m;

a——方格网的边长,m。

【例 3.1】 某道路场地平整,部分方格网如图 3.15 所示,方格边长为 20 m×20 m,试计算挖填总土方工程量。

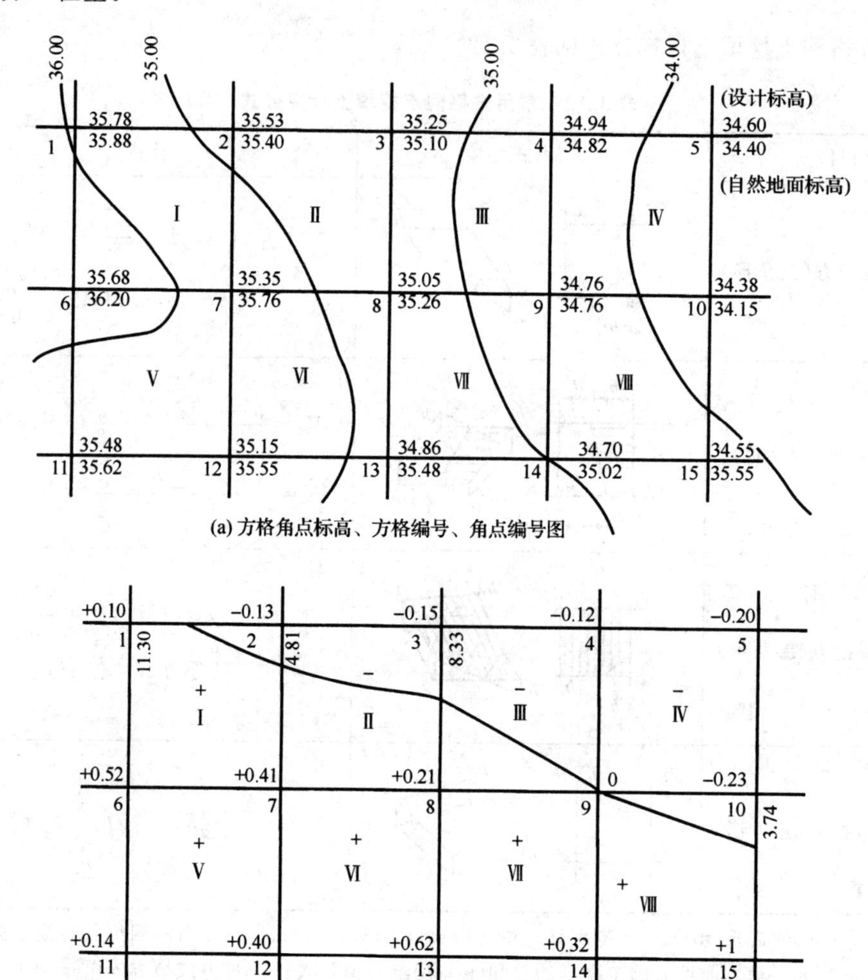

(a) 方格角点标高、方格编号、角点编号图

(b) 零线、角点挖、填高度图

(图中Ⅰ、Ⅱ、Ⅲ等为方格编号;1、2、3 等为角点号)

图 3.15 方格网法计算土方量

【解】①划分方格网、标注高程

根据图 3.15(a)所示方格各点的设计标高和自然地面标高,计算方格各点的施工高度,标注于图 3.15(b)中各点的左角上。

②计算零点位置

从图 3.15(b)中可看出 1~2、2~7、3~8 三条方格边两端角的施工高度符号不同,表明此方格边上有零点存在，由表 3.11 第 2 项公式：

1～2 线　$x_1=\dfrac{0.13\times 20}{0.10+0.13}=11.30(\text{m})$

2～7 线　$x_1=\dfrac{0.13\times 20}{0.41+0.13}=4.81(\text{m})$

3～8 线　$x_1=\dfrac{0.15\times 20}{0.21+0.15}=8.33(\text{m})$

10～15 线　$x_1=\dfrac{0.23\times 20}{0.23+1}=3.74(\text{m})$

将各零点标注于图 3.15(b)，并将零点线连接起来。

③计算土方工程量

方格Ⅰ底面为三角形和五角形，由表 3.11 第 1、3 项公式：

三角形 200 土方量　$V_+=\dfrac{0.13}{6}\times 11.30\times 4.81=1.18(\text{m}^3)$

五角形 16700 土方量　$V_-=-\left(20^2-\dfrac{1}{2}\times 11.30\times 4.81\right)\times\dfrac{0.10+0.52+0.41}{5}$

$=-76.80(\text{m}^3)$

方格Ⅱ底面为二个梯形，由表 3.11 第 2 项公式：

梯形 2300 土方量　$V_+=\dfrac{20}{8}(4.81+8.33)(0.13+0.15)=9.20(\text{m}^3)$

梯形 7800 土方量　$V_-=-\dfrac{20}{8}(15.19+11.67)(0.41+0.21)=-41.63(\text{m}^3)$

方格Ⅲ底面为一个梯形和一个三角形，由表 3.11 第 1、2 项公式：

梯形 3400 土方量　$V_+=\dfrac{20}{8}(8.33+20)(0.15+0.12)=19.12(\text{m}^3)$

三角形 800 土方量　$V_-=-\dfrac{11.67\times 20}{6}\times 0.21=-8.17(\text{m}^3)$

方格Ⅳ、Ⅴ、Ⅵ、Ⅶ底面均为正方形，由表 3.11 第 4 项公式：

正方形 45910 土方量　$V_+=\dfrac{20\times 20}{4}(0.12+0.20+0+0.23)=55.0(\text{m}^3)$

正方形 671112 土方量　$V_-=-\dfrac{20\times 20}{4}(0.52+0.41+0.14+0.40)=-147.0(\text{m}^3)$

正方形 781213 土方量　$V_-=-\dfrac{20\times 20}{4}(0.41+0.21+0.40+0.62)=-164.0(\text{m}^3)$

正方形 891314 土方量　$V_-=-\dfrac{20\times 20}{4}(0.21+0+0.62+0.32)=-115.0(\text{m}^3)$

方格Ⅷ底面为两个三角形，由表 3.11 第 1 项公式：

三角形 91009 土方量　$V_+=\dfrac{0.23}{6}\times 20\times 3.74=2.87(\text{m}^3)$

梯形 901514 土方量　$V_-=-\dfrac{20}{8}(16.26+20)(1+0.32)=-119.66(\text{m}^3)$

④汇总全部土方工程量

全部挖方量　$\sum V_-=-76.80-41.63-8.17-147-164-115-119.66=-672.26(\text{m}^3)$

全部填方量　$\sum V_{+}=1.18+9.20+19.12+55.0+2.87=87.37(m^3)$

(2) 大型土石方工程量横断面计算法

横断面计算法主要用于地形特别复杂的工程,并且大多用于沟、渠等工程。横断面计算法是先计算每个变化点的横断面积,再以两横断面的平均值乘以长度即为该段的土方工程量,最后将各段累加即为该工程的全部工程量。其计算公式为:

$$V=\frac{1}{2}(F_1+F_2)L$$

式中:V——相邻两断面间的土石方工程量,m^3;

F_1、F_2——相邻两断面的横断面积,m^2;

L——相邻两断面的距离,m。

【例3.2】 设桩号为0+000 m的挖方横断面积为11.523 m^2,填方横断面积为3.215 m^2,0+050 m的挖方横断面积为14.812 m^2,填方横断面积为0.00 m^2,计算挖方和填方工程量。

【解】 $V=1/2\times(F_1+F_2)L$

$V_{挖}=1/2\times(11.523+14.812)\times50=685.38(m^3)$

$V_{填}=1/2\times(3.215+0.00)\times50=80.38(m^3)$

市政工程大型土石方工程量横断面计算公式及体积计算公式见表3.13、表3.14。

表3.13　土方断面面积计算公式

序号	图示	面积计算式
1	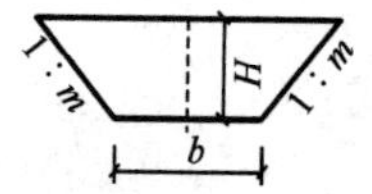	$F=H(b+mH)$
2	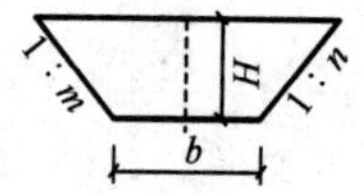	$F=H\left[b+\frac{H(m+n)}{2}\right]$
3	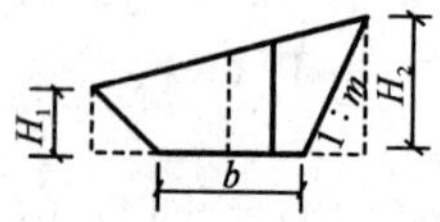	$F=b\frac{H_1+H_2}{2}+mH_1H_2$
4	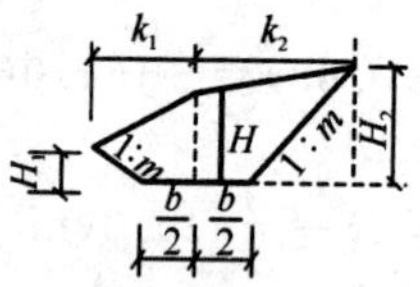	$F=\frac{H(k_1+k_2)+b(H_1+H_2)}{2}$
5	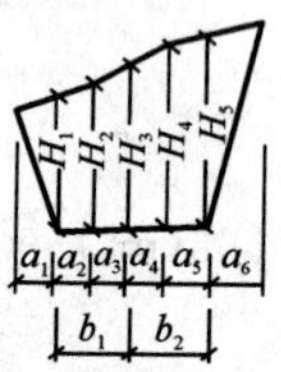	$F=H_1\frac{a_1+a_2}{2}+H_2\frac{a_2+a_3}{2}+H_3\frac{a_3+a_4}{2}+H_4\frac{a_4+a_5}{2}+H_5\frac{a_5+a_6}{2}$

表 3.14　土方体积计算公式

序号	图示	体积计算式
1	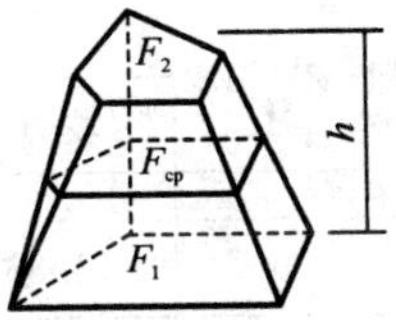	$V=\frac{h}{6}(F_1+F_2+4F_{cp})$
2	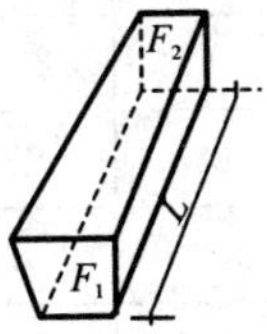	$V=\frac{F_1+F_2}{2}\cdot L$
3	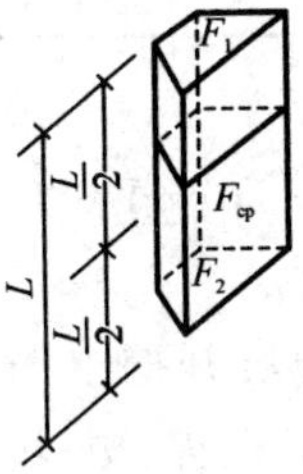	$V=F_{cp}L$
4	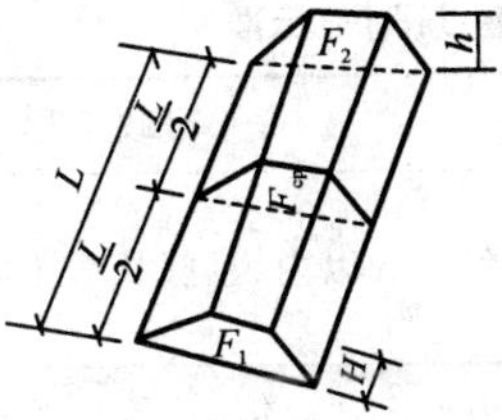	$V=\left[\frac{F_1+F_2}{2}-\frac{n(H-h)^2}{6}\right]\cdot L$ 若斜坡 $n=1.5$； $V=\left[\frac{F_1+F_2}{2}-\frac{(H-h)^2}{2}\right]\cdot L$ $V=\left[F_{cp}+n\cdot\frac{(H-h)^2}{12}\right]\cdot L$ 若斜坡 $n=1$；

【例 3.3】 某道路工程挖方、填方横断面积数据见表 3.15，试计算挖方和填方工程量。

表 3.15　某道路工程挖方、填方横断面积数据

桩号(m)	横断面积(m^2)	
	填方	挖方
0+000	0.000	21.357
0+050	0.534	21.357
0+100	0.933	27.195
0+150	0.000	27.568
0+200	0.000	37.484
0+250	0.000	32.479
0+300	0.000	34.962

【解】计算在表 3.16 中完成。

表 3.16 土方工程量计算表

桩号(m)	断面面积(m^2)		平均断面面积(m^2)		间距(m)	土方量(m^3)	
	填方	挖方	填方	挖方		填方	挖方
0+000	0.000	21.357					
			0.267	21.357	50	13.35	1 067.85
0+050	0.534	21.357					
			0.734	24.276	50	36.70	1 213.80
0+100	0.933	27.195					
			0.467	27.382	50	23.35	1 369.10
0+150	0.000	27.568					
			0.000	32.526	50	0.00	1 626.30
0+200	0.000	37.484					
			0.000	34.982	50	0.00	1 749.10
0+250	0.000	32.479					
			0.000	33.721	50	0.00	1 686.05
0+300	0.000	34.962					

$V_{填}=13.35+36.7+23.35=73.40(m^3)$

$V_{挖}=1\ 067.85+1\ 213.80+1\ 369.10+1\ 626.30+1\ 749.10+1\ 686.05=8\ 712.20(m^3)$

2) 沟、槽、坑土(石)方挖、填工程量计算方法

沟、槽、坑土(石)方工程量计算方法,是指地沟、地槽、地坑开挖土(石)方工程量计算。但沟、槽、坑开挖工程量应区分建筑物沟、槽、坑工程量和市政工程沟、槽、坑工程量。这是由划分标准及施工方法不同所决定的,见表 3.17。

表 3.17 建筑物与市政工程沟、槽、坑划分标准

分项名称	建筑物工程	市政工程
地沟、地槽	底宽在 3 m 以内,且沟槽长大于沟槽宽 3 倍以上的	底宽在 7 m 以内,且底长大于底宽 3 倍以上的
地坑	地基底面积在 20 m^2 以内的	底长小于底宽 3 倍以下,底面积在 150 m^2 以内的
一般施工方法	人工开挖	机械开挖
一般技术措施	放坡或支护	

(1) 地沟、地槽土(石)方计算

①不放坡、不增加工作面的计算公式(见图 3.16(a)):

$$V=L\times b\times H$$

②不放坡、增加工作面的计算公式(见图 3.16(b)):

$$V=L\times(b+2c)\times H$$

式中:V——地沟(槽)挖土(石)体积,m^3;

L——地沟(槽)挖土(石)长度,m;

b——地沟(槽)挖土(石)宽度,m;

H——地沟(槽)挖土(石)图示深度,m;

c——地沟(槽)挖土(石)增加的工作面宽度,m。

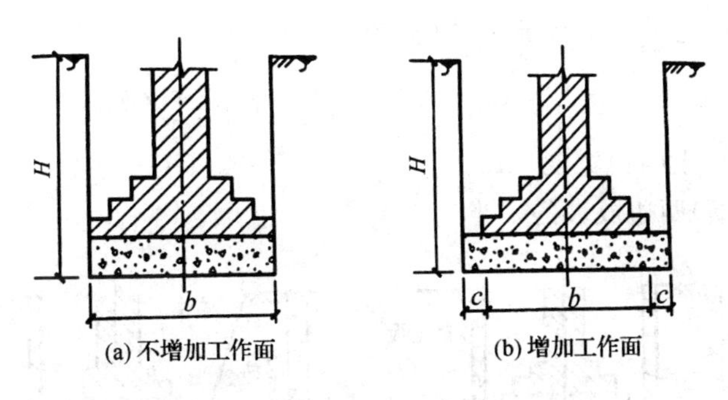

图 3.16　地沟(槽)挖土(石)断面图

基础施工中所需要增加的工作面宽度按表 3.18 的规定计算。

表 3.18　基础施工所需要增加的工作面宽度

基础材料	每边增加工作面宽度(mm)
砖基础	200
浆砌毛石、条石基础	150
混凝土基础垫层支模板	300
混凝土基础支模板	300
基础垂直面做防水层	800(防水层面)

③放坡不支挡土板的计算公式,区分下列两种不同情况分别计算:

a. 由垫层上表面放坡时(见图 3.17(a))的计算公式:

$$V = L \times [(b + 2c) \times h_1 + (b + 2c + kh_2) \times h_2]$$

b. 由垫层地面放坡时(见图 3.17(b))的计算公式:

$$V = L \times (b + 2c + kH) \times H$$

式中:k——放坡系数(详见表清单计算规则);

h_1——基础垫层厚度,m;

h_2——地沟(槽)上口面至基础垫层上表面的深度,m。

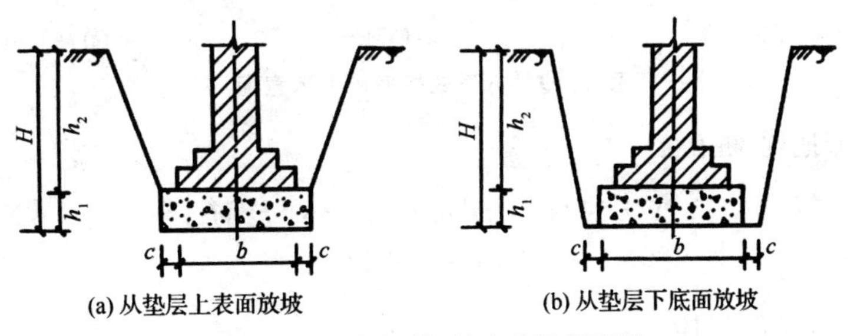

图 3.17　地沟(槽)挖土放坡断面图

④两边支挡土板的计算公式(见图 3.18(a)):

$$V = L \times (a + 2c + 2 \times 0.1) \times H$$

式中:0.1——单边支挡土板的厚度,m。

⑤一边支挡土板一边放坡的计算公式(见图3.18(b)):

$$V = L \times (a + 2c + 1/2kH + 0.1) \times H$$

式中:a——地沟(槽)挖土(石)宽度,m;

$1/2kH$——沟(槽)两边放坡的一半。

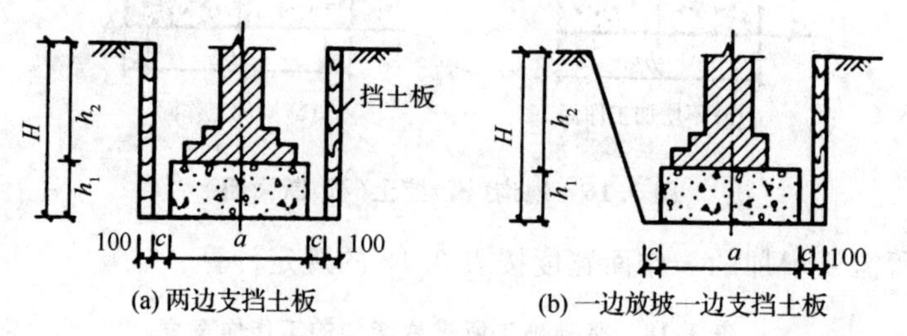

图3.18 沟(槽)挖土两边支挡土板与一边放坡一边支挡土板示意图(mm)

(2) 地坑、桩孔土(石)方计算

①不放坡方形或矩形地坑:

$$V = (a + 2c) \times (b + 2c) \times H$$

式中:a——地坑一边长度,m;

b——地坑另一边长度或宽度,m;

c——增加工作面一边宽度,m;

V,H——含义同前。

②放坡方形或矩形地坑(见图3.19):

$$V = (a + 2c + kH) \times (b + 2c + kH) \times H + 1/3k^2H^3$$

式中含义同前。

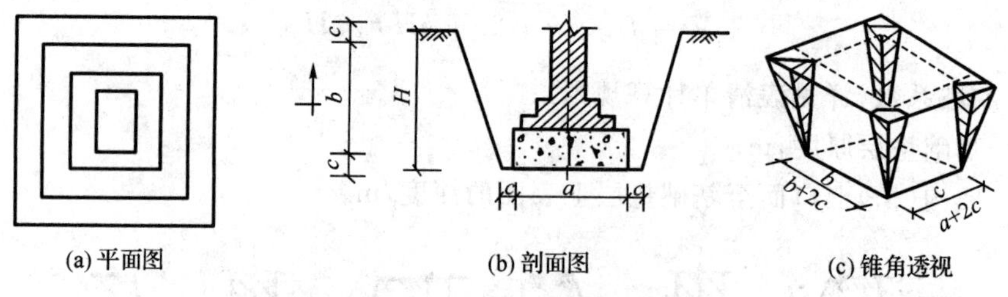

图3.19 方形或矩形挖土示意图

③不放坡圆形地坑、桩孔:

$$V = 1/4\pi \cdot D^2H = 0.7854\ D^2H$$

$$V = \pi \cdot R^2H$$

式中:π——圆周率,取3.1416;

D——坑、桩底直径,m;

R——坑、桩底半径,m。

④放坡圆形地坑、桩孔(见图 3.20):

$$V = 1/3\pi H(R_1^2 + R_2^2 + R_1 R_2)$$

式中:V——挖土体积,m^3;

H——地坑深度,m;

R_1——地坑半径,m;

R_2——坑面半径,m,$R_2 = R_1 + kH$;

k——放坡系数。

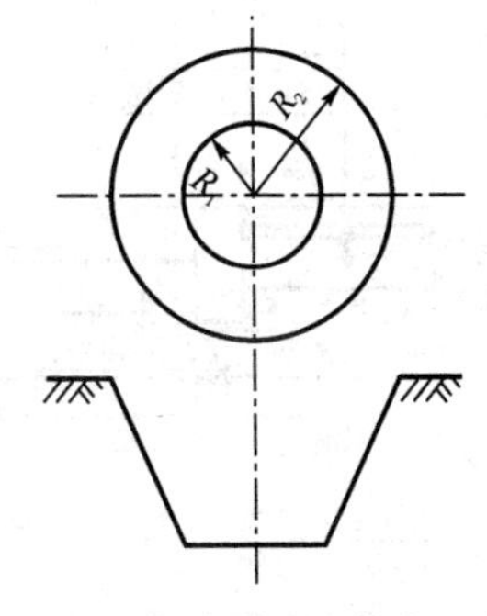

图 3.20　放坡圆形坑挖土示意图

(3) 沟、槽、坑回填土(石)方计算

沟、槽、坑回填土(石)方计算公式为:

$$V_{填} = V_{挖} - V_{埋}$$

式中:$V_{埋}$——埋入土(石)中的垫层、基础和管道的体积,m^3。

为了简化计算,市政管道回填土应扣体积按表 3.19 数值计算。

表 3.19　管道扣除土方体积表(m^3)

管道名称	管道直径(mm)					
	501～600	601～800	801～1000	1001～1200	1201～1400	1401～1600
钢管	0.21	0.44	0.71	1.15	1.35	1.55
铸铁管	0.24	0.49	0.77			
混凝土管	0.33	0.60	0.92			

注:管道直径在 500 mm 以下的不扣除管道所占体积。

【例 3.4】　××市和平东街天然气管道沟挖三类土长度为 338.55 m,沟宽 600 mm,沟深 1.20 m,试计算其人工挖土量(管道材质为钢管)。

【解】该管道地沟按上述已知条件,该地沟挖土不需放坡,但属于金属管道,应增加工作面 2×0.4 m。依据公式计算,其挖土工程量计算如下:

$V = 338.55 \times (0.6 + 2 \times 0.4) \times 1.2 = 568.76(m^3)$

【例 3.5】　××市建设西路混凝土排水管道直径 DN = 500 mm,管沟形式、深度、放坡系数(放坡系数取 1∶0.33)等如图 3.21 所示,排水管沟直线长度为 526.81 m,试计算挖土量。

【解】该管沟由下部不放坡部分和上部放坡两部分组成,其挖土工程量为:

$$\begin{aligned} V &= 526.81 \times [0.9 \times 1.1 + (0.9 + 2 \times 0.3 + 1.4 \times 0.33) \times 1.4] \\ &= 526.81 \times (0.99 + 2.7468) = 526.81 \times 3.74 \\ &= 1\ 970.27(m^3) \end{aligned}$$

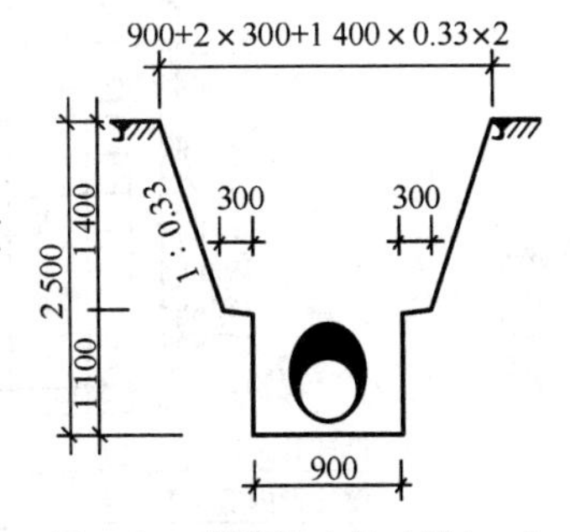

图 3.21　管沟挖土尺寸图(mm)

3.2.3　土石方工程量清单编制实例

1. 道路土方工程

【例 3.6】　某道路工程,长 100 m,人行道宽 6 m,非机动车道宽 12 m,机动车道宽 24 m,非机动车道与机动车道间的绿化带宽 2 m,机动车道与机动车道间的绿化带宽 4 m,横断面如图 3.22 所示。

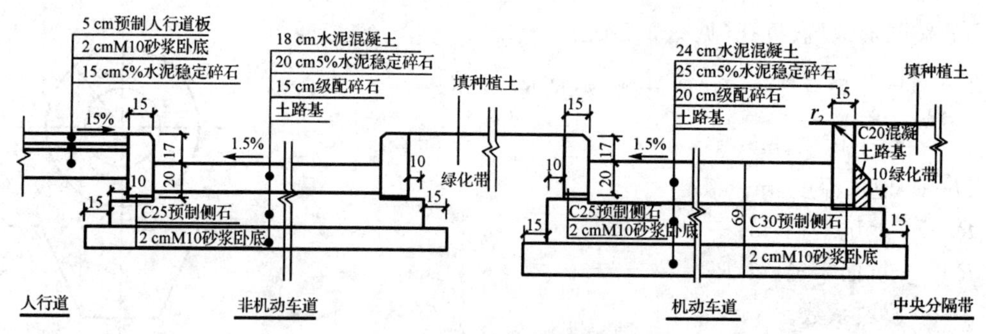

图3.22　某道路横断面图

(1) 计算该道路的土方开挖工程量(假定自然地坪标高与人行道面层标高一致)。

(2) 编制该道路土方工程工程量清单。

【解】(1) 土方开挖工程量计算。

非机动车道挖土:$V_1=(12.0+0.4\times2)\times100\times0.7\times2=1\ 792.00(\text{m}^3)$

机动车道挖土:$V_2=(24.0+0.4+0.5)\times100\times0.86\times2=4\ 282.80(\text{m}^3)$

人行道挖土:$V_3=(6.0-0.4)\times100\times0.22\times2=246.40(\text{m}^3)$

土方开挖:$V=V_1+V_2+V_3=1\ 792.00+4\ 282.80+246.40=6\ 321.20(\text{m}^3)$

(2) 该道路土方工程工程量清单编制如表3.20所示:

表3.20　土方工程工程量清单

项目编码	项目名称	项目特征	计量单位	工程量
040101001001	挖一般土方	1. 土壤类别:三类土 2. 挖土深度:非机动车道0.7 m;机动车道0.86 m;人行道0.22 m	m^3	6 321.20

2) 雨水管道土方工程

【例3.7】 某工程雨水管道纵断面图、雨水检查井断面图、管基断面图如图3.23～图3.25所示,钢筋混凝土管120°混凝土基础见表3.21,求该雨水管工程的土方量(该管道选用$D=$400 mm,放坡系数k为0.47),并编制工程量清单。

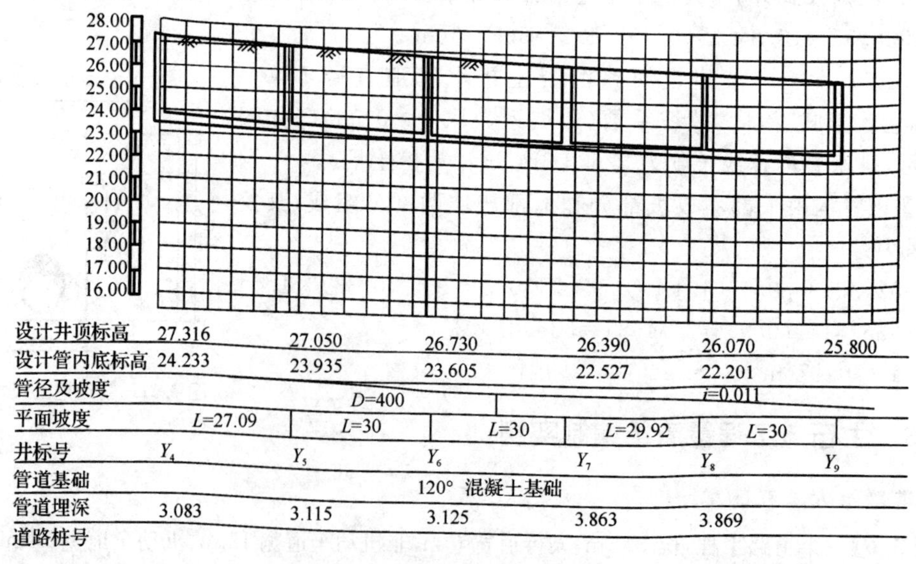

图3.23　某工程雨水管道纵断面图

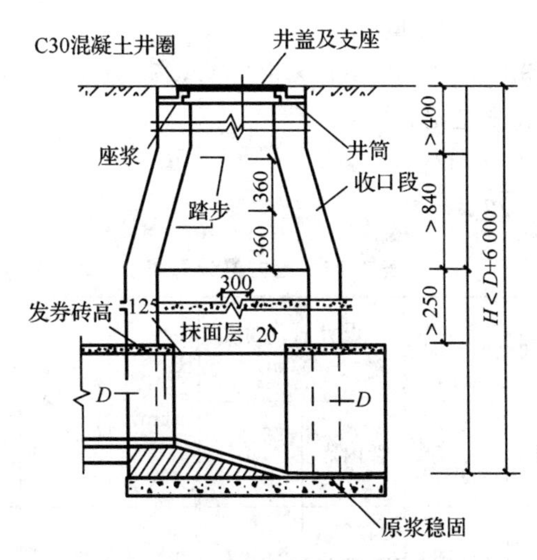

图 3.24 Φ1000 圆形砖砌雨水检查井(收口式)断面图(mm)

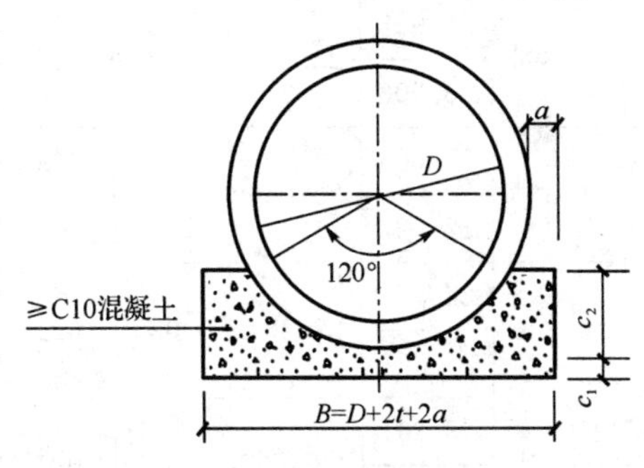

图 3.25 管基断面图

表 3.21 钢筋混凝土管 120°混凝土基础(mm)

管径 D	管壁厚 t	管基宽 B	管基厚 c_1	管基厚 c_2
300	30	520	100	90
400	35	630	100	118
500	42	744	100	146
600	50	900	100	175

【解】(1) 挖土工程量计算。

检查井把管道分为 5 段,求出每一段的土方量,汇总即可。

以 Y_4-Y_5 段为例:

①求 Y_4-Y_5 段的平均开挖深度 h(三类土,机械挖土)。

h =该段自然地面平均高程－该段设计管内底平均高程＋管道壁厚＋基础加深

$=(27.316+27.050)/2-(24.233+23.935)/2+0.035+0.1=3.234$(m)

根据此高度和土的种类判别是否放坡。

②求 Y_4-Y_5 段的平均开挖宽度 a。

a=管道结构宽(B)＋工作面$=0.63+2\times0.50=1.63$(m)

③求 Y_4-Y_5 段的平均开挖土方量 V。

$V=(a+kh)hL=(1.63+0.47\times3.234)\times3.234\times27.09=275.967(m^3)$

④Y_9 处设计管内底标高未给出,计算如下:

$22.201-30\times0.011=21.871(m)$

⑤土方量计算表见表 3.22。

表 3.22 土方量计算表

管沟段	管径(mm)	管沟长(m)	原地面高程(m)		设计管内底标高(m)		壁厚 t(m)	基础加深 $h_{基}$(m)	平均开挖深度(m)	开挖宽度 a(m)	土方量(m^3)
			地面	平均 $h_{地}$	管内底	平均 $h_{内底}$			$H=h_{地}-h_{内底}+t+h_{基}$		$V=(a+kh)hL$
Y_4-Y_5	400	27.09	27.315 27.050	27.183	24.233 23.935	24.084	0.035	0.1	3.234	1.63	275.967
Y_5-Y_6	400	30	27.050 26.730	26.890	23.935 23.605	23.770	0.035	0.1	3.255	1.63	308.561
Y_6-Y_7	400	30	26.730 26.390	26.560	23.605 22.527	23.066	0.035	0.1	3.629	1.63	363.150
Y_7-Y_8	400	29.92	26.390 26.070	26.230	22.527 22.201	22.364	0.035	0.1	4.001	1.63	420.237
Y_8-Y_9	400	30	26.070 25.800	25.935	22.201 21.871	22.036	0.035	0.1	4.034	1.63	426.712
合计											1 794.627

沿线各种井室、管道作业接口坑挖土方按沟槽全部土石方量的 2.5%计算,则有:

$V_{总}=1\ 794.627\times(1+2.5\%)=1\ 839.493(m^3)$

其中,机械完成 90%:$V_{机械}=1\ 839.493\times90\%=1\ 655.543(m^3)$

人工完成 10%:$V_{人工}=1\ 839.493\times10\%=183.949(m^3)$

(2) 填方工程量计算

假设地坪标高与设计井顶标高一致,则有

$V_{填}=V_{挖}-$(管基体积+管道体积+检查井体积+检查井垫层体积)

①管基体积:

$V_1=$管基断面面积$(S)\times$管沟长(L)

如图 3.25 和表 3.20 所示,$R=0.435$ m

$S=0.63\times(0.1+0.118)-$(扇形面积-三角形面积)

$\quad=0.63\times0.218-[(3.1416\times0.435^2)\times120/360-1/2\times0.435^2\times\sin120°]=0.021(m^2)$

$L=27.09+30+30+29.92+30-5=142.01(m)$

$V_1=0.021\times142.01=2.982(m^3)$

②管道体积:

$V_2=$管道断面面积$(S)\times$管沟长$(L)=3.141\ 6\times0.435^2\times142.01=84.378(m^3)$

③检查井体积：

Y_4 检查井的井深：27.316－24.233＋0.035＋0.1＝3.128(m)

Y_5 检查井的井深：27.05－23.935＋0.035＋0.1＝3.25(m)

Y_6 检查井的井深：26.73－23.605＋0.035＋0.1＝3.26(m)

Y_7 检查井的井深：26.39－22.527＋0.035＋0.1＝3.998(m)

Y_8 检查井的井深：26.07－22.201＋0.035＋0.1＝4.004(m)

Y_9 检查井的井深：25.8－21.871＋0.035＋0.1＝4.064(m)

检查井的平均井深：(3.128＋3.25＋3.26＋3.998＋4.004＋4.064)÷6＝3.632(m)

检查井尺寸如图 3.26 所示。

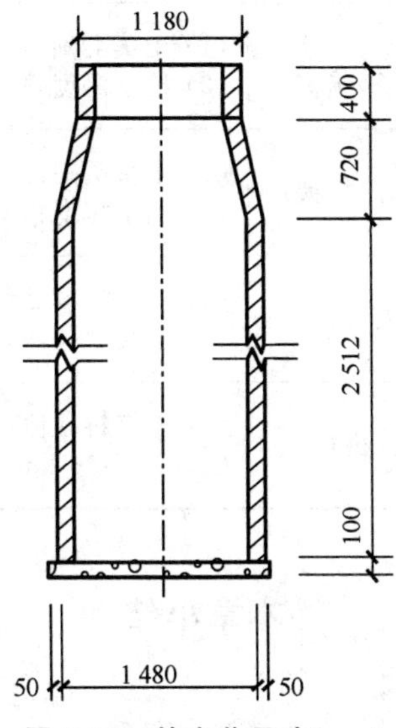

图 3.26　检查井尺寸(mm)

$$V_3 = \frac{1}{4} \times 3.1416 \times \left(1.18^2 \times 0.4 + \frac{1.18^2 + 1.48^2}{2} \times 0.72 + 1.48^2 \times 2.512\right) \times 5$$

$$= 28.845(m^3)$$

④检查井垫层体积：

$V_4 = 1/4 \times 3.1416 \times 1.58^2 \times 0.1 \times 5 = 0.98(m^3)$

⑤回填土的体积：

$V_{填} = 1\,839.493 - (2.982 + 84.378 + 28.845 + 0.98) = 1\,722.308(m^3)$

(3) 缺方运土体积

$V_{缺} = V_{填} \times 1.15 - V_{挖} = 1\,722.308 \times 1.15 - 1\,839.493 = 141.161(m^3)$

土方工程量汇总表见表 3-23。

表 3.23　某雨水管道工程土方工程项目汇总

序号	项目名称	单位	工程量	建议施工方式
1	人工挖沟槽三类土、4 m 以内	m^3	183.95	10%人工开挖
2	挖掘机挖三类土、不装车	m^3	1 655.543	反铲挖掘机开挖
3	挖掘机挖三类土、装车	m^3	141.161	反铲挖掘机开挖

续表

序号	项目名称	单位	工程量	建议施工方式
4	人工填土夯实(槽、坑)	m^3	1 722.308	人工回填、夯土
5	自卸汽车运土,16 km以内	m^3	141.161	自卸汽车运

(4) 雨水管道工程土方工程量清单编制:

某雨水管道工程土方工程量清单编制见表3.24。

表3.24 某雨水管道工程土方工程量清单

序号	项目编码	项目名称	项目特征	计量单位	工程量
1	040101002001	挖沟槽土方(人工)	(1) 土壤类别:三类土 (2) 挖土深度:4 m	m^3	183.95
2	040101002002	挖沟槽土方(机械)	(1) 土壤类别:三类土 (2) 挖土深度:4 m	m^3	1 655.543
3	040103001001	填方(人工)	(1) 填方材料品种:三类土 (2) 密实度:0.95	m^3	1 722.308
4	040103002001	余方弃置(机械)	(1) 废弃料品种:三类土 (2) 运距:16 km	m^3	141.161

本章小结

本章主要介绍以下内容:

1. 土的形成:土是连续、坚固的岩石在风化作用下形成的大小悬殊的颗粒,经过不同的搬运方式,在各种自然环境中生成的沉积物。

2. 土是由固体颗粒、液体水和气体三部分组成,称为土的三相组成。

3. 土壤类别是按土(石)的开挖方法及工具、坚固系数值,划分为一至四类土;岩石类别根据岩石的极限压碎强度、开挖方法及工具、坚固系数值进行划分,可分为极软岩、软质岩、硬质岩。

4. 人工土石方工程施工工艺,施工要点;机械土石方工程施工工艺,施工要点;人工填土工程施工工艺,施工要点;机械填土工程施工工艺,施工要点。

5. 土方工程计算规则、石方工程计算规则、回填方及土石方运输计算规则。

6. 大型土石方工程计算法:一种是方格网计算法,另一种是横断面计算法。

7. 沟、槽、坑土(石)方挖、填工程量计算方法。

8. 土石方工程量清单编制实例。

课后思考题

1. 什么是土? 土的三相组成是什么?

2. 简述人工土石方工程施工流程、人工填土工程施工流程及施工要点。

3. 简述机械土石方工程施工流程、机械填土工程施工流程及施工要点。

4. 开挖一般土方的工程量计算规则是什么? 挖沟槽、基坑土方的工程量计算规则是什么?

5. 沟槽、基坑、一般土方如何划分？

6. 开挖一般石方的工程量计算规则是什么？挖沟槽、基坑石方的工程量计算规则是什么？

7. 简述回填方工程量计算规则、余土弃置工程量计算规则。

8. 某新建道路工程全长 280 m，路宽 7 m，土壤类别为三类，填方要求密实度达到 95%。请计算填写表 3.25，并分别算出挖土和填土体积。

表 3.25　土方工程表

桩号	距离(m)	挖土			填土		
		横断面积(m^2)	平均断面积(m^2)	体积(m^3)	横断面积(m^2)	平均断面积(m^2)	体积(m^3)
K0+000		2.75			2.46		
K0+035	35	2.13			2.69		
K0+046	11	0			9.36		
K0+078	32	0			8.43		
K0+143	65	1.24			4.42		
K0+215	72	5.25			0		
K0+280	65	2.35			2.68		
合计							

9. 某城市修建一大型中心广场，其场地土方测量方格网如图 3.27 所示，方格边长 a=50 m。试计算其土方量(三类土)，填方密实度为 95%，余土外运至 3 km 处弃置，并编制土方工程工程量清单。

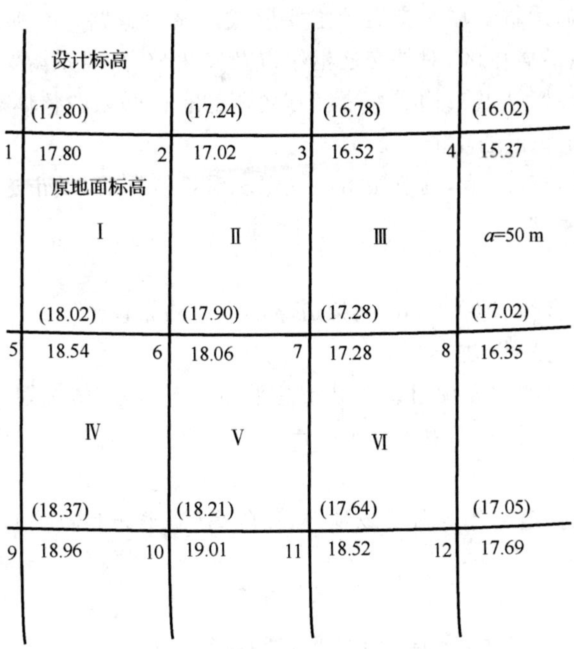

图 3.27　场地土方测量方格网示意图

4 城市道路工程

4.1 道路工程基本知识

城市道路是城市的骨架，是城市赖以生存和发展的基础，是现代化城市的一个重要构成部分。我国大、中型城市的各种交通设施，因城市的职能、规模、自然地理及气候等条件的不同而有较大差异。城市道路系统是连接城市各部分的所有道路组成的交通网络(包括干道、支路、交叉口以及同道路相连接的广场等)，在一些现代化城市中还包括城市铁路、地下铁道、地下街道和其他的轨道交通线路、市内航道以及相应的附属设施。

4.1.1 城市道路的含义、功能与特点

1) 城市道路的含义

城市道路是供各种车辆和行人等通行的工程设施。它主要承受车辆荷载的重复作用和经受各种自然因素的长期影响。

2) 城市道路的功能

(1) 交通功能

在城市里，道路交通运输是城市交通的主要形式。城市道路连接城市的各个组成部分(包括市中心区、工业区、生活居住区，对外交通枢纽以及文化教育、风景游览、体育活动场所等)，是与公路相贯通的交通纽带，使城市构成一个相互协调的有机联系的整体。

(2) 保护环境、美化城市的功能

道路绿化可以改善空气环境，调节城市的气温和湿度。同时，城市道路作为线形构筑物，设计、修建时考虑了美学原理。

(3) 布设基础设施

城市地面上的各种杆线、地下管道、高架道路都沿道路布设。

(4) 城市规划及建筑艺术功能

城市道路是城市建设的主要项目。在城市总平面图上，是总体规划所确定的建筑红线之间的用地部分。城市道路网规划，反映了一个城市的平面整体面貌和布局风格。

(5) 防灾救灾功能

道路的防灾救灾包括道路作为避难场地、防火隔离带、消防和救护通道的作用等。

3) 城市道路的特点

城市道路的特点包括：

①道路交叉点多，区间段短，交通流速较低，通行能力较小。

②道路上的行人和公共交通车辆、机动车和非机动车等各种交通流相互交织，交通组织比较复杂。

③城市道路的布局、线形、路型和宽度，除了满足城市交通运输的要求外，还要满足许多非交通性的要求。

④在交通安全和交通管理方面要求较高。

4.1.2　城市道路的分类与分级

我国颁布的《城市道路工程设计规范》，根据道路在城市道路系统中的地位、交通性质和交通特征以及对沿线建筑物的车辆和行人进出的服务功能等，将城市道路分为四类或三类。大城市一般分为四类，即快速路、主干路、次干路、支路。

(1) 快速路

一般设置在直辖市或较大的省会城市，主要属于交通性道路，为城市远距离交通服务。交通组织采用部分封闭。快速路对向车道之间应设置中间分隔带。快速路与高速公路及主干路交叉时，必须采用立体交叉，与次干路相交，当交通量仍可维持平面交叉时，也可设平交，但需保留立体交叉的可能用地，与支路一般不能相交。

行人不能穿越快速路，在过路行人集中地点必须设置人行地道或人行天桥。

为保证汽车行驶的安全、畅通、快速、舒适，沿路严禁设置吸引人流的公共建筑的出入口。

(2) 主干路

主干路是城市道路的骨架，是连接城市各主要分区的交通干道，是城市内部的主要大动脉，以交通运输为主。

主干路一般设 4 条或 6 条机动车道和有分隔带的非机动车道，一般不设立体交叉，而采用扩大交叉口的办法提高通行能力，个别流量特别大的主干路交叉口，也可设置立体交叉。

(3) 次干路

次干路是城市中数量较多的一般交通道路，配合主干路组成城市干道网，起联系各部分和集散交通的作用，兼有服务的功能。

次干路一般可设 4 条车道，可不设单独非机动车道，交叉口可不设立体交叉，部分交叉口可以做扩大处理，在街道两侧允许布置吸引人流的公共建筑。

(4) 支路

支路是次干路与街坊路的联络线，解决城市地区交通，以服务功能为主。支路上不宜通行过境车辆，只允许通行地方服务的车辆。

街坊内部道路，作为街坊建筑的公共设施组成部分，不列入等级道路以内。

4.1.3　城市道路的组成与施工特点

(1) 城市道路的组成

在城市里，沿街道两侧建筑红线之间的空间范围为城市道路用地，该用地由以下各个不同功能部分所组成：

①供各种车辆行驶的车行道。其中供汽车、无轨电车、摩托车等行驶的为机动车道；供有轨电车行驶的为有轨电车道；供自行车、三轮车等行驶的为非机动车道。

②专供行人步行交通用的人行道(地下人行道、人行天桥)。

③交叉口、交通广场、停车场、公共汽车停靠站台。

④交通安全设施。如交通信号灯、交通标志、交通岛、护栏等。

⑤排水系统。如街沟、边沟、雨水口、雨水管、污水管等。

⑥沿街地上设施。如照明灯柱、电杆、邮筒、清洁箱等。

⑦地下各种管线。如供电电缆、通讯电缆、煤气管、给水管、供热管道等。

⑧具有卫生、防护和美化作用的绿化带。

⑨交通发达的现代化城市,还建有地下铁道、高架路、公交专用车道等。

(2) 城市道路的施工特点

①充分做好准备工作,包括施工管理和组织计划工作,施工中实行流水作业,严格施工管理,健全岗位责任制、加强质量保证体系工作,每道工序都要严格把关,前一道工序未经验收不得进行下一道工序。

②道路施工耗费筑路材料多,每千米达数千吨,单方造价中材料款一般占50%以上。我国幅员辽阔,各地可供修筑道路的材料很多,所以要认真做好调查研究,充分利用当地材料和工业废渣,以求修建经济而适用的道路。

③城市道路施工从直观上看无论是新建、改造或扩建都会不同程度地存在着“三多一少”的特点。

a. 城市交通拥挤、车辆及行人多,所以尽可能不断路施工,多采用半幅通车、半幅施工的方案。必要时封锁交通断路施工,但务必做好交通疏导工作,协商安排车辆绕道行驶的路线和落实交通管理措施。为了减少扰民和保证车辆正常行驶,也可在夜间组织连续作业,快速施工。

b. 施工障碍多,无论是沿线房屋拆迁,还是地上立体交叉的各种架空线杆或是地下纵横交错的各种管网和设施或古墓文物,这些影响施工的障碍物的解决都具有很大的工作量,也极其繁杂,必须引起高度重视,务必进行妥善规划、细致实施。

c. 施工涉及面多。道路施工除了面对众多的沿线居民外,还涉及规划、公安、公交、供电、通信、供水、供热、燃气、消防、环保、环卫、路灯、绿化和街道及有关企、事业等单位,所以必须加强协作、配合工作,以取得各单位各部门的支持和谅解,使施工得以顺利进行,避免出现大量耗费人力、物力和时间的“扯皮”现象。

d. 施工用地少。城市土地极其珍贵,施工平面布置必须“窄打窄用”,乃至“见缝插针”,有条件的要在郊外建造搅拌站等基地或采用商品混凝土方案。

4.1.4 城市道路的结构组成

城市道路的结构组成主要包括路基和路面,其中路面由垫层、基层和面层构成。如图4.1、图4.2所示。

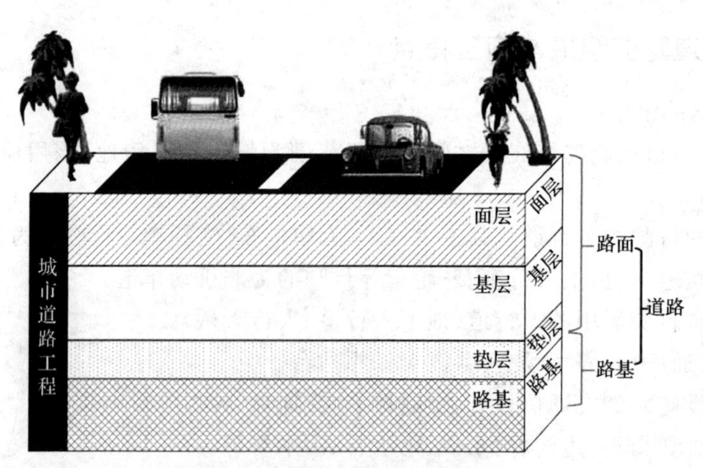

图4.1 城市道路的结构组成(一)

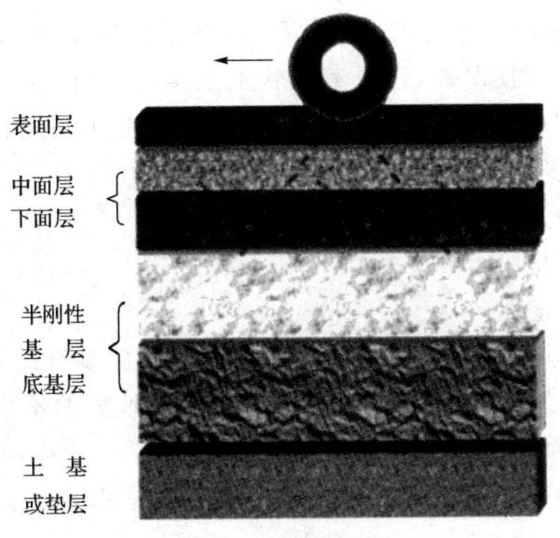

图 4.2　城市道路的结构组成(二)

1) 路基工程

(1) 路基工程概述

路基是道路结构体的基础,是由土、石材料按照一定尺寸、结构要求所构成的带状土工结构物。

路基是按照路线位置和一定技术要求修筑的带状构造物,是路面的基础,主要承受路面重量及由路面传递下来的行车与行人荷载,是城市道路的重要组成部分,贯穿城市道路全线,构成城市道路的主体。

路基除承受路面的重量、行车与行人的荷载外,还受水流、雨雪、冰冻、风沙的侵袭。由于城市道路地下管线多,路基不仅为路面及道路附属设施施工提供场地,而且为地下管线施工提供场地,并对各种地下管线设施起保护作用。

路基按断面形式分为:路堤、路堑、填挖结合路基、零填零挖路基四种,如图 4.3 所示。路基按材料分为:土路基、石路基、土石路基三种。

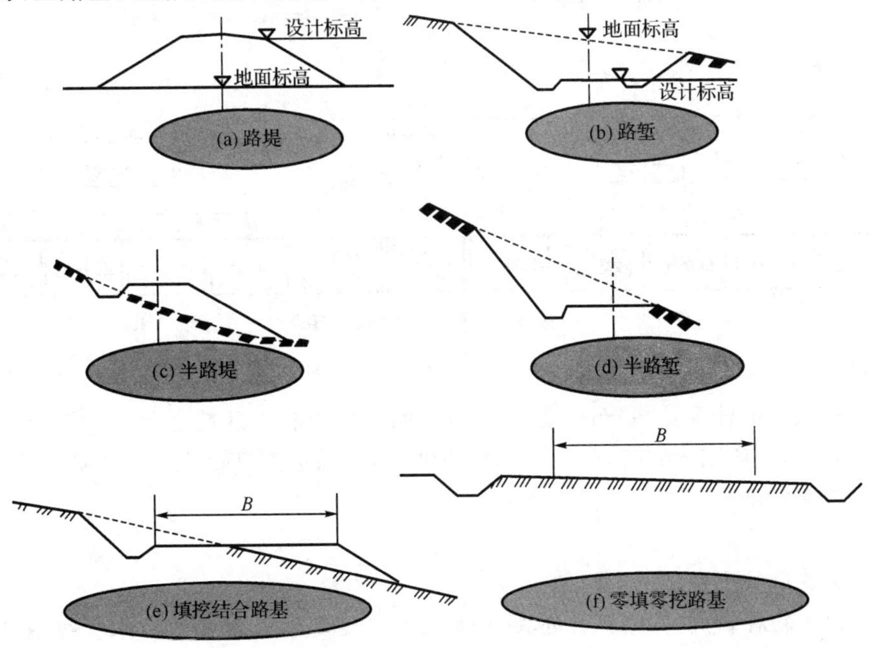

图 4.3　路基的断面形式

路基工程的特点是路线长，通过的地带类型多，技术条件复杂，受地形、气候和水文地质条件影响很大。除一般的施工技术外，还要考虑软土压实、边坡稳定、挡土墙和其他人工结构物等。此外，路基工程的土石方数量大，劳力和机械用量多，施工工期长。在城市道路中，除征地拆迁外，碰到的隐蔽工程多，如给水、污水、煤气、电缆或热力管线等，需与有关部门相互协调，公共关系比较复杂。

(2) 对路基的基本要求

①具有足够的整体稳定性

路基是直接在地面上填筑或挖去一部分地面建成的。路基修建后，改变了原地面的自然平衡状态。在工程地质不良的地区，修建路基可能会加剧原地面的不平衡状态，从而导致路基发生各种破坏现象。因此，为防止路基结构在行车荷载及自然因素作用下不致发生不允许的变形或破坏，必须因地制宜地采取一定的措施来保证路基整体结构的稳定性。

②具有足够的强度

路基的强度是指在行车荷载作用下，路基抵抗变形与破坏的能力。行车荷载及路基路面的自重使路基下层和地基产生一定的压力，这些压力可使路基产生一定的变形，直接损坏路面的使用品质。为保证路基在外力作用下不致产生超过容许范围的变形，要求路基应具有足够的强度。

③具有足够的水温稳定性

路基的水温稳定性在这里主要是指路基在水和温度的作用下保持其强度的能力。路基在地面水和地下水的作用下，其强度将会显著地降低。特别是在季节性冰冻地区，由于水温状况的变化，路基将发生周期性冻融作用，形成冻胀和翻浆，使路基强度急剧下降。因此，对于路基，不仅要求有足够的强度，还应保证在最不利的水温状况下强度不致显著降低，这就要求路基应具有一定的水温稳定性。

(3) 路基用土的工程性质

按照土的工程分类方法，将土分为巨粒土、粗粒土、细粒土和特殊土四大类，分类总体系如图4.4所示。各类土的主要工程性质如下：

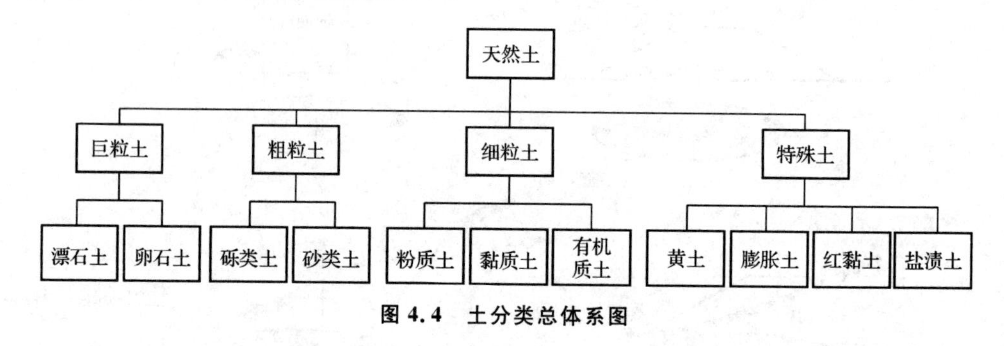

图4.4 土分类总体系图

①巨粒土

巨粒土有很高的强度及稳定性，是填筑路基的良好材料。巨粒土分为漂石土和卵石土两种。对于漂石土，在码砌边坡时，应正确选用边坡值，以保证路基稳定。对于卵石土，填筑时应保证有足够的密实度。

②粗粒土

粗粒土分为砾类土和砂类土两种。

砾类土由于粒径较大，内摩擦力亦大，因而强度和稳定性均能满足要求。级配良好的砾类土混合料，密实程度好。对于级配不良的砾类土混合料，填筑时应保证密实度，防止由于空隙大而造成路基积水、不均匀沉陷或表面松散等病害。

砂类土又可分为砂、砂土和砂性土三种。砂和砂土无塑性，透水性强，毛细上升高度很小，具有较大的摩擦系数，强度和水稳定性均较好。但由于黏性小，易于松散，压实困难，需用振动法才能压实。为克服这一缺点，可添加一些黏质土，以改善其使用质量。砂性土既含有一定数量的粗颗粒，使路基具有足够的强度和水温稳定性，又含有一定数量的细颗粒，使其具有一定的黏性，不致过分松散。一般遇水干得快，不膨胀，干时有足够的黏结性，扬尘少，容易被压实。因此，砂性土是修筑路基的良好材料。

③细粒土

细粒土可分为粉质土、黏质土和有机质土三种。

粉质土为最差的筑路材料。它含有较多的粉土粒，干时稍有黏性，但易被压碎，扬尘性大，浸水时很快被湿透，易成稀泥。粉质土的毛细作用强烈，上升速度快，毛细上升高度一般可达0.9～1.5 m，在季节性冰冻地区，水分积聚现象严重，造成严重的冬季冻胀，春融期间出现翻浆，故又称翻浆土。如遇粉质土，特别是在水文条件不良时，应采取一定的措施，改善其工程性质。

黏质土透水性很差，黏聚力大，因而干时坚硬，不易挖掘。它具有较大的可塑性、黏结性和膨胀性，毛细现象也很显著，用来填筑路基比粉质土好，但不如砂性土。浸水后黏质土能较长时间保持水分，因而承载能力小。对于黏质土如在适当的含水量时加以充分压实和有良好的排水设施，筑成的路基也能获得稳定。

有机质土(如泥碳、腐殖土等)不宜作路基填料，如遇有机质土均应在设计和施工上采取适当措施。

④特殊土

特殊土可分为黄土、膨胀土、红黏土和盐渍土四种。

黄土属大孔和多孔结构，具有湿陷性；膨胀土受水浸湿发生膨胀，失水则收缩；红黏土失水后体积收缩量较大；盐渍土潮湿时承载力很低。因此，特殊土也不宜作路基填料。

2) 路面工程

(1) 路面分级、分类及结构划分

①路面技术分级

路面的技术等级主要是按面层的使用品质和材料组成等划分的。目前我国的路面技术等级可分为以下四级：

a. 高级路面

它包括由沥青混凝土、水泥混凝土、热拌沥青碎石和整齐块石或条石等面层所组成的路面。一般适用于交通量大、行车速度快的高速公路和一、二级公路及城市快速路、主干道。

b. 次高级路面

它包括由沥青贯入式、冷拌沥青碎(砾)石、沥青表面处治和半整齐块石或条石等面层组成的路面。一般适用于交通量较大、行车速度较快的二、三级公路及城市次干道和支路。

c. 中级路面

它包括由水结碎石、泥结碎石、级配砾(碎)石、不整齐块石等作面层的路面。一般适用于中等交通的三级以下公路及城市支路、街巷道路。

d. 低级路面

它包括由各种粒料或当地材料改善土所筑成的路面，例如炉渣土、砂砾土等。一般适用于交通量小的乡村公路。

②路面的分类

路面从路面力学特性出发,可分为以下两类:

a. 柔性路面

柔性路面是指刚度较小、抗弯拉强度较低,主要靠抗压、抗剪强度来承受车辆荷载作用的路面。

柔性路面主要包括:由各种基层、垫层(水泥混凝土基层除外)与各种沥青面层、碎(砾)石面层、块石面层所组成的路面结构。

柔性路面的主要特点是:

· 刚度小。刚度是指构件或结构受力时抵抗变形的能力。

· 在车轮荷载的作用下产生的弯沉变形较大。弯沉是指路基或路面在荷载作用下产生的垂直弹性变形。

· 车轮荷载通过路面各结构层向下传递到路基的压应力较大,因而对路面基层和路基的强度与稳定性要求较高。

b. 刚性路面

刚性路面是指面层板体刚度较大,抗弯拉强度较高的路面。

刚性路面主要包括:素混凝土路面、钢筋混凝土路面、碾压混凝土路面、钢纤维混凝土路面等。

刚性路面的主要特点是:

· 面层板体的弹性模量及力学强度大大高于基层和土基的相应模量和强度。

· 抗弯拉强度远小于抗压强度,约为其1/7～1/6。

· 水泥混凝土是一种脆性材料,水泥混凝土路面面层板体在断裂时的相对拉伸变形很小。

③路面结构层的划分

由于行车荷载对路面的作用随着深度而逐渐减弱,同时,路基的湿度和温度状况也会影响路面的工作状况,因此,从受力情况、自然因素等对路面作用程度的不同以及经济的角度考虑,一般将路面分成若干层次来铺筑。

a. 面层

直接承受车轮荷载反复作用和自然因素影响的结构层称为面层,可由1～3层组成。高等级路面的面层常由2～3层组成,分别称为表面层、中面层和底面层。中、低级路面如砂石路面面层上所设的磨耗层和保护层亦包括在面层之内。

b. 基层

基层是设置在面层之下,并与面层一起将车轮荷载的反复作用传到底基层垫层和土基中。底基层是设置在基层之下,并与面层、基层一起承受车轮荷载的反复作用,起次要承重作用。

c. 垫层

它是底基层和土基之间的层次,它的主要作用是加强土基、改善基层的工作条件。修筑垫层常用的材料有两类:一类是松散粒料,如级配碎石、填隙碎石等;另一类是整体性材料,如水泥稳定土、石灰稳定土等。

d. 联结层

联结层是在面层和基层之间设置的一个层次。主要作用是加强面层与基层的共同作用或减少基层的反射裂缝。联结层所用的材料一般是沥青贯入式和沥青碎石以及沥青透层、黏层。

(2) 对路面的基本要求

汽车在路面上行驶,除了克服各种阻力外,还会通过车轮把垂直力和水平力传给路面。在水平力中又分为纵向力和横向力两种。另外,路面还会受到车辆的振动力和冲击力的作用;在车身后面还会产生真空吸力作用。在上述各种力的综合作用下,路面结构层内会产生大小不同的压应力、拉应力和剪应力。这些力作用的特点是:具有瞬时性、重复性、复杂多样性、综合性和波动性。如果产生的上述这些应力超过了路面结构整体或某一组成部分的强度,路面就会出现断裂、沉陷、波浪、松散、啃边、麻面、磨损等破坏。同时,路面还是暴露于大自然中的构造物,直接承受自然因素的影响和破坏,例如太阳照射,高温将导致沥青路面泛油、拥包等病害,同时沥青材料逐渐老化的特性,使其逐步失去原有的黏结力、塑性等技术品质,低温时又将导致沥青路面产生收缩而开裂;又如雨水,将导致路面泛油、沥青材料老化、开裂、抗滑能力降低、路面材料松散、强度和刚度下降等。自然因素对路面的影响和破坏作用的特点可归纳为:具有季节性、循环性、区域性和偶然性。由于以上因素影响,路面必须满足以下各项基本要求:

①具有足够的强度和刚度

由于受到行驶的汽车荷载所产生的各种力的综合作用。路面结构整体及各组成部分必须具备足够的强度以抵抗行车荷载的作用,避免路面产生过大的变形与破坏。刚度,是指路面结构整体或某一组成部分抵抗变形的能力。如刚度不足,即使强度足够,在车轮荷载作用下也会产生过量的变形而形成车辙、沉陷或波浪等破坏。

②具有足够的稳定性

路面结构袒露于大气之中,经常受到温度和水分变化的影响,其力学性能随之不断发生变化,强度和刚度不稳定,路况时好时坏。例如:沥青路面在夏季高温时会变软而产生车辙和推挤,冬季低温时又可能因收缩或变脆而产生开裂;水泥混凝土路面在高温时可能发生拱胀现象,温度急剧变化时会翘曲而产生破坏;砂石路面在雨季时因雨水渗入路面结构而强度下降,产生沉陷、车辙或波浪。因此,要求路面结构在各种气候条件下能够保持其强度。

③具有足够的平整度

不平整的路面表面会增大行车阻力,并使车辆产生附加的振动作用。振动作用会造成行车颠簸,影响行车速度、行车安全和舒适性。振动作用还会对路面施加冲击力,从而加剧路面和汽车机件的损坏与轮胎的磨耗,并增大油料的消耗。不平整的路面还会积滞雨水,加速路面的破坏。为了减小车辆对路面的冲击力,提高行车速度和增进行车舒适性、安全性,路面应保持一定的平整度。道路等级越高,设计行车速度越快,对路面平整度的要求也越高。

④具有足够的抗滑性能

汽车在光滑的路面上行驶时,车轮与路面之间缺乏足够的附着力(或摩擦阻力)。在雨天高速行车,或紧急制动或突然启动,或爬坡或转弯时,车轮易产生空转或打滑,致使行车速度降低,油料消耗增多,甚至引起严重的交通事故。因此,路面表面应具有足够的抗滑性能,即具有足够的粗糙度。设计车速越快,对路面抗滑性能的要求也越高。

⑤具有足够的耐久性

路面结构承受行车荷载和冷热、干湿气候因素的多次重复作用,由此而逐渐产生疲劳破坏和塑性形变累积。路面材料还可能由于老化衰变而导致破坏。这些都将缩短路面的使用年限,增加养护工作量。因此,路面结构必须具备足够的抗疲劳、抗老化和抗形变累积的能力,以保持或延长路面的使用寿命。

⑥具有尽可能低的扬尘性

汽车在砂石路面上行驶时,车身后面所产生的真空吸力会将面层表面或其中的细粒料吸起而飞扬尘土,甚至产生路面松散、脱落和坑洞等病害。扬尘还会加速汽车机件的损坏,影响行车视距和旅客的舒适及沿线居民的卫生条件。因此,应尽量减少路面的扬尘性。

4.2　城市道路工程施工图的识读

道路工程是一种带状构筑物,它具有高差大、曲线多且占地狭长的特点,因此道路工程施工图的表现方法与其他工程图有所不同。道路工程施工图是由道路平面图、道路纵断面图、道路横断面图及构造详图组成。道路平面图是在测绘的地形图的基础上绘制形成的平面图;道路纵断面图是沿路线中心线展开绘制的立面图;道路横断面图是沿路线中心线垂直方向绘制的剖面图;而构造详图则是表现路面结构构成及其他构件、细部构造的图样。用这些图样来表现道路的平面位置、线型状况、沿线地形和地物情况、高程变化、附属构筑物位置及类型、地质情况、纵横坡度、路面结构和各细部构造、各部分的尺寸及高程等。

4.2.1 城市道路路线平面图的图示内容与识读

城市道路路线城市平面图是应用正投影的方法,先根据标高投影(等高线)或地形物图例绘制出地形图,然后将道路设计平面的结果绘制在地形图上,该图样称为城市道路路线平面图。城市道路路线平面图是用来表现城市道路的方向、平面线型、两侧地形情况、路线的横向布置、路线定位等内容的主要图样。以图 4.5 道路路线平面图为例,分析道路路线平面图的图示内容。

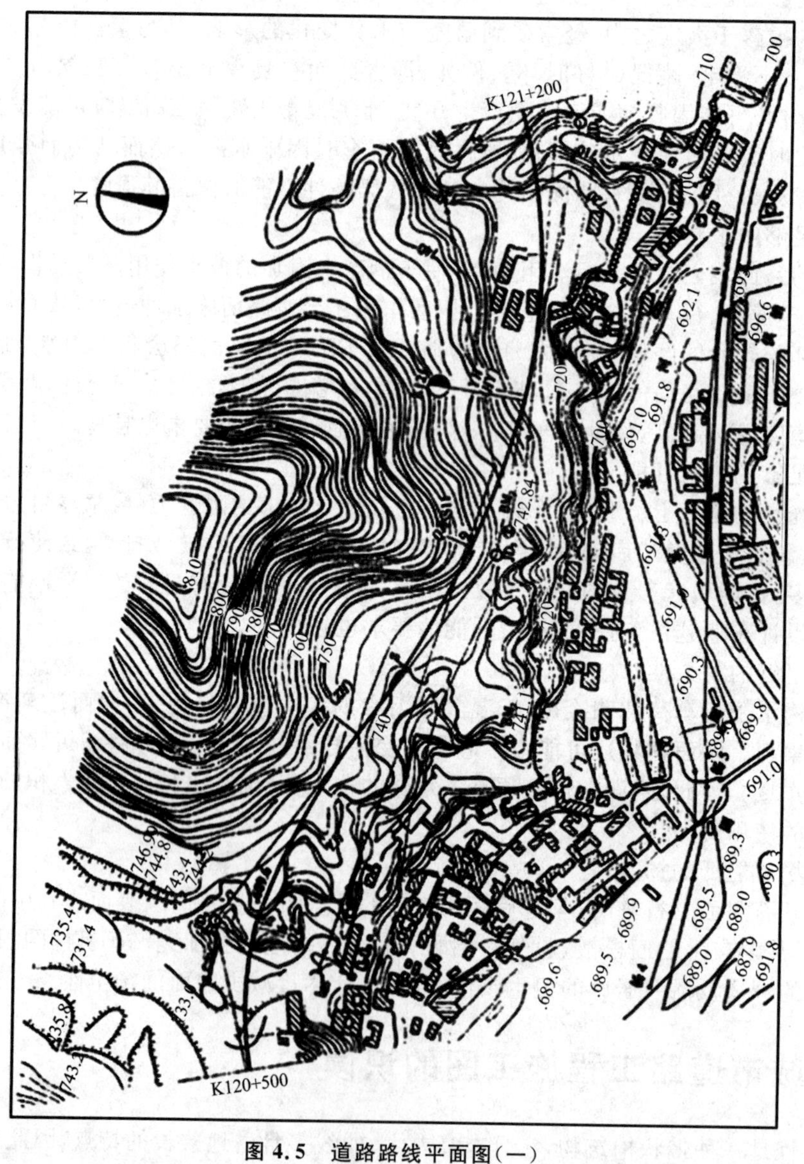

图 4.5 道路路线平面图(一)

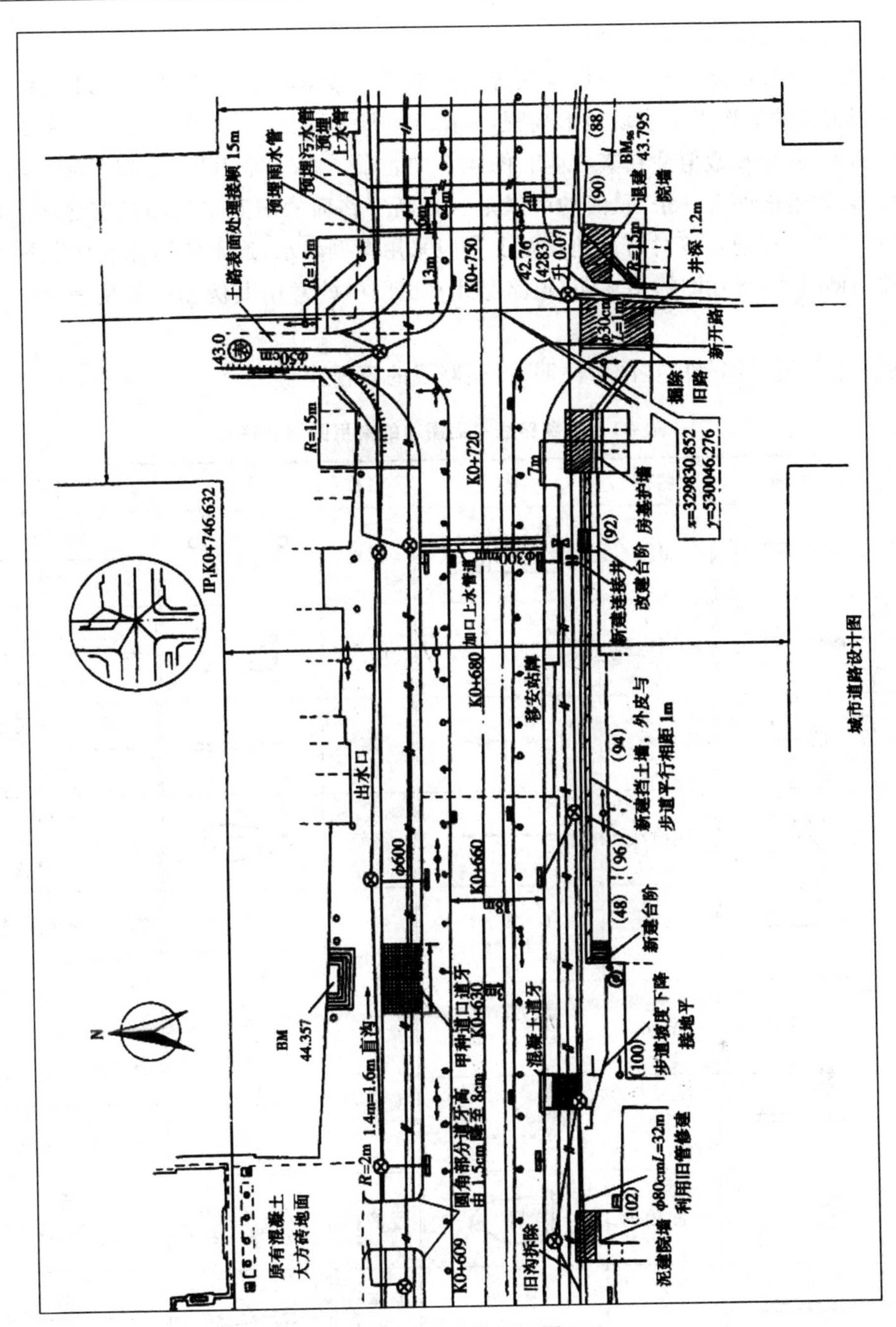

图 4.5 道路路线平面图(二)

(1) 地形部分的图示内容

①图样比例的选择：根据地形地物情况的不同，地形图可采用不同的比例，常用的比例为 1∶1 000。比例的选择应以能清晰表达图样为准。由于城市规划图比例一般为 1∶500，因此道路路线平面图的比例多采用 1∶500，图 4.5 中比例为 1∶2 000。

②方位确定：为了表明该地形区域的方位及道路路线的走向，地形图样中需要用箭头表示其方位。方位确定的方法有坐标网和指北针两种。如采用坐标网来定位，则应在图样中绘出坐标网并注明坐标，例如其 X 轴向为南北方向(上为北)，Y 轴向为东西方向；如若采用指北针，应

在图样适当位置按标准画出指北针。

③地形地物情况:地形情况一般采用等高线或地形点表示。由于城市道路一般比较平坦,因此多采用大量的地形点来表示地形高程,从图 4.5 所示看出,两等高线的高差为 2 m,图中用“▼”表示测点,其标高数值注在其右侧。图 4.5 中正前方有一座山丘,山脚下河套地带有名为石门的村落,村落南面有一条河,河的南岸是一条沥青路面的旧路。该图是待建的公路在山腰下方依山势以“S”形通过该村落。地物情况一般采用图例表示,通常使用标准规定的图例,如采用非标准图例时,需要在图样中注明,道路路线平面图中的常用图例和符号见表 4.1,道路工程常用图例见表 4.2。

④水准点位置及编号应在图中注明,以便路线的高程控制。

表 4.1 道路路线平面图中的常用图例和符号

名称	图例	名称	图例	名称	图例
浆砌块石		房屋	独立 成片	林地	松
水准点	BM 编号 / 高程	高压电线		围墙	
导线点	编号 / 高程	低压电线		堤	
转角点	JD 编号	通讯线		路堑	
铁路		水田		坟地	
公路		旱地			
大车道		菜地		变压器	
桥梁及涵洞		水库鱼塘	塘	经济林	茶
水沟		坎		等高线冲沟	
河流		晒谷坪	谷	石质陡崖	
图根点		三角点		冲沟	
机场		指北针		房屋	

名称	符号
转角点	JD
半径	R
切线长度	r
虚线长度	L
线和直线长度	L
外圆	K
偏角	α
曲线起点	ZY
第一缓和曲线起点	ZH
第一缓和曲线终点	HY
第二缓和曲线起点	YH
第二缓和曲线终点	HZ
东	E
西	W
南	S
北	N
横坐标	X
纵坐标	Y
圆曲线半径	R
切线长	T
曲线长	L
外矢距	E

表 4.2 道路工程常用图例表

项目	序号	名称	图例	项目	序号	名称	图例
平面	1	涵洞		纵断	16	箱型通道	
	2	通道			17	桥梁	
	3	分离式立交 a. 主线上跨 b. 主线下穿			18	分离式立交 a. 主线上跨 b. 主线下穿	
	4	桥梁 （大、中桥梁按实际长度绘）			19	互通式立交 a. 主线上跨 b. 主线下穿	
	5	互通式立交 （按采用形式绘）			20	细粒式沥青混凝土	
					21	中粒式沥青混凝土	
					22	粗粒式沥青混凝土	
	6	隧道			23	沥青碎石	
	7	养护机构			24	沥青贯入碎砾石	
	8	管理机构			25	沥青表面处理	
					26	水泥混凝土	
	9	防护网			27	钢筋混凝土	
	10	防护栏			28	水泥稳定土	
	11	隔离墩			29	水泥稳定砂砾	
	12	箱涵			30	水泥稳定碎砂石	
	13	管涵			31	石灰土	
	14	盖板涵			32	石灰粉煤灰	
	15	拱涵			33	石灰粉煤灰土	

续表

项目	序号	名称	图例
材料	34	石灰粉煤灰砂烁	
	35	石灰粉煤灰碎砾石	
	36	泥结碎砾石	
	37	泥灰结碎砾石	
	38	级配碎砾石	
	39	填隙碎石	
	40	天然砂砾	
	41	干砌片石	
	42	浆砌片石	
材料	43	浆砌块石	
	44	木材 横	
		木材 纵	
	45	金属	
	46	橡胶	
	47	自然土壤	
	48	夯实土壤	
	49	防水卷材	

(2) 道路路线部分图示内容

①道路规划红线是道路的用地界限,常用双点画线表示。道路规划红线范围内为道路用地,一切不符合设计要求的建设物、构筑物、各种管线等需拆除。

②城市道路中心线一般采用细点画线表示。因为城市区域地形图比例一般为1∶500,所以城市道路的平面图也采用1∶500的比例。这样,城市道路中机动车道、非机动车道、人行道、分隔带等均可按比例绘制在图样中。城市道路中的机动车道宽度为15 m,非机动车道宽度为6 m,分隔带宽度为1.5 m,人行道宽度为5 m,均以粗实线表示。

③图线桩号:里程桩号反映了道路各段长度及总长,一般在道路中心线上从起点到终点,沿前进方向注写里程桩号;也可向垂直道路中心线方向引一细直线,再在图样边上注写里程桩号。如120+500即距路线起点为120 m+500 m。如里程桩号直接注写在道路中心线上,则"+"号位置即为桩的位置。

④道路中曲线的几何要素的表示及控制点位置的图示。如图4.6所示,以缓和曲线线型为例说明曲线要素标注问题。在平面图中是用路线转点编号来表示的,JD表示为第一个路线转点。α角为路线转向的折角,它是沿路线前进方向向左或向右偏转的角度。R为圆曲线半径,T为切线长,L为曲线长,E为外矢距。图4.6中曲线控制点有ZH(直缓)为曲线起点,HY为"缓圆"交点,QZ表示曲线中点,YH为"圆缓"交点,HZ为"缓直"的交点。当为圆曲线时,控制点为:ZY、QZ、YZ。

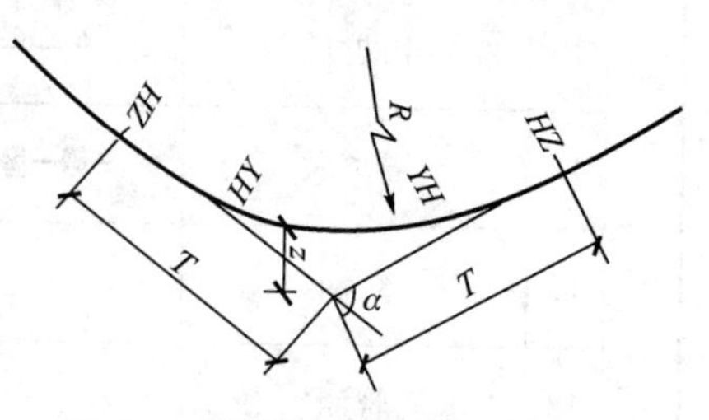

图4.6 道路平曲线要素示意图

（3）道路路线平面图的识读

根据道路路线平面图的图示内容，该图样应按以下过程阅读：

①首先了解地形地物情况：根据平面图图例及等高线的特点，了解该图反映的地形地物状况、地面各控制点高程、构筑物的位置、道路周围建筑的情况及性质、已知水准点的位置及编号、坐标网参数或地形点方位等。

②阅读道路设计情况：依次阅读道路中心线、规划红线、机动车道、非机动车道、人行道、分隔带、交叉口及道路中曲线的设置情况等。

③道路方位及走向路线控制点坐标、里程桩号等。

④根据道路用地范围了解原有建筑物及构筑物的拆除范围以及拟拆除部分的性质、数量，所占农田性质及数量等。

⑤结合道路路线纵断面图掌握道路的填挖工程量。

⑥查出图中所标注水准点位置及编号，根据其编号到有关部门查出该水准点的绝对高程，以备施工中控制道路高程。

4.2.2　城市道路路线纵断面图的图示内容与识读

城市道路路线纵断面图主要反映了道路沿纵向的设计高程变化、地质情况、填挖情况、原地面标高、桩号等多项图示内容及其数据。因此城市道路路线纵断面图中主要包括：高程标尺、图样和测设数据表三大部分，《道路工程制图标准》(GB 50162—1992)第 321 条规定，图样应在图幅上部，测设数据应布置在图幅下部，高程标尺应布置在测设数表上方左侧，如图 4.7、图 4.8 所示。

（1）图样部分的图示内容

①图样中水平方向表示路线长度，垂直方向表示高程。为了清晰反映垂直方向的高差，规定垂直方向的比例按水平方向比例放大 20 倍，如水平方向为 1∶1 000，则垂直方向为 1∶50。图上所画出的图线坡度较实际坡度大，看起来明显。

②图样中不规则的细折线表示沿道路设计中合线处的原地面线，是根据一系列中心桩的地面高程连接形成的，可与设计高程结合反映道路的填挖状态。

③路面设计高程线：图上比较规则的直线与曲线组成的粗实线为路面设计高程线，它反映了道路路面中心的高程。

④竖曲线：当设计路面纵向坡度变更处的两相邻坡度之差的绝对值超过一定数值时，为了有利于车辆行驶，应在坡度变更处设置圆形竖曲线。在设计高程线上方用“└┬┘”表示的是凹形竖曲线，用“┌┴┐”表示的为凸形竖曲线，并在符号处注明竖曲线半径 R、切线长 T、曲线长 L、外矢距 E，如图 4.7、图 4.8 所示，某城市道路路线纵断面图中所设置的竖曲线：R=4 820 m，T=31.055 m，L=62.11 m，E=0.10 m。竖曲线符号的长度与曲线的水平投影等长。

⑤路线中的构筑物：路线上的桥梁、涵洞、立交桥、通道等构筑物，在路线纵断面图的相应桩号位置以相关图例绘出，并注明桩号及构筑物的名称和编号等。

⑥标注出道路交叉口位置及相交道路的名称、桩号，如图 4.7、图 4.8 所示。

⑦沿线设置的水准点，按其所在里程标注在设计高程线的上方，并注明编号、高程及相对路线的位置。

(2) 资料部分的图示内容

城市道路路线纵断面图的资料表设置在图样下方并与图样对应格式,有简有繁,视具体道路路线情况而定。具体项目一般有如下几种内容:

①地质情况:道路路段土质变化情况,注明各段土质名称。

②坡度与坡长:如图 4.7 所示的城市道路路线断面图中的斜线上方注明坡度,斜线下方注明坡长,单位为 m。

③设计高程:注明各里程桩的路面中心设计高程,单位为 m。

④原地面标高:根据测量结果填写各里程桩处路面中心的原地面标高,单位为 m。

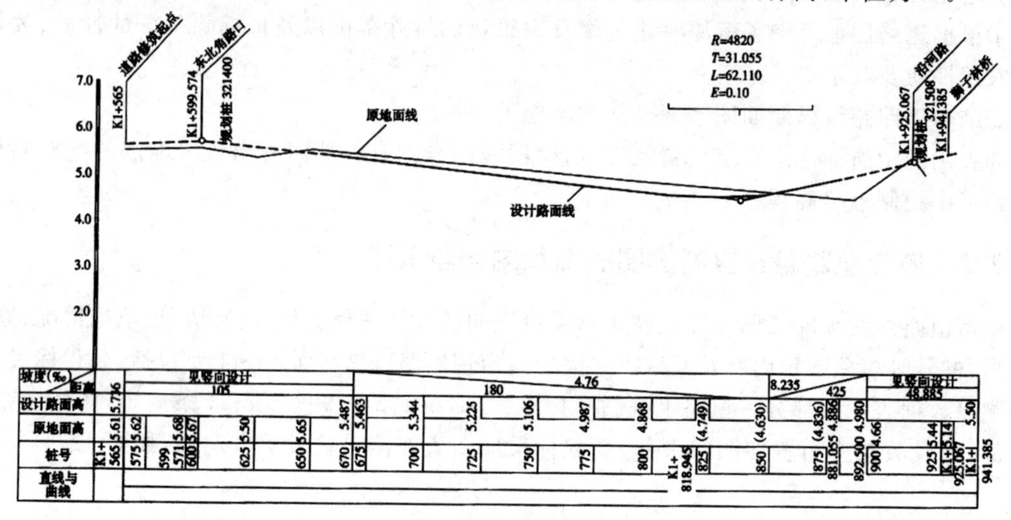

某城市道路纵段路面

图 4.7 某道路纵断面图(一)(m)

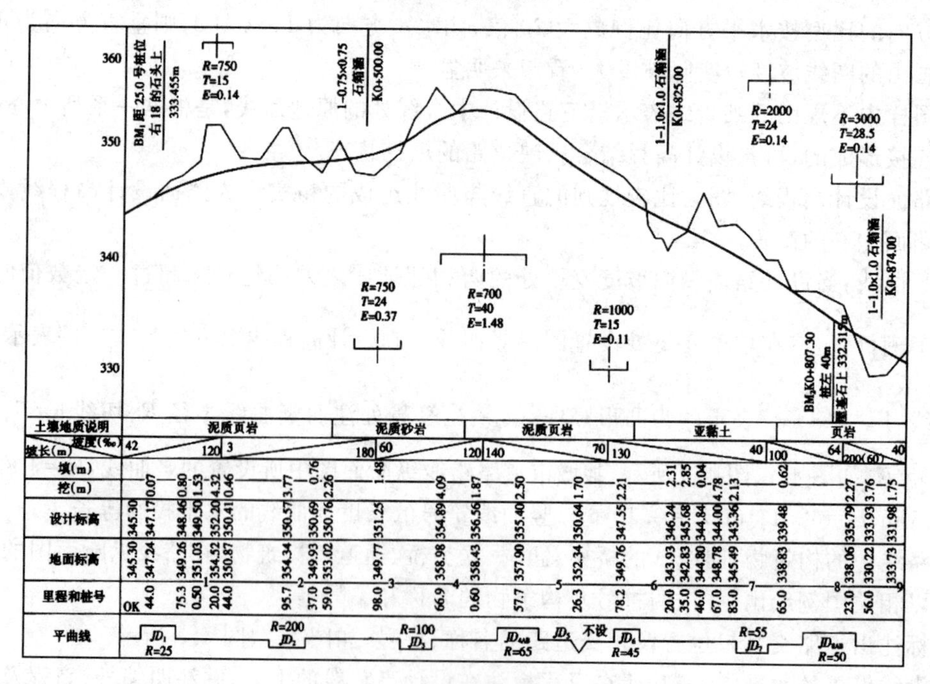

公路路线纵段面图

图 4.8 某道路纵断面图(二)(m)

⑤填挖情况:即反映设计标高与原地面标高的高差。

⑥里程桩号:按比例标注里程桩号,一般设 1 000 m 桩号、100 m 桩号(或 50 m 桩号)、构筑物位置桩号及路线控制点桩号等。

⑦平面直线与平曲线:道路中心线示意图,平曲线的起止点用直角折线表示,"⅂⅃"表示左偏角的平曲线,而"⅃⅂"则表示右偏角的平曲线,且注明平曲线的几何要素。可综合纵断面情况反映出路线空间线型变化。

(3) 道路路线纵断面图的识读

城市道路路线纵断面图应根据图样部分、测设部分结合识读,并与城市道路平面图对照,得出图样所表示的确切内容,主要内容如下:

①根据图样的横、竖比例读懂道路沿线的高程变化,并对照资料表了解确切高程。

②竖曲线的起止点均对应里程桩号,图样中竖曲线的符号长、短与竖曲线的长、短对应,且读懂图样中注明的各项曲线几何要素,如切线长、曲线半径、外矢距、转角等。

③道路路线中的构筑物图例、编号、所在位置的桩号是道路路线纵断面示意构筑物的基本方法;了解这些,可查出相应构筑物的图纸。

④找出沿线设置的已知水准点,并根据编号、位置查出已知高程,以备施工使用。

⑤根据里程桩号、路面设计高程和原地面高程读懂道路路线的填挖情况。

⑥根据资料表中坡度、坡长、平曲线示意图及相关数据,读懂路线线型的空间变化。

4.2.3 城市道路路线横断面图的图示内容与识读

1) 城市道路路线横断面图分类

道路路线横断面图是沿道路中心线垂直方向的断面图。图样中表示了机动车道、人行道、非机动车道、分隔带等部分的横向构造组成。

(1) 单幅路

车行道上不设分车带,以路面画线标志组织交通,或虽不作画线标志,但机动车在中间行驶,非机动车在两侧靠右行驶的称为单幅路。单幅路适用于机动车交通量不大,非机动车交通量小的城市次干路、大城市支路以及用地不足、拆迁困难的旧城市道路。当前,单幅路已经不具备机非错峰的混行优点,出于交通安全的考虑,即使混行也应用路面画线来区分机动车道和非机动车道。单幅路如图 4.9 所示。

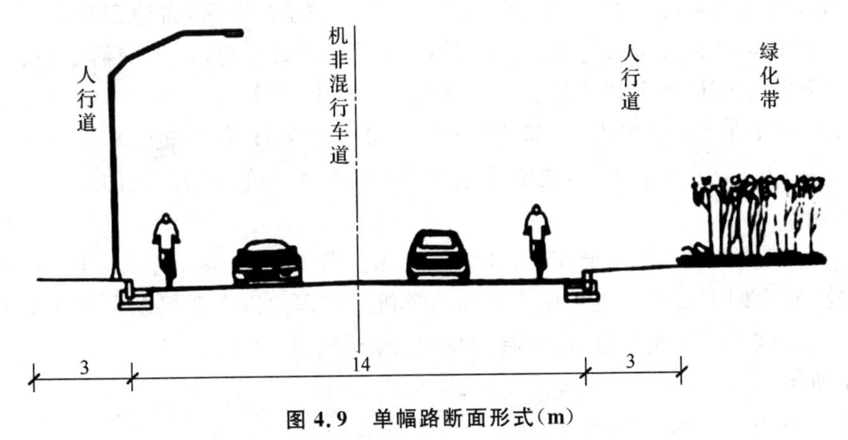

图 4.9 单幅路断面形式(m)

(2) 双幅路

用中间分隔带分隔对向机动车车流,将车行道一分为二的,称为双幅路。适用于单向两条机动车车道,非机动车较少的道路。有平行道路可供非机动车通行的快速路和郊区风景区道路以及横向高差大或地形特殊的路段亦可采用双幅路。城市双幅路不仅广泛使用在高速公路、一级公路、快速路等汽车专用道路上,而且已经广泛使用在新建城市的主、次干路上,其优点体现在以下几个方面:

①可通过双幅路的中间绿化带预留机动车道,利于远期流量变化时拓宽车道的需要。可以在中央分隔带上设置行人保护区,保障过街行人的安全。

②可通过在人行道上设置非机动车道,使得机动车和非机动车通过高差进行分隔,避免在交叉口处混行,影响机动车通行效率。

③有中央分隔带使绿化比较集中地生长,同时也利于设置各种道路景观设施。双幅路横断面形式如图4.10所示。

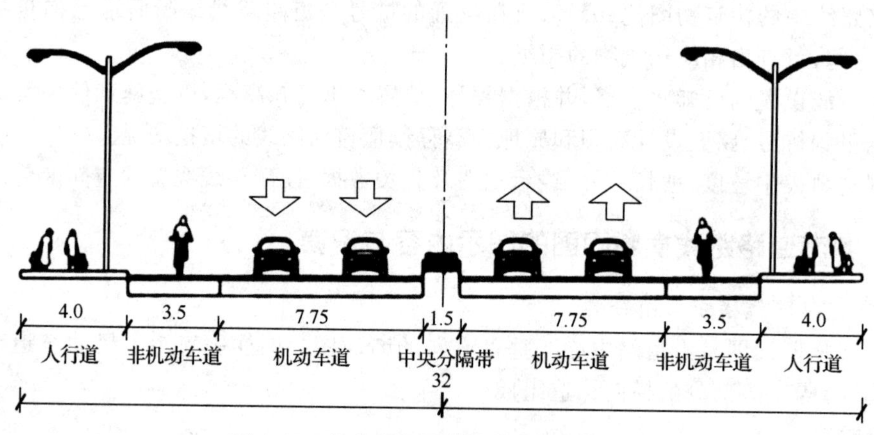

图4.10 机非混行双幅路横断面形式(m)

(3) 三幅路

用两条分车带分隔机动车和非机动车流,将车行道分为三部分的,称为三幅路。适用于机动车交通量不大,非机动车多,红线宽度大于或等于40 m的主干道。

三幅路虽然在路段上分隔了机动车和非机动车,但把大量的非机动车设在主干路上,会使平面交叉口或立体交叉口的交通组织变得很复杂,改造工程费用高,占地面积大。新规划的城市道路网应尽量在道路系统上实行快、慢交通分流,既可提高车速,保证交通安全,还能节约非机动车道的用地面积使机动车和非机动车交通安全。当机动车和非机动车在交通量都很大的道路相交时,双方没有互通的要求,只需建造分离式立体交叉口,将非机动车道在机动车道下穿过。对于主干路应以交通功能为主,也需采用机动车与非机动车分行方式的三幅路横断面。

(4) 四幅路

用三条分车带使机动车对向分流、机非分隔的道路称为四幅路。适用于机动车流量大,速度快的快速路,其两侧为辅路。也可用于单向两条机动车车道以上非机动车多的主干路。四幅路也可用于中、小城市的景观大道,以宽阔的中央分隔带和机非绿化带衬托。四幅路横断面形式如图4.11所示。

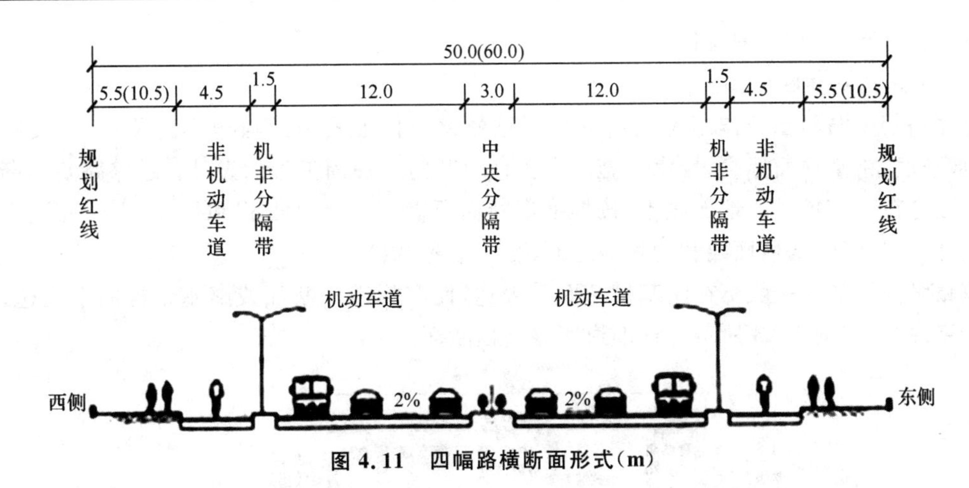

图 4.11　四幅路横断面形式(m)

2) 城市道路横断面图的图示与识读

①城市道路横断面的设计结果是采用标准横断面设计图表示。图样中要标出机动车道、非机动车道、人行道、绿化带及分隔带等几大部分。

②城市道路地上有电力、电信等设施,地下有给水管、排水管、污水管、煤气管、地下电缆等公用设施的位置、宽度、横坡度等,称为标准横断面图,如图 4.12 所示。

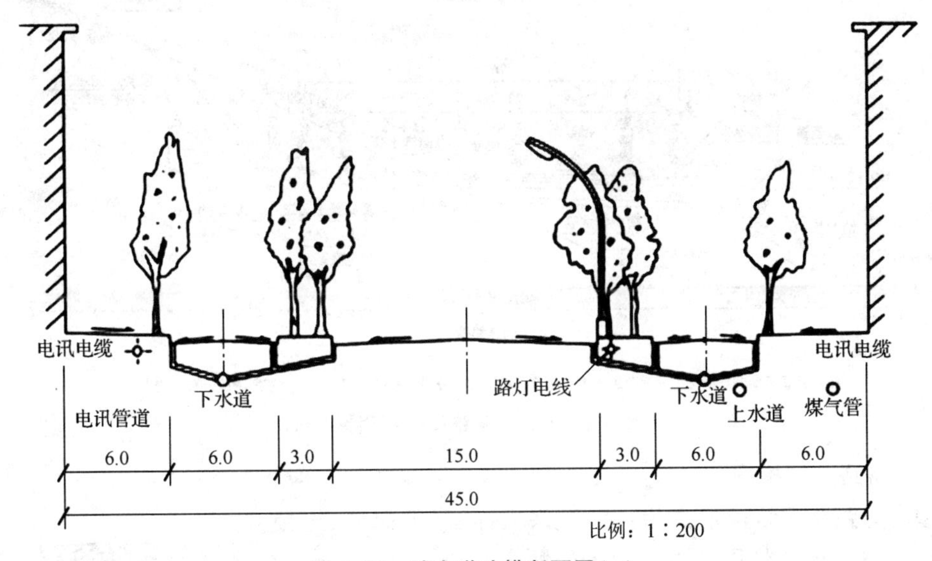

图 4.12　城市道路横断面图(m)

③城市道路横断面图的比例,视道路等级要求而定,一般采用 1∶100、1∶200 的比例。

④用细点画线段表示道路中心线,车行道、人行道用粗实线表示,并注明构造分层情况,标明排水横坡度,图中标示出红线位置。

⑤用图例示意出绿地、房屋、河流、树木、灯杆等;用中实线图示出分隔带设置情况,注明各部分的尺寸,尺寸单位为厘米;与道路相关的地下设施用图例示出,并注以文字及必要的说明。

4.2.4　道路路基路面施工图的图示内容与识读

在道路路线施工图中,虽然利用平、纵、横三个图样将道路的线型、道路与地形地物的关系以及道路横向的总体布置已经表达清楚,但土方工程量、路面结构情况、填挖关系等内容尚未交待清楚,还必须绘制相关的设计图。

(1) 道路路基横断面图

道路路基横断面图的作用是表达各里程桩处道路标准横断面与地形的关系,以及路基形式、边坡坡度、路基顶面标高、排水设施的布置情况和防护加固工程的设计。道路路基横断面的绘制方法是在对应桩号的地面线上,按标准横断面所确定的路基形式和尺寸、纵断面图上所确定的设计高程,将路基顶面线和边坡线绘制出来,俗称戴帽。

道路路基的结构一般不在路基横断面上表达,而在标准横断面或路基结构图上表达,或者采用文字说明,如图 4.13 所示为标准道路路基横断面图。

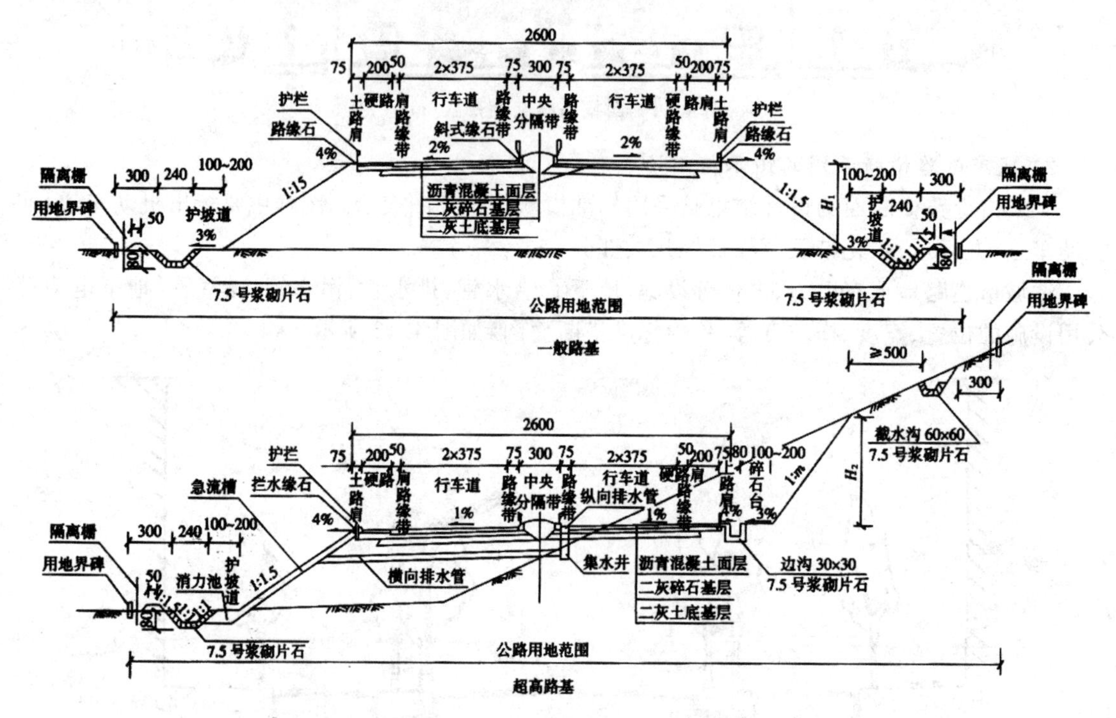

注:路基标准横断面图应根据公路等级、规范、设计文件编制办法的规定以及工程实际情况进行绘制

图 4.13 标准道路路基横断面图(cm)

(2) 道路路面结构图

典型的道路路面结构形式为:磨耗层、上面层、下面层、连接层、上基层、下基层和垫层按由上向下的顺序排列,如图 4.14 所示。道路路面结构图的任务就是表达各结构层的材料和设计厚度。由于沥青类路面是多层结构层组成的,在同车道的结构层沿宽度一般无变化,因此选择车道边缘处,即侧石位置一定宽度范围作为道路路面结构图图示的范围,这样既可图示出路面结构情况又可将侧石位置的细部构造及尺寸反映清楚,也可只反映路面结构分层情况,如图 4.15 所示。

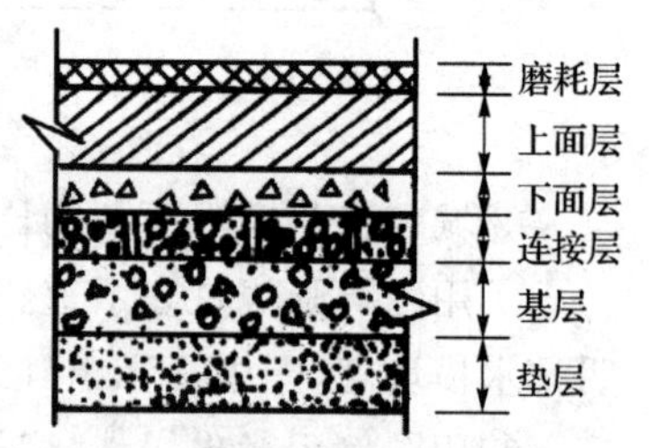

图 4.14 典型的道路路面结构

道路路面结构图图样中,每层结构应用图例表示清楚,如石灰土、沥青混凝土、侧石等。分层注明每层结构的厚度、性质、标准等,并将必要的尺寸注全。当不同车道结构不同时,可分别绘制道路路面结构图,且注明图名、比例及文字说明等。

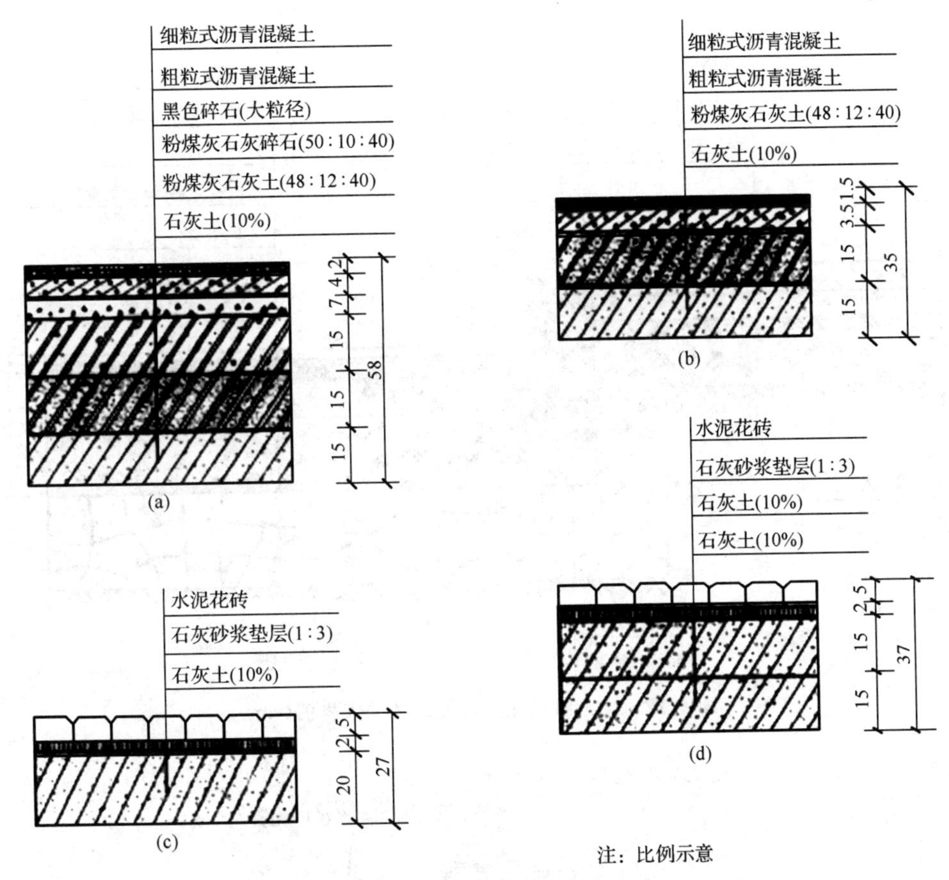

图 4.15 某城市道路路面结构图(cm)

(3) 路拱、机动车道与人行道结构图的图示内容

路拱采用什么曲线形式，应在图中予以说明，如抛物线形的路拱，则应以大样的形式标出其纵、横坐标以及每段的横坡度和平均横坡度，以供施工放样使用，如图 4.16、图 4.17 所示为道路路拱大样图、某市机动车道路面的结构大样图，如图 4.18 所示为人行道路面结构大样图。

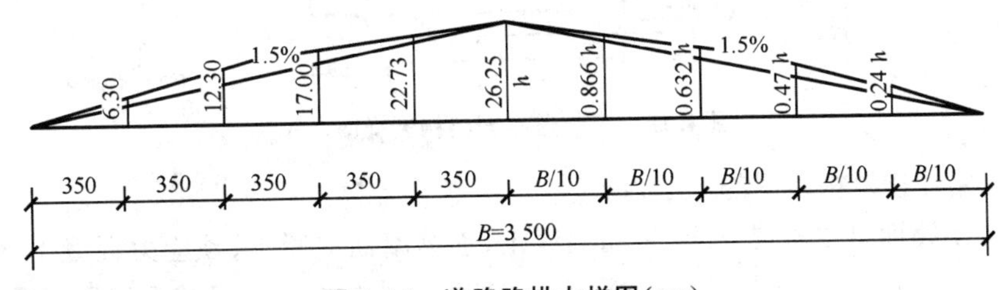

图 4.16 道路路拱大样图(cm)

(4) 路面构造图的图示内容

路面构造图常采用断面图的形式表示其构造，一般情况下，路面结构根据当地条件不同有所区别，如图 4.19 所示为我国华东地区干燥及季节性潮湿地常用的几种典型公路路面构造示意图。

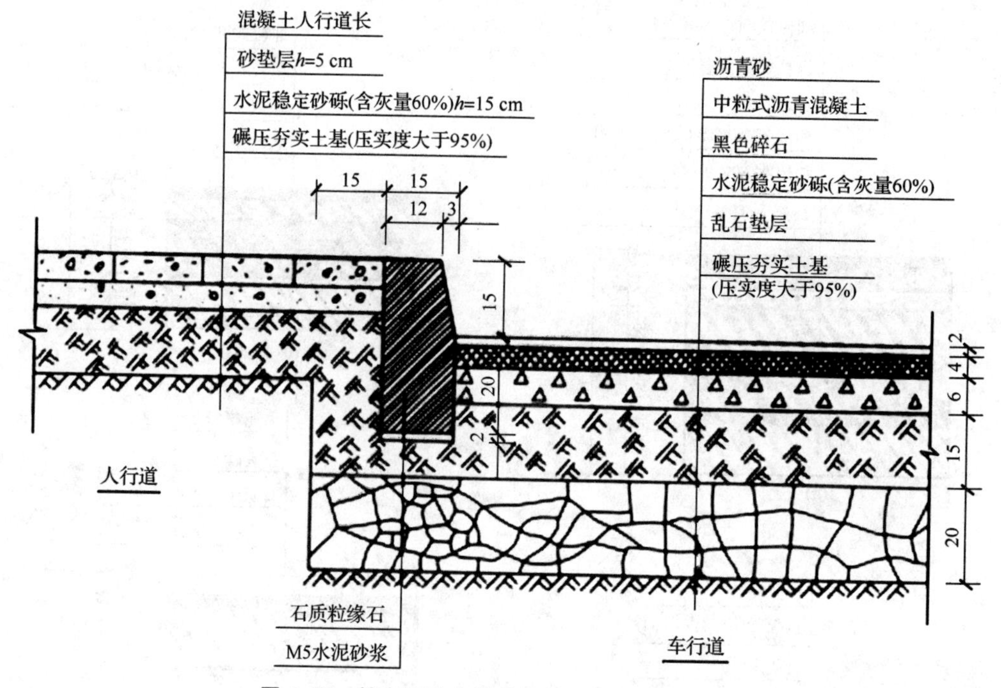

图 4.17　某市机动车道路面的结构大样图(cm)

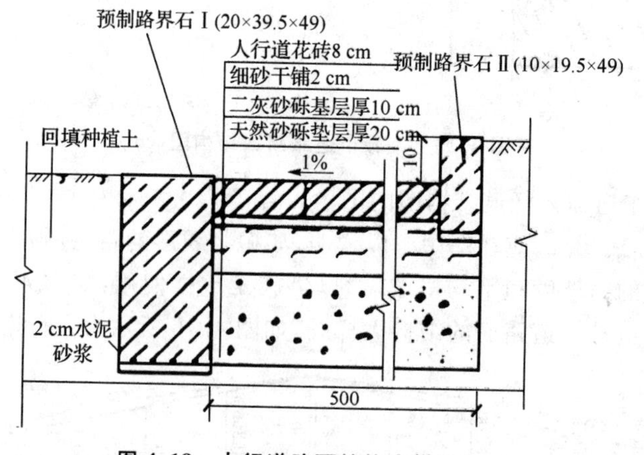

图 4.18　人行道路面结构大样图(cm)

(5) 水泥路面接缝构造图的图示内容

水泥混凝土路面是由素混凝土、钢筋混凝土、连续配筋混凝土、预应力混凝土、装配式混凝土、钢纤维混凝土和混凝土小块铺砌等面层板和基层组成的路面。目前采用最广泛的是就地浇筑的素混凝土路面,所谓素混凝土路面,是指除接缝区和局部范围外,不配置钢筋的混凝土路面。它的优点是:强度高、稳定性好、耐久性好、养护费用少、经济效益高、有利于夜间行车。但是对水泥和水的用量大,路面有接缝,养护时间长,修复较困难。

接缝的构造与布置:混凝土面层是由一定厚度的混凝土土板所组成,它具有热胀冷缩的性质。由于一年四季气温的变化,混凝土板会产生不同程度的膨胀和收缩。而在一昼夜中,白天气温升高,混凝土板顶面温度较底面为高,这种温度坡差会造成板的中部隆起。夜间气温降低,板顶的温度较底面为低,会使板的周边和角隅翘起,如图 4.20 所示。这些变形会受到板与基础之间的摩阻力和黏结力以及板的自重和车轮荷载等的约束，致使板内产生过大的应力，造成板面断裂或拱胀等破坏。由于翘曲而引起的裂缝发生后被分割的两块板体尚不致完全分离，倘若板体温度均匀下降引起收缩，则将使两块板体被拉开，从而失去荷载传递作用。

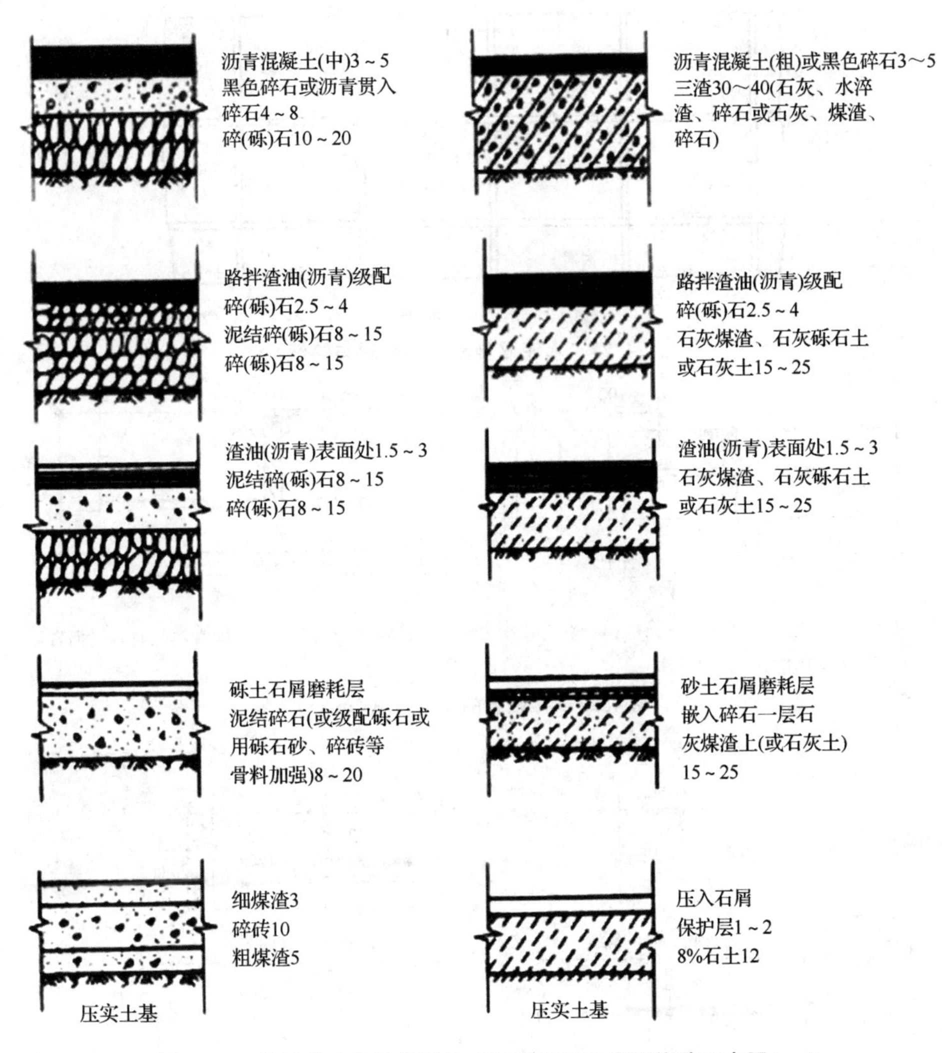

图 4.19　我国华东地区常用的几种典型公路路面构造示意图(cm)

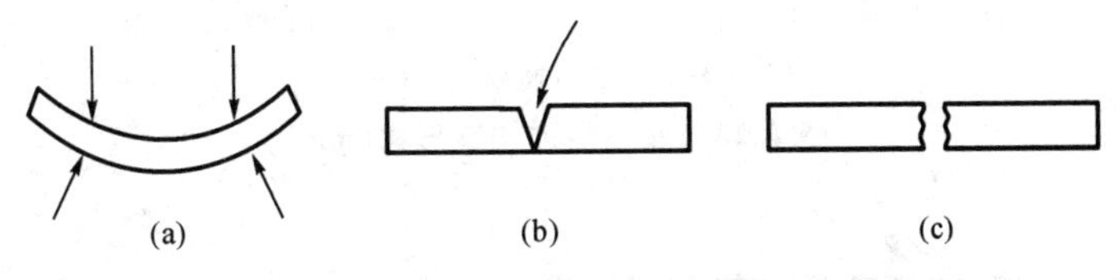

图 4.20　混凝土板由温差引起的变化示意图

为避免这些缺陷，混凝土路面不得不在纵横两个方向建造许多接缝，把整个路面分割成为许多板块，如图 4.21 所示。横向接缝是垂直于行车方向的接缝，共有三种，收缩缝、膨胀缝、施工缝。收缩缝保证板因温度和湿度的降低而收缩时沿该薄弱路面裂缝，从而避免产生不规则裂缝，膨胀缝保证板在温度升高时能部分伸张，从而避免产生路面板在热天的拱胀和折裂破坏，同时膨胀缝也能起到收缩缝的作用。另外,混凝土路面每天完工以及因雨天或其他原因不能继续施工时,应尽量做到膨胀缝处。如不可能也应做至收缩缝处,并做成施工缝的构造形式,如图 4.21~图 4.23 所示。

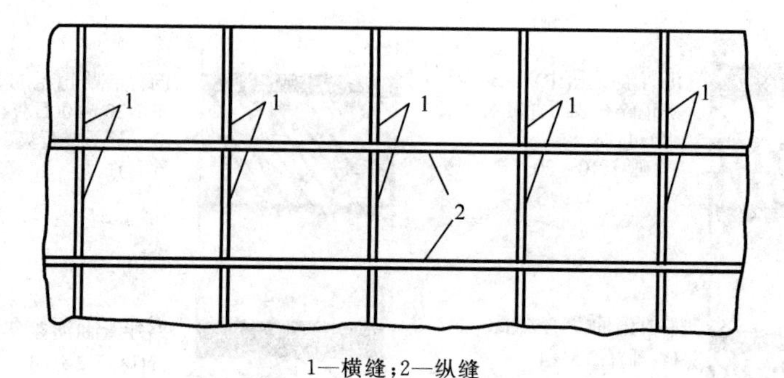

1—横缝;2—纵缝

图 4.21　水泥混凝土板的分块与接缝

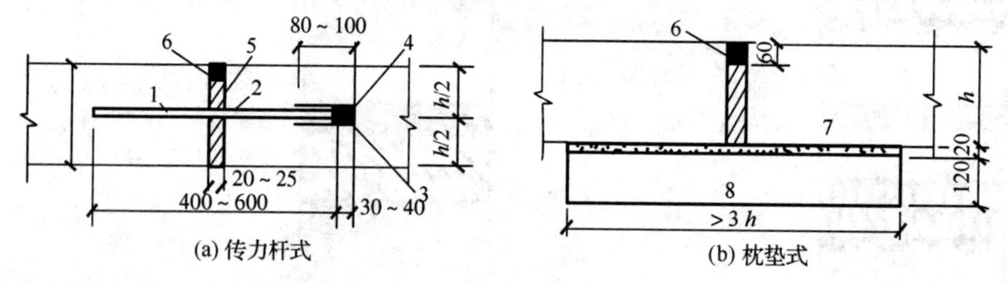

1—传力杆固定墙;2—传力杆活动端;3—金属套筒;4—弹性材料;5—软木板;6—沥青填缝料;7—沥青砂;8—C8-C9 水泥混凝土预制枕垫

图 4.22　膨胀缝的构造形式(mm)

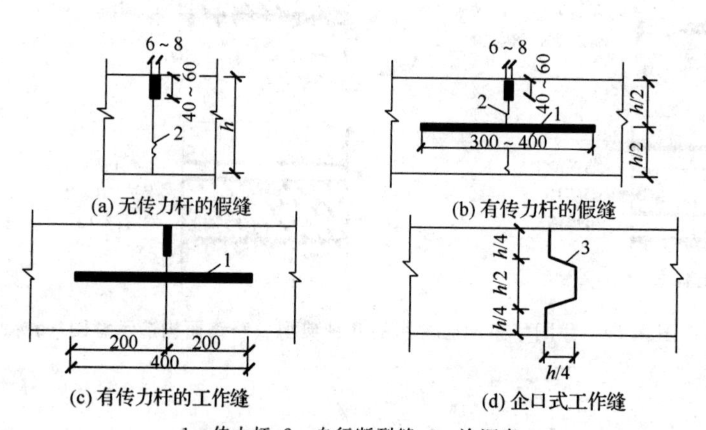

1—传力杆;2—自行断裂缝;3—涂沥青

图 4.23　收缩缝的构造形式(mm)

4.3　道路工程工程量清单编制

《市政工程工程量计算规范》(GB 50857—2013)附录 B 道路工程包括路基处理、道路基层、道路面层、人行道及其他、交通管理设施,共 5 节 80 个清单项目。

4.3.1 道路工程量计算规则

(1) 路基处理

路基处理工程量清单项目设置、项目特征描述的内容、计量单位及工程量计算规则,应按表4.1的规定执行。

表 4.1 路基处理(编码:040201)

<table>
<tr><th>项目编码</th><th>项目名称</th><th>项目特征</th><th>计量单位</th><th>工程量计算规则</th><th>工作内容</th></tr>
<tr><td>040201001</td><td>预压地基</td><td>1. 排水竖井种类、断面尺寸、排列方式、间距深度
2. 预压方法
3. 预压荷载、时间
4. 砂垫层厚度</td><td rowspan="3">m^2</td><td rowspan="3">按设计图示尺寸以加固面积计算</td><td>1. 设置排水竖井、盲沟、滤水管
2. 铺设砂垫层、密封膜
3. 堆载、卸载或抽气设备安拆、抽真空
4. 材料运输</td></tr>
<tr><td>040201002</td><td>强夯地基</td><td>1. 夯击能量
2. 夯击遍数
3. 地耐力要求
4. 夯填材料种类</td><td>1. 铺设夯填材料
2. 强夯
3. 夯填材料运输</td></tr>
<tr><td>040201003</td><td>振冲密实(不填料)</td><td>1. 底层情况
2. 振密深度
3. 孔距
4. 振冲器功率</td><td>1. 振冲加密
2. 泥浆运输</td></tr>
<tr><td>040201004</td><td>掺石灰</td><td>含灰量</td><td rowspan="4">m^3</td><td rowspan="4">按设计图示尺寸以体积计算</td><td>1. 掺石灰
2. 夯实</td></tr>
<tr><td>040201005</td><td>掺干土</td><td>1. 密实度
2. 掺土率</td><td>1. 掺干土
2. 夯实</td></tr>
<tr><td>040201006</td><td>掺石</td><td>1. 材料品种、规格
2. 掺石率</td><td>1. 掺石
2. 夯实</td></tr>
<tr><td>040201007</td><td>抛石挤淤</td><td>材料品种、规格</td><td>1. 抛石挤淤
2. 填塞垫平、压实</td></tr>
<tr><td>040201008</td><td>袋装砂井</td><td>1. 直径
2. 填充料品种
3. 深度</td><td rowspan="2">m</td><td rowspan="2">按设计图示尺寸以长度计算</td><td>1. 制作沙袋
2. 定位沉管
3. 下沙袋
4. 拔管</td></tr>
<tr><td>040201009</td><td>塑料排水板</td><td>材料品种、规格</td><td>1. 安装排水板
2. 沉管插板
3. 拔管</td></tr>
</table>

续表

项目编码	项目名称	项目特征	计量单位	工程量计算规则	工作内容
040201010	振冲桩	1. 地层情况 2. 空桩长度、桩长 3. 桩径 4. 填充材料种类	m 或 m^3	1. 以米计算,按设计图示尺寸以桩长计算 2. 以立方米计算,按设计桩截面乘以桩长以体积计算	1. 振冲成孔、填料、振实 2. 材料运输 3. 泥浆运输
040201011	砂石桩	1. 地层情况 2. 空桩长度、桩长 3. 桩径 4. 成孔方法 5. 材料种类、级配		1. 以米计算,按设计图示尺寸以桩长(包括桩尖)计算 2. 以立方米计算,按设计桩截面乘以桩长(包括桩尖)以体积计算	1. 成孔 2. 填充、振实 3. 材料运输
040201012	水泥粉煤灰碎石桩	1. 地层情况 2. 空桩长度、桩长 3. 桩径 4. 成孔方法 5. 混合料强度等级	m	按设计图示尺寸以桩长(包括桩尖)计算	1. 成孔 2. 混合料制作灌注、养护 3. 材料运输
040201013	深层水泥搅拌桩	1. 地层情况 2. 空桩长度、桩长 3. 桩截面尺寸 4. 水泥强度等级、掺量		按设计图示尺寸以桩计算	1. 预制下钻、水泥浆制作、喷浆搅拌提升成桩 2. 材料运输
040201014	粉喷桩	1. 地层情况 2. 空桩长度、桩长 3. 桩径 4. 粉体种类、掺量 5. 水泥强度等级、石灰粉要求			1. 搅拌下钻、喷粉搅拌提升成桩 2. 材料运输
040201015	高压水泥旋喷桩	1. 地层情况 2. 空桩长度、桩长 3. 桩截面 4. 旋喷类型、方法 5. 水泥强度等级、掺量			1. 成孔 2. 水泥浆制作、高压旋喷注浆 3. 材料运输
040201016	石灰桩	1. 地层情况 2. 空桩长度、桩长 3. 桩径 4. 成孔方法 5. 掺和料种类、配合比		按设计图示尺寸以桩长(包括桩尖)计算	1. 成孔 2. 混合料制作、运输、夯填

续表

项目编码	项目名称	项目特征	计量单位	工程量计算规则	工作内容
040201017	灰土(土)挤密桩	1. 地层情况 2. 空桩长度、桩长 3. 桩径 4. 成孔方法 5. 灰土级配	m	按设计图示尺寸以桩长(包括桩尖)计算	1. 安拔套管 2. 冲孔、填料、夯实 3. 桩体材料制作、运输
040201018	柱锤冲扩桩	1. 地层情况 2. 空桩长度、桩长 3. 桩径 4. 成孔方法 5. 桩体材料种类、配合比		按设计图示尺寸以桩长计算	1. 成孔 2. 灰土拌和、运输、填充、夯实
040201019	地基灌注	1. 地层情况 2. 成孔深度、间距 3. 浆液种类及配合比 4. 灌注方法 5. 水泥强度等级、用量	m 或 m^3	1. 以米计算,按设计图示尺寸以深度计算 2. 以立方米计算,按设计图示尺寸以加固体积计算	1. 成孔 2. 注浆导管制作、安装 3. 浆液制作、压浆 4. 材料运输
040201020	褥垫层	1. 厚度 2. 材料品种、规格及比例	m^2 或 m^3	1. 以平方米计算,按设计图示尺寸以铺设面积计算 2. 以立方米计算,按设计图示尺寸以铺设体积计算	1. 材料拌和、运输 2. 铺设 3. 压实
040201021	土工合成材料	1. 材料品种、规格 2. 搭接方式	m^2	按设计图示尺寸以面积计算	1. 基层铺平 2. 铺设 3. 固定
040201022	排水沟、截水沟	1. 断面尺寸 2. 基础、垫层:材料品种、厚度 3. 砌体材料 4. 砂浆强度等级 5. 伸缩缝填塞 6. 盖板材质、规格	m	按设计图示以长度计算	1. 模板制作、安装、拆除 2. 基础垫层铺筑 3. 混凝土拌和、运输、浇筑 4. 侧墙浇捣或砌筑 5. 勾缝、抹面 6. 盖板安装
040201023	盲沟	1. 材料品种、规格 2. 断面尺寸			铺筑

注:1. 地层情况按《市政工程工程量计算规范》(GB 50857—2013)的规定,并根据岩土工程勘察报告按单位工程各地层所占比例(包括范围值)进行描述。对无法准确描述的地层情况,可注明由投标人根据岩土工程勘察报告自行决定报价。

2. 项目特征中的桩长应包括桩尖,空桩长度=孔深-桩长,孔深为自然地面至设计桩底的深度。

3. 如采用碎石、粉煤灰、砂等作为路基处理的填方材料时,应按土石方工程中"回填方"项目编码列项。

4. 排水沟、截水沟清单项目中,当侧墙为混凝土时,还应描述侧墙的混凝土强度等级。

(2) 道路基层

道路基层工程量清单项目设置、项目特征描述的内容、计量单位及工程量计算规则,应按表4.2的规定执行。

表 4.2 道路基层(编码:040202)

<table>
<tr><th>项目编码</th><th>项目名称</th><th>项目特征</th><th>计量单位</th><th>工程量计算规则</th><th>工作内容</th></tr>
<tr><td>040202001</td><td>路床(槽)整形</td><td>1. 部位
2. 范围</td><td rowspan="16">m^2</td><td>按设计道路底基层图示尺寸以面积计算,不扣除各类井所占面积</td><td>1. 放样
2. 整修路拱
3. 碾压成型</td></tr>
<tr><td>040202002</td><td>石灰稳定土</td><td>1. 含灰量
2. 厚度</td><td rowspan="15">按设计图示尺寸以面积计算,不扣除各类井所占面积</td><td rowspan="15">1. 拌和
2. 运输
3. 铺筑
4. 找平
5. 碾压
6. 养护</td></tr>
<tr><td>040202003</td><td>水泥稳定土</td><td>1. 水泥含量
2. 厚度</td></tr>
<tr><td>040202004</td><td>石灰、粉煤灰、土</td><td>1. 配合比
2. 厚度</td></tr>
<tr><td>040202005</td><td>石灰、碎石、土</td><td>1. 配合比
2. 碎石规格
3. 厚度</td></tr>
<tr><td>040202006</td><td>石灰、粉煤灰、碎(砾)石</td><td>1. 配合比
2. 碎(砾)石规格
3. 厚度</td></tr>
<tr><td>040202007</td><td>粉煤灰</td><td rowspan="2">厚度</td></tr>
<tr><td>040202008</td><td>矿渣</td></tr>
<tr><td>040202009</td><td>矿砾石</td><td rowspan="5">1. 石料规格
2. 厚度</td></tr>
<tr><td>040202010</td><td>卵石</td></tr>
<tr><td>040202011</td><td>碎石</td></tr>
<tr><td>040202012</td><td>块石</td></tr>
<tr><td>040202013</td><td>山皮石</td></tr>
<tr><td>040202014</td><td>粉煤灰三渣</td><td>1. 配合比
2. 厚度</td></tr>
<tr><td>040202015</td><td>水泥稳定碎(砾)石</td><td>1. 水泥含量
2. 石料规格
3. 厚度</td></tr>
<tr><td>040202016</td><td>沥青稳定碎石</td><td>1. 沥青品种
2. 石料规格
3. 厚度</td></tr>
<tr><td colspan="6">注:1. 道路工程厚度应以压实后为准。
2. 道路基层设计截面如为梯形,应按其截面平均宽度计算面积,并在项目特征中对截面参数加以描述。</td></tr>
</table>

（3）道路面层

道路面层工程量清单项目设置、项目特征描述的内容、计量单位及工程量计算规则，应按表4.3的规定执行。

表4.3 道路面层（编码:040203）

项目编码	项目名称	项目特征	计量单位	工程量计算规则	工作内容
040203001	沥青表面处治	1. 沥青品种 2. 层数	m²	按设计图示尺寸以面积计算，不扣除各种井所占面积，带平石的面层应扣除平石所占面积	1. 喷油 2. 碾压
040203002	沥青贯入式	1. 沥青品种 2. 石料规格 3. 厚度			1. 摊铺碎石 2. 喷油、布料 3. 碾压
040203003	透层、黏层	1. 材料品种 2. 喷油量			1. 清理下承面 2. 喷油、布料
040203004	封层	1. 材料品种 2. 喷油量 3. 厚度			1. 清理下承面 2. 喷油、布料 3. 压实
040203005	黑色碎石	1. 材料品种 2. 石料规格 3. 厚度			1. 清理下承面 2. 拌和、运输 3. 摊铺、整型压实
040203006	沥青混凝土	1. 沥青品种 2. 沥青混凝土种类 3. 石料粒径 4. 掺和料 5. 厚度			
040203007	水泥混凝土	1. 混凝土强度等级 2. 掺和料 3. 厚度 4. 嵌缝材料			1. 模板制作、安装、拆除 2. 混凝土拌和、运输、浇筑 3. 拉毛 4. 压痕或刻防滑槽 5. 伸缝 6. 缩缝 7. 锯缝、嵌缝 8. 路面养护
040203008	块料面层	1. 块料品种、规格 2. 垫层：材料品种、厚度、强度等级			1. 铺筑垫层 2. 铺砌块料 3. 嵌缝、勾缝
040203009	弹性面层	1. 材料品种 2. 厚度			1. 配料 2. 铺贴

注：水泥混凝土路面中传力杆和拉杆的制作、安装应按钢筋工程中相关项目编码列项。

(4) 人行道及其他

人行道及其他工程量清单项目设置、项目特征描述的内容、计量单位及工程量计算规则,应按表4.4的规定执行。

表4.4 人行道及其他(编码:040204)

<table>
<tr><th>项目编码</th><th>项目名称</th><th>项目特征</th><th>计量单位</th><th>工程量计算规则</th><th>工作内容</th></tr>
<tr><td>040204001</td><td>人行道整形碾压</td><td>1. 部位
2. 范围</td><td rowspan="3">m²</td><td>按设计人行道图示尺寸以面积计算,不扣除侧石、树池和各类井所占面积</td><td>1. 放样
2. 碾压</td></tr>
<tr><td>040204002</td><td>人行道块料铺设</td><td>1. 块料品种、规格
2. 基础、垫层:材料品种、厚度、图形</td><td rowspan="2">按设计人行道图示尺寸以面积计算,不扣除各类井所占面积,但应扣除侧石、树池所占面积</td><td>1. 基础、垫层铺筑
2. 块料铺筑</td></tr>
<tr><td>040204003</td><td>现浇混凝土人行道及进口坡</td><td>1. 混凝土强度等级
2. 厚度
3. 基础、垫层:材料品种、厚度</td><td>1. 模板制作、安装、拆除
2. 基础、垫层铺筑
3. 混凝土拌和、运输、浇筑</td></tr>
<tr><td>040204004</td><td>安砌侧(平、缘)石</td><td>1. 材料品种、规格
2. 基础、垫层:材料品种、厚度</td><td rowspan="2">m</td><td rowspan="2">按设计图示中心线长度计算</td><td>1. 开槽
2. 基础、垫层铺筑
3. 侧(平、缘)石安砌</td></tr>
<tr><td>040204005</td><td>现浇侧(平、缘)石</td><td>1. 材料品种
2. 尺寸
3. 形状
4. 混凝土强度等级
5. 基础、垫层:材料品种、厚度</td><td>1. 模板制作、安装、拆除
2. 开槽
3. 基础、垫层铺筑
4. 混凝土拌和、运输、浇筑</td></tr>
<tr><td>040204006</td><td>检查井升降</td><td>1. 材料品种
2. 检查井规格
3. 平均升(降)高度</td><td>座</td><td>按设计图示路面标高与原有的检查井、发生正负高差的检查井的数量计算</td><td>1. 提升
2. 降低</td></tr>
<tr><td>040204007</td><td>树池砌筑</td><td>1. 材料品种、规格
2. 树池尺寸
3. 树池盖面材料品种</td><td>个</td><td>按设计图示数量计算</td><td>1. 基础、垫层铺筑
2. 树池砌筑
3. 盖面材料运输、安装</td></tr>
<tr><td>040204008</td><td>预制电缆沟铺设</td><td>1. 材料品种
2. 规格尺寸
3. 基础、垫层:材料品种、厚度
4. 盖板品种、规格</td><td>m</td><td>按设计图示中心线长度计算</td><td>1. 基础、垫层铺筑
2. 预制电缆沟安装
3. 盖板安装</td></tr>
</table>

(5) 交通管理设施

交通管理设施工程量清单项目设置、项目特征描述的内容、计量单位及工程量计算规则,应按表4.5的规定执行。

表 4.5 交通管理设施(编码:040205)

项目编码	项目名称	项目特征	计量单位	工程量计算规则	工作内容
040205001	人(手)孔井	1. 材料品种 2. 规格尺寸 3. 盖板材质、规格 4. 基础、垫层:材料品种、厚度	座	按设计图示数量计算	1. 基础、垫层铺筑 2. 井身砌筑 3. 勾缝(抹面) 4. 井盖安装
040205002	电缆保护管	1. 材料品种 2. 规格	m	按设计图示以长度计算	敷设
040205003	标杆	1. 类型 2. 材质 3. 规格尺寸 4. 基础、垫层:材料品种、厚度 5. 油漆品种	根	按设计图示数量计算	1. 基础、垫层铺筑 2. 制作 3. 喷漆或镀锌 4. 底盘、拉盘、卡盘及杆件安装
040205004	标志板	1. 类型 2. 材质、规格尺寸 3. 板面反光膜等级	块		制作、安装
040205005	视线诱导器	1. 类型 2. 材料品种	只		安装
040205006	标线	1. 材料品种 2. 工艺 3. 线型	m 或 m^2	1. 以 m 计算,按设计图示以长度计算 2. 以 m^2 计算,按设计图示尺寸以面积计算	1. 清扫 2. 放样 3. 画线 4. 护线
040205007	标记	1. 材料品种 2. 类型 3. 规格尺寸	个或 m^2	1. 以个计算,按设计图示数量计算 2. 以 m^2 计算,按设计图示尺寸以面积计算	
040205008	横道线	1. 材料品种 2. 形式	m^2	按设计图示尺寸以面积计算	
040205009	清除标线	清除方法			清除
040205010	环形检测线圈	1. 类型 2. 规格、型号	个	按设计图示数量计算	1. 安装 2. 调试
040205011	值警亭	1. 类型 2. 规格 3. 基础、垫层:材料品种、厚度	座	按设计图示数量计算	1. 基础、垫层铺筑 2. 安装

续表

项目编码	项目名称	项目特征	计量单位	工程量计算规则	工作内容
040205012	隔离护栏	1. 类型 2. 规格、型号 3. 材料品种 4. 基础、垫层:材料品种、厚度	m	按设计图示以长度计算	1. 基础、垫层铺筑 2. 制作、安装
040205013	架空走线	1. 类型 2. 规格、型号			架线
040205014	信号灯	1. 类型 2. 灯架材质、规格 3. 基础、垫层:材料品种、厚度 4. 信号灯规格、型号、组数	套	按设计图示数量计算	1. 基础、垫层铺筑 2. 灯架制作、镀锌、喷漆 3. 底盘、拉盘、卡盘杆件安装 4. 信号灯安装、调试
040205015	设备控制机箱	1. 类型 2. 材质、规格尺寸 3. 基础、垫层:材料品种、厚度 4. 配置要求	台	1. 基础、垫层铺筑 2. 安装 3. 调试	
040205016	管内配线	1. 类型 2. 材质 3. 规格、型号	m	按设计图示以长度计算	配线
040205017	防撞筒(墩)	1. 材料品种 2. 规格、型号	个	按设计图示数量计算	制作、安装
040205018	警示柱	1. 类型 2. 材料品种 3. 规格、型号	根		
040205019	减速拱	1. 材料品种 2. 规格、型号	m	按设计图示以长度计算	

续表

项目编码	项目名称	项目特征	计量单位	工程量计算规则	工作内容
040205020	监控摄像机	1. 类型 2. 规格、型号 3. 支架形式 4. 防护罩要求	台		1. 安装 2. 调试
040205021	数码相机	1. 规格、型号 2. 立杆材质、形式 3. 基础、垫层：材料品种、厚度			
040205022	道闸机	1. 类型 2. 规格、型号 3. 基础、垫层：材料品种、厚度	套	按设计图示数量计算	1. 基础、垫层铺筑 2. 安装 3. 调试
040205023	可变信息情报板	1. 类型 2. 规格、型号 3. 立(横)杆材质、形式 4. 配置要求 5. 基础、垫层：材料品种、厚度			
040205024	交通智能系统调试	系统类别	系统		系统调试

注：1. 本节清单项目如发生破除混凝土路面、土石方开挖、回填夯实等，应分别按拆除工程及土石方工程中相关项目编码列项。

2. 除清单项目特殊注明外，各类垫层应按本规范附录中相关项目编码列项。

3. 立电杆按路灯工程中相关项目编码列项。

4. 值警亭按半成品现场安装考虑，实际采用砖砌等形式的，按现行国家标准《房屋建筑与装饰工程工程量计算规范》(GB 50854—2013)中相关项目编码列项。

5. 与标杆相连的，用于安装标志板的配件应计入标志板清单项目内。

4.3.2 道路工程量清单编制实例

【例 4.1】 某道路 K0＋000～K0＋300 为沥青混凝土结构，K0＋300～K0＋725 为水泥混凝土结构，道路结构如图 4.24 所示，路面宽度为 16 m，路肩宽度为 1.5 m，为保证压实，两侧各加宽 30 cm，路面两边铺路缘石，试计算道路工程量。

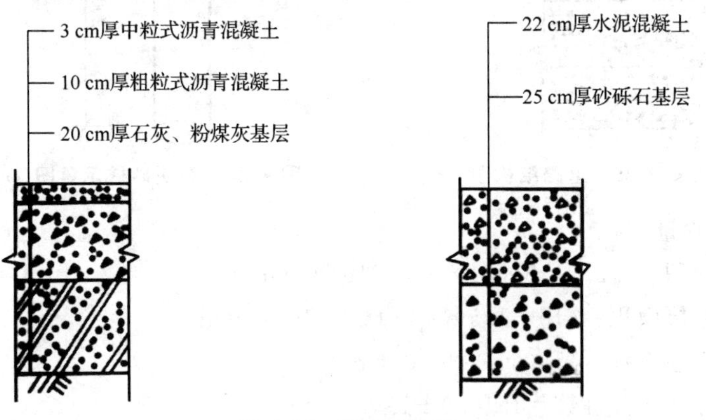

图 4.24 道路结构图

【解】清单工程量：

石灰、粉煤灰基层面积＝300×(16＋1.5×2)＝5 700(m^2)

砂砾石基层面积＝425×(16＋1.5×2)＝8 075(m^2)

沥青混凝土面层面积＝300×16＝4 800(m^2)

水泥混凝土面层面积＝425×16＝6 800(m^2)

路缘石长度＝725×2＝1 450(m)

清单工程量计算见表4.6。

表4.6 清单工程量计算表

序号	项目编码	项目名称	项目特征描述	计量单位	工程量
1	040202004001	石灰、粉煤灰	20 cm厚石灰、粉煤灰基层	m^2	5 700
2	040202009001	砂砾石	25 cm厚砂砾石基层	m^2	8 075
3	040203006001	沥青混凝土	10 cm厚粗粒式沥青混凝土，石料最大粒径40 mm	m^2	4 800
4	040203006002	沥青混凝土	3 cm厚中粒式沥青混凝土，石料最大粒径20 mm	m^2	4 800
5	040203007001	水泥混凝土	22 cm厚水泥混凝土	m^2	6 800
6	040204004001	安砌侧（平、缘)石	30 cm厚混凝土缘石安砌	m	1 450

【例4.2】 某一级道路K0＋000～K0＋600为沥青混凝土结构，结构如图4.25所示，路面宽度为15 m，路肩宽度为1.5 m，为保证路压实，路基两侧各加宽50 cm，其中K0＋330～K0＋360之间为过湿土基，用石灰砂桩进行处理，桩间距为90 cm，按矩形布置，石灰砂桩示意图如图4.26所示，试计算道路工程量。

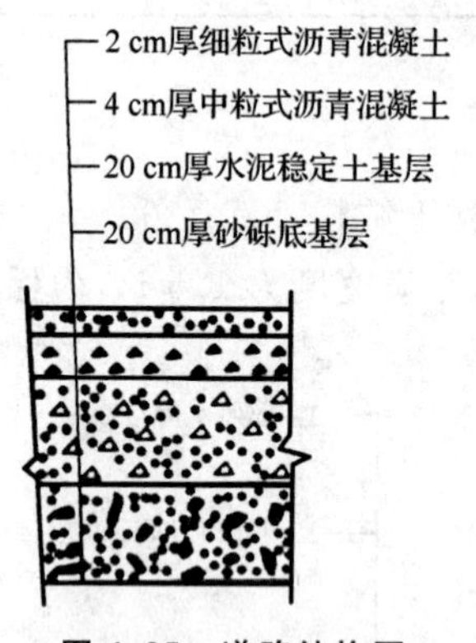

图4.25 道路结构图

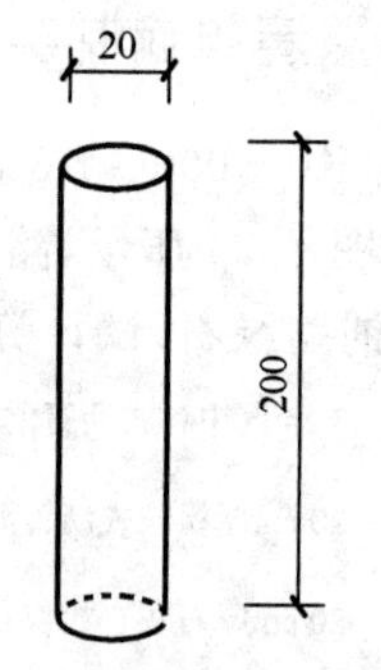

图4.26 石灰砂桩示意图(cm)

【解】清单工程量：

砂砾底基层面积＝(15＋1.5×2)×600＝10 800(m^2)

水泥稳定土基层面积＝(15＋1.5×2)×600＝10 800(m^2)

沥青混凝土面层面积＝15×600＝9 000(m^2)

道路横断面方向布置桩数＝15/0.9＋1≈18(个)

道路纵断面方向布置桩数＝30/0.9＋1≈34(个)

所需桩数＝18×34＝612(个)

总桩长度＝612×2＝1 224(m)

清单工程量计算见表4.7。

表4.7　清单工程量计算表

序号	项目编码	项目名称	项目特征描述	计量单位	工程量
1	040202009001	砂砾石	20 cm厚砂砾底基层	m^2	10 800
2	040202003001	水泥稳定土	20 cm厚水泥稳定土基层	m^2	10 800
3	040203006001	沥青混凝土	4 cm厚中粒式沥青混凝土,石料最大粒径40 mm	m^2	9 000
4	040203006002	沥青混凝土	2 cm厚细粒式沥青混凝土,石料最大粒径20 mm	m^2	9 000
5	040201016001	石灰砂桩	桩径为20 cm,水泥砂石比为1∶2.4∶4,水灰比0.6	m	1 224

【例4.3】 某市道路K0＋000～K0＋500为混凝土结构,结构如图4.27所示,路面修筑宽度为8 m,路肩各宽1 m,为保证压实,每边各加宽20 cm,路面两边铺设缘石,试计算道路工程量。

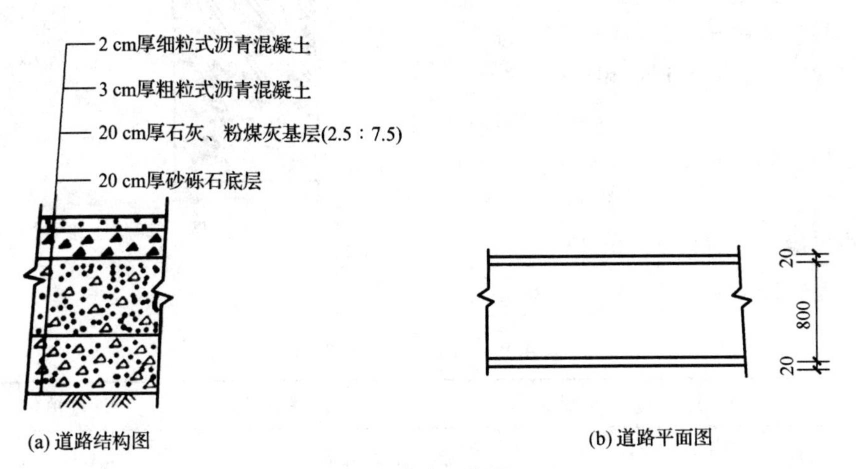

图4.27　道路示意图(cm)

【解】 清单工程量:

砂砾石底层面积＝(8＋1×2)×500＝5 000(m^2)

石灰、粉煤灰基层面积＝(8＋1×2)×500＝5 000(m^2)

沥青混凝土面层面积＝8×500＝4 000(m^2)

侧缘石长度＝500×2＝1 000(m)

清单工程量计算见表4.8。

表 4.8 清单工程量计算表

序号	项目编码	项目名称	项目特征描述	计量单位	工程量
1	040202009001	砂砾石	20 cm 厚砂砾石底层	m^2	5 000
2	040202004001	石灰、粉煤灰	20 cm 厚石灰、粉煤灰基层(2.5 : 7.5)	m^2	5 000
3	040203006001	沥青混凝土	3 cm 厚粗粒式沥青混凝土,石料最大粒径 40 mm	m^2	4 000
4	040203006002	沥青混凝土	2 cm 厚细粒式沥青混凝土,石料最大粒径 20 mm	m^2	4 000
5	040204004001	安砌侧(平、缘)石	C30 混凝土缘石安砌、砂垫层	m	1 000

【例 4.4】 某市 3 号路 K0+000~K0+625 为水泥混凝土结构,道路宽 12 m,道路两边铺侧缘石,结构如图 4.28 所示,沿线有检查井 20 座,雨水井 30 座,其中雨水井与检查井均与设计图标高产生正负高差,试计算工程量。

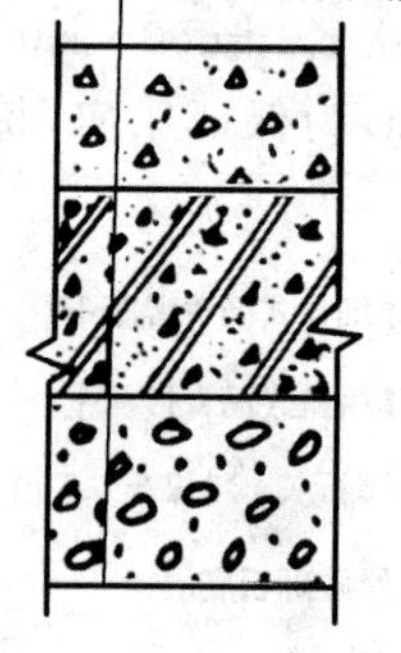

图 4.28 道路结构图

【解】 清单工程量:

卵石底基层面积=625×12=7 500(m^2)

石灰、粉煤灰、砂砾基层面积=625×12=7 500(m^2)

水泥混凝土面层面积=625×12=7 500(m^2)

侧缘石长度=625×2=1 250(m)

雨水井与检查井的数量=50 座

清单工程量计算见表 4.9。

表 4.9 清单工程量计算表

序号	项目编码	项目名称	项目特征描述	计量单位	工程量
1	040202010001	卵石	25 cm 厚卵石底基层	m^2	7 500
2	040202006001	石灰、粉煤灰、砂砾	20 cm 厚石灰、粉煤灰、砂砾基层(10 : 20 : 70)	m^2	7 500
3	040203007001	水泥混凝土	20 cm 厚水泥混凝土面层	m^2	7 500
4	040204004001	安砌侧(平、缘)石	混凝土缘石安砌	m	1 250
5	040504002001	混凝土检查井	混凝土检查井	座	20
6	040504002002	雨水井	混凝土雨水井	座	30

【例 4.5】 某道路长为 300 m，其行车道宽度为 16 m，设为双向四车道，每个车道宽度为 4 m，在四个车道中有 3 条伸缩缝，伸缩缝宽度为 2 cm，伸缩缝的纵断面如图 4.29 所示，试求伸缩缝的工程量。

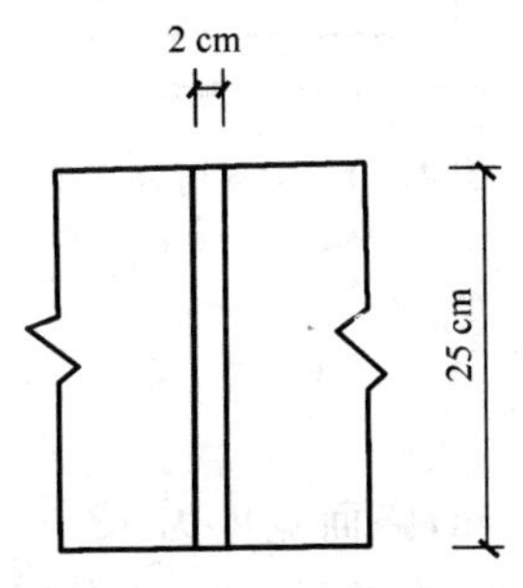

图 4.29 伸缩缝的纵断面图

【解】清单工程量：

纵向伸缩缝面积＝0.25×300×3＝225 m^2

清单工程量计算见表 4.10。

表 4.10 清单工程量计算表

项目编码	项目名称	项目特征描述	计量单位	工程量
040203007001	水泥混凝土	纵向伸缩缝，缝宽 0.02 m	m^2	225

【例 4.6】 某市道路工程，全长 350 m，伸缝每 100 m 处设一处，纵缝每 3.7 m 一条，即纵向分四块浇筑混凝土，伸缝的钢筋骨架构造必须分四段成形，每段骨架长(3.7－2×0.025)m＝3.65 m，主筋两端均设半圆弯钩。试计算路面伸缝处 Φ14 mm 钢筋工程量。

【解】一根 Φ14 mm 主筋设计长度＝(3.65＋2×6.25×0.014)m＝3.825(m)

一个钢筋骨架主筋长度＝3.825×4＝15.3(m)

每条伸缝两侧主筋长度＝15.3×8＝122.4(m)

3 条伸缝钢筋总长度＝122.4×3＝367.2(m)

因此，钢筋 Φ14 mm 总质量为 367.2×1.208 kg/m＝0.444 t。

钢筋每米质量见表 4.11。

表 4.11 钢筋每米质量计算表

直径(mm)	6	8	10	12	14	16	18
每米质量(kg/m)	0.222	0.396	0.617	0.888	1.208	1.580	1.998
直径(mm)	20	22	24	25	28	30	32
每米质量(kg/m)	2.466	2.980	3.551	3.850	4.833	5.549	6.310

一般情况下，水泥混凝土路面均布置构造钢筋，当设计需要时，还布置钢筋网。完整的施工图中，各种钢筋的直径根数、设计长度均明确表示，计算工程量时，只需要按图纸数量将构造钢筋和钢筋网分别计算设计质量即可。

定额中已对不同钢筋直径进行了综合考虑，并且按照构造钢筋和钢筋网分别计入 0.3%和 2.6%的操作损耗，计算钢筋工程量时不得再计加工操作损耗。

当设计图纸不完善，只注明钢筋的直线长度，未注明钢筋的弯钩长度时，弯钩的增加长度按以下规定计算,如图 4.30 所示。

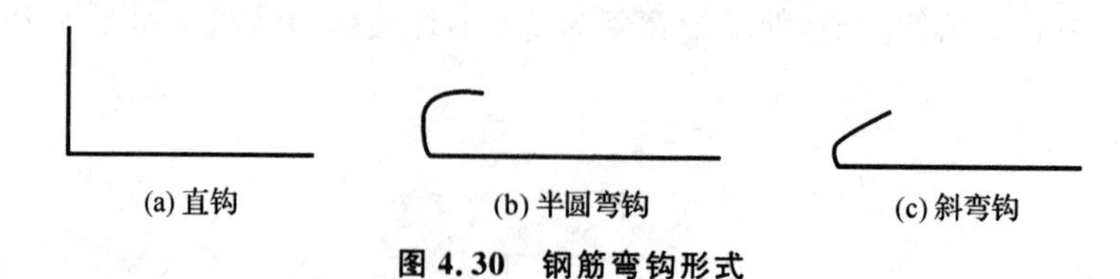

图 4.30 钢筋弯钩形式

一个直钩增加长度:3.5 d。

一个半圆弯钩增加长度:6.25 d。

一个斜弯钩增加长度:4.9 d。

【例 4.7】 某条道路全长为 800 m,路面宽度为 12 m,为保证路基压实,路基两侧各加宽 30 cm,并铺设路缘石,且路面每隔 6 m 用切缝机切缝,锯缝断面示意图如图 4.31 所示,试求路缘石长度及锯缝面积。

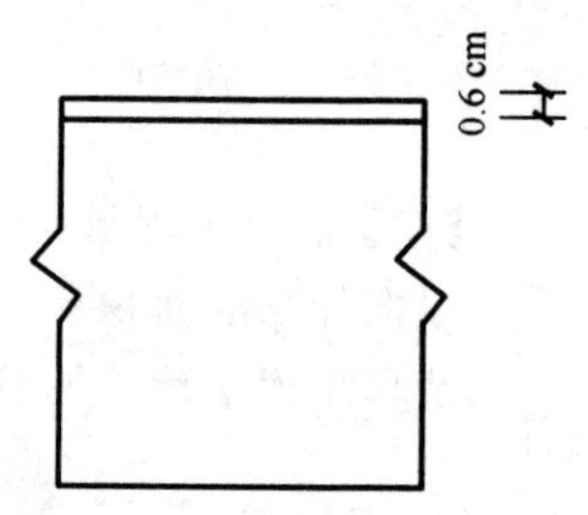

图 4.31 锯缝断面示意图

【解】 清单工程量:

路缘石长度=800×2=1 600(m)

锯缝个数=800/6−1≈132(条)

锯缝总长度=132×12=1 584(m)

锯缝面积=1 584×0.006=9.504(m^2)

清单工程量计算见表 4.12。

表 4.12 清单工程量计算表

序号	项目编码	项目名称	项目特征描述	计量单位	工程量
1	040204004001	安砌侧(平、缘)石	30 cm 宽混凝土缘石安砌	m	1 600
2	040203007001	水泥混凝土	切缝机锯缝宽 0.6 cm	m^2	9.504

【例 4.8】 某条道路全长为 580 m,路面宽度为 8 m,路肩宽度为 1 m,路面结构示意图如图4.32 所示。路面两侧铺设缘石,路面喷洒沥青油料,试计算道路工程量。

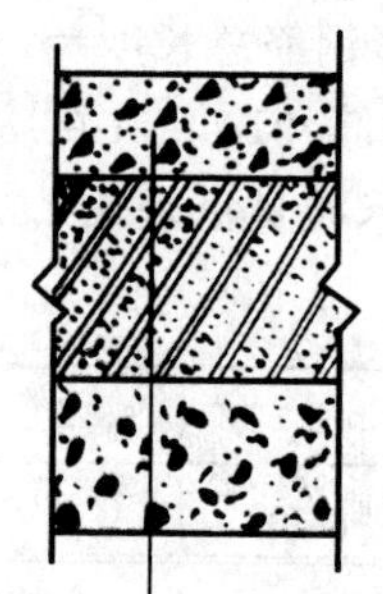

图 4.32 路面结构示意图

【解】 清单工程量:

沥青油料面积=580×8=4 640(m^2)

砂砾石地基层面积=580×(8+1×2)=5 800(m^2)

路拌粉煤灰三渣基层面积=580×(8+1×2)=5 800(m^2)

黑色碎石路面面积=580×8=4 640(m^2)

侧缘石长度=2×580=1 160(m)

清单工程量计算见表 4.13。

表 4.13　清单工程量计算表

序号	项目编码	项目名称	项目特征描述	计量单位	工程量
1	040202009001	砂砾石	20 cm 厚砂砾石地基层	m^2	5 800
2	040202014001	粉煤灰三渣	22 cm 厚路拌粉煤灰三渣基层	m^2	5 800
3	040203001001	沥青表面处治	路面喷洒沥青油料	m^2	4 640
4	040203005001	黑色碎石	8 cm 厚黑色碎石路面，石料最大粒径 40 mm	m^2	4 640
5	040204004001	安砌侧(平、缘)石	混凝土缘石安砌	m	1 160

【例 4.9】　某道路全长 1 000 m，沥青路面宽 14 m，两侧平石各宽 0.1 m，已知侧石的宽度为 0.25 m，道路横断面如图 4.33 所示，道路结构如图 4.34 所示，试计算该道路工程量。

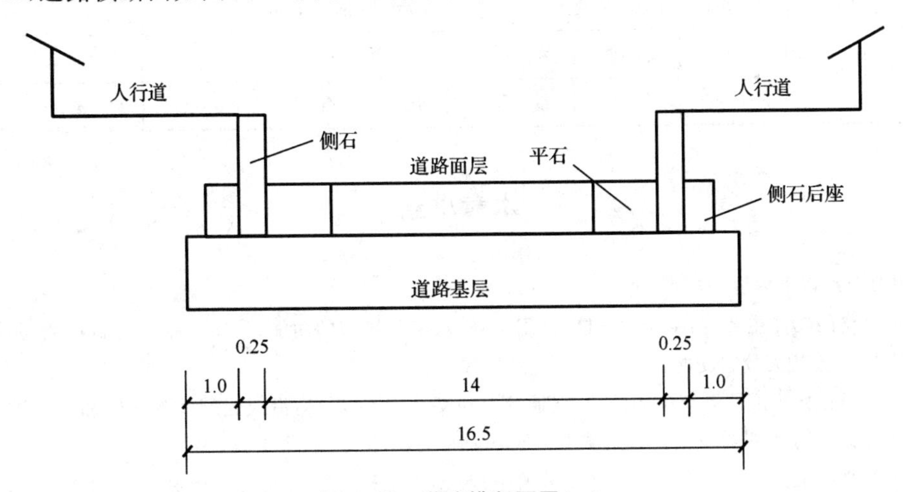

图 4.33　道路横断面图(m)

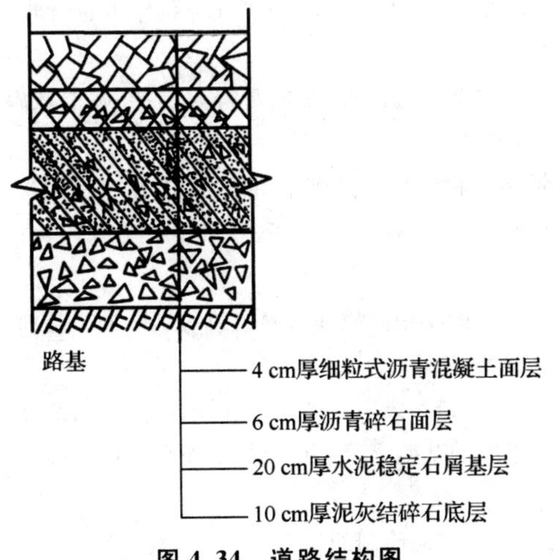

图 4.34　道路结构图

【解】清单工程量：

泥灰结碎石底层面积＝1 000×16.5＝16 500(m^2)

水泥稳定石屑基层面积＝1 000×16.5＝16 500(m^2)

沥青碎石面层面积＝1 000×(14－0.1×2)＝13 800(m^2)

沥青混凝土面层面积＝1 000×(14－0.1×2)＝13 800(m^2)

侧缘石长度＝1 000×2＝2 000(m)

侧平石长度＝1 000×2＝2 000(m)

清单工程量计算见表4.14。

表4.14 清单工程量计算表

序号	项目编码	项目名称	项目特征描述	计量单位	工程量
1	040202015001	水泥稳定碎(砾)石	10 cm厚泥灰结碎石底层	m^2	16 500
2	040202015002	水泥稳定碎(砾)石	20 cm厚水泥稳定石屑基层	m^2	16 500
3	040202016001	沥青稳定碎石	6 cm厚沥青碎石	m^2	13 800
4	040203006001	沥青混凝土	4 cm厚细粒式沥青混凝土	m^2	13 800
5	040204004001	安砌侧(平、缘)石	安砌侧缘石	m	2 000
6	040204004002	安砌侧(平、缘)石	安砌侧平石	m	2 000

本章小结

本章主要介绍以下内容：

1. 城市道路的功能主要有：①交通功能；②保护环境、美化城市的功能；③布设基础设施功能；④城市规划及建筑艺术功能；⑤防灾救灾功能。

2. 根据道路在城市道路系统中的地位、交通性质和交通特征以及对沿线建筑物的车辆和行人进出的服务功能等，将城市道路分为四类或三类。大城市一般分为四类，即快速路、主干路、次干路、支路。

3. 城市道路用地由以下几个不同功能部分所组成：①供各种车辆行驶的车行道；②专供行人步行交通用的人行道(地下人行道、人行天桥)；③交叉口、交通广场、停车场、公共汽车停靠站台；④交通安全设施；⑤排水系统；⑥沿街地上设施；⑦地下各种管线；⑧具有卫生、防护和美化作用的绿带；⑨交通发达的现代化城市，建有地下铁道、高架路、公交专用车道等。

4. 城市道路施工的特点有：①城市交通拥挤、车辆及行人多；②施工障碍多；③施工涉及面广；④施工用地少。

5. 道路的结构组成主要包括路基和路面，其中路面由垫层、基层和面层构成。

6. 路基按断面形式分为：路堤、路堑、填挖结合路基、零填零挖路基四种；按材料分为：土路基、石路基、土石路基三种。

7. 路面的技术等级主要是按面层的使用品质和材料组成等划分的。目前我国的路面分为四级：①高级路面；②次高级路面；③中级路面；④低级路面。

8. 道路工程施工图由道路平面图、道路纵断面图、道路横断面图及构造详图组成。

9. 道路平面图是在测绘的地形图的基础上绘制形成的平面图；道路纵断面图是沿路线中心线展开绘制的立面图。

10. 横断面图是沿路线中心线垂直方向绘制的剖面图。

11. 构造详图是表现路面结构构成及其他构件、细部构造的图样。

12. 道路路床(槽)整形按设计道路底基层图示尺寸以面积计算，不扣除各类井所占面积。

13. 沥青表面处治、沥青贯入式、透层、黏层、封层、沥青混凝土、水泥混凝土面层等均按照设计图示尺寸以面积计算，不扣除各类井所占面积，带平石的面层应扣除平石所占的面积。

14. 人行道整形碾压按设计人行道图示尺寸以面积计算，不扣除侧石、树池和各类井所占面积。

15. 人行道块料铺设、现浇混凝土人行道及进口坡按设计人行道图示尺寸以面积计算，不扣除各类井所占面积，但应扣除侧石、树池所占的面积。

16. 安砌侧石、现浇侧石按设计图示中心线长度计算。

课后思考题

1. 城市道路的功能主要有哪些？
2. 简述城市道路的分类。
3. 简述城市道路的基本组成。
4. 简述城市道路施工的难点在哪里？
5. 简述道路的结构组成。
6. 路堤、路堑分别适用于哪些情况？
7. 路面的技术等级是如何进行分类的？
8. 道路工程施工图由哪些组成？
9. 道路平面图包括哪些内容？如何进行道路平面图的识读？
10. 横断面图包括哪些内容？如何进行横断面图的识读？
11. 构造详图包括哪些内容？如何进行构造详图的识读？
12. 道路路床（槽）整形的工程量计算是否需要扣除检查井所占据的面积？
13. 人行道整形碾压的工程量计算规则是怎样的？
14. 人行道块料铺设、现浇混凝土人行道及进口坡的工程量计算规则是怎样的？
15. 安砌侧石、现浇侧石的工程量计算规则是怎样的？

5 桥涵工程

5.1 桥涵工程基础知识

5.1.1 桥梁的组成与分类

1）桥梁的定义

桥梁是在道路路线遇到江河湖泊、山谷深沟以及其他线路（铁路或公路）等障碍时，为了保持道路的连续性而专门建造的人工构造物。桥梁既要保证桥上的交通运行，也要保证桥下水流的宣泄、船只的通航或车辆的通行。

2）桥梁的基本组成

桥梁由“五大部件”与“五小部件”组成。桥梁的基本组成如图 5.1 所示。

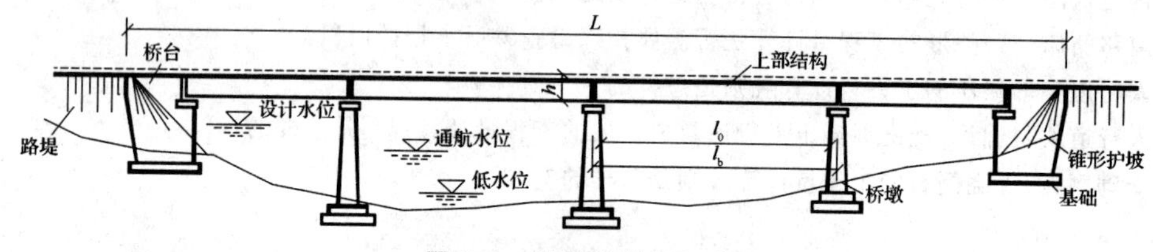

图 5.1 桥梁的基本组成

五大部件：所谓“五大部件”是指桥梁承受汽车或其他运输车辆荷载的桥跨上部结构与下部结构，它们必须通过承受荷载的计算与分析，是桥梁结构安全性的保证。

①桥跨结构（或称桥孔结构、上部结构）。路线遇到障碍（如江河、山谷或其他路线等）的结构物。

②支座系统。支承上部结构并传递荷载于桥梁墩台上，它应保证上部结构预计的在荷载、温度变化或其他因素作用下的位移功能。

③桥墩。桥墩是在河中或岸上支承两侧桥跨上部结构的建筑物。

④桥台。桥台设在桥的两端：一端与路堤相接，并防止路堤滑塌；另一端则支承桥跨上部结构的端部。为保护桥台和路堤填土，桥台两侧常做一些防护工程。

⑤墩台基础。墩台基础是保证桥梁墩台安全并将荷载传至地基的结构。基础工程在整个桥梁工程施工中是比较困难的部分，而且常常需要在水中施工，因而遇到的问题也很复杂。

前两个部件是桥跨上部结构，后三个部件是桥跨下部结构。

五小部件：所谓“五小部件”，是直接与桥梁服务功能有关的部件，过去总称为桥面构造。

①桥面铺装（或称行车道铺装）。铺装的平整、耐磨性、不翘曲、不渗水是保证行车舒适的关键。特别是在钢箱梁上铺设沥青路面时，其技术要求甚严。

②排水防水系统。应能迅速排除桥面积水，并使渗水的可能性降至最小限度。城市桥梁排水系统应保证桥下无滴水和结构上无漏水现象。

③栏杆（或称防撞栏杆）。它既是保证安全的构造措施，又是有利于观赏的最佳装饰件。

④伸缩缝。伸缩缝是桥跨上部结构之间或桥跨上部结构与桥台端墙之间所设的缝隙，以保

证结构在各种因素作用下的变位。为使行车顺适、不颠簸，桥面上要设置伸缩缝构造。

⑤灯光照明。现代城市中，大跨度桥梁通常是一个城市的标志性建筑，大多装置了灯光照明系统，构成了城市夜景的重要组成部分。

3）桥梁相关常用术语

①净跨径对于梁式桥是设计洪水位上相邻两桥墩（或桥台）之间的净距，对于拱式桥是每孔拱跨两个拱脚截面最低点之间的水平距离。

②计算跨径对于具有支座的桥梁，是指桥跨结构相邻两个支座中心之间的距离；对于拱式桥，是两相邻拱脚截面形心点之间的水平距离，即拱轴线两端点之间的水平距离。拱圈（或拱肋）各截面形心点的连线称为拱轴线。

③桥梁全长简称桥长，是桥梁两端两个桥台的侧墙或八字墙后端点之间的距离，对于无桥台的桥梁为桥面系的行车道全长。在一条线路中，桥梁和涵洞总长的比重反映了它们在整段线路建设中的重要程度。

④桥梁高度简称桥高，是指桥面与低水位之间的高差，桥高在某种程度上反映了桥梁施工的难易性。

⑤桥下净空高度是设计洪水位或计算通航水位至桥跨结构最下缘之间的距离，不小于对该河流通航所规定的净空高度。

⑥建筑高度是桥上行车路面（或轨顶）标高至桥跨结构最下缘之间的距离，它不仅与桥梁结构的体系和路径的大小有关，而且随行车部分在桥上布置的高度位置而异。公路（或铁路）定线中所确定的桥面（或轨顶）标高，对通航净空顶部标高之差，又称为容许建筑高度。

⑦净矢高是从拱顶截面下缘至相邻拱脚截面下缘最低点之连线的垂直距离。

⑧计算矢高是从拱顶截面形心点至相邻两拱脚截面形之连线的垂直距离。

⑨矢跨比是拱桥中拱圈（或拱肋）的计算矢高与计算跨径之比，也称拱矢度，它是反映拱桥受力特性的一个重要指标。

⑩涵洞是用来宣泄路堤下水流的构造物。为了区别于桥梁，《公路工程技术标准》(JTG B01—2013)中规定，凡是多孔跨径的全长不到 8 m 和单孔跨径不到 5 m 的泄水结构，均称为涵洞。

4）桥梁的分类

桥梁分类的方式很多，通常从受力特点、建桥材料、适用跨度、施工条件等方面来划分。

(1) 按结构体系分类

按结构体系分类是以桥梁结构的力学特征为基本着眼点，对桥梁进行分类，以利于把握各种桥梁的基本特点，也是桥梁工程学习的重点之一。以主要的受力构件为基本依据，可分为梁式桥、拱式桥、刚架桥、斜拉桥、悬索桥五大类。

图 5.2 梁式桥

①梁式桥（见图 5.2）：主梁为主要承重构件，受力特点为主梁受弯。主要材料为钢筋混凝土、预应力混凝土，多用于中小跨径桥梁。简支梁桥合理的最大跨径约 20 m，悬臂梁桥与连续梁桥合理的最大跨径约 60～70 m。优点：采用钢筋混凝土建造的梁桥能就地取材、工业化施工、耐久性好、适应性强、整体性好且美观，这种桥型在设计理论及施工技术上都发展得比较成熟。缺点：结构本身的自重大，约占全部设计荷载的 30%～60%，且跨度越大其自重所占的比值更显著增大，大大限制了其跨越能力。

②拱式桥(见图5.3):拱肋为主要承重构件,受力特点为拱肋承压、支承处有水平推力。主要材料是圬工、钢筋混凝土,适用范围视材料而定。跨径从几十米到三百多米都有,目前我国最大跨径的钢筋混凝土拱式桥为170 m。优点:跨越能力较大;与钢桥及钢筋混凝土梁桥相比,可以节省大量钢材和水泥;能耐久,且养护、维修费用少;外形美观;构造较简单,有利于广泛采用。缺点:由于它是一种推力结构,对地基要求较高;对多孔连续拱式桥,为防止一孔破坏而影响全桥,要采取特殊措施或设置单向推力墩以承受不平衡的推力,增加了工程造价;在平原区修拱式桥,由于建筑高度较大,使两头的接线工程和桥面纵坡量增大,对行车极为不利。

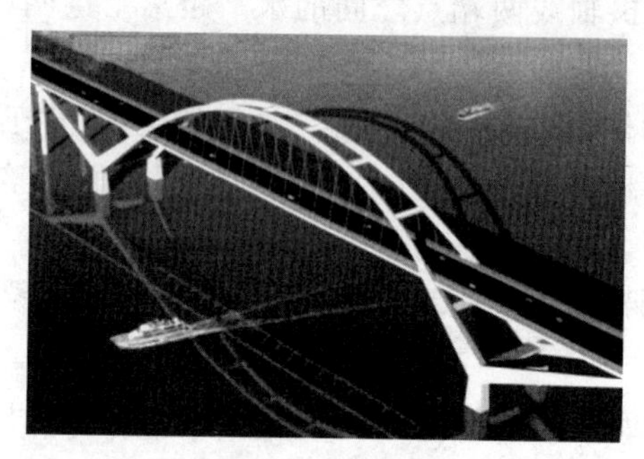

图5.3 拱式桥

图5.4 刚架桥

③刚架桥(见图5.4):是一种桥跨结构和墩台结构整体相连的桥梁,支柱与主梁共同受力,受力特点为支柱与主梁刚性连接,在主梁端部产生负弯矩,减少了跨中截面正弯矩,而支座不仅提供竖向力还承受弯矩。主要材料为钢筋混凝土,适宜于中小跨度,常用于需要较大的桥下净空和建筑高度受到限制的情况,如立交桥、高架桥等。优点:外形尺寸小,桥下净空大,桥下视野开阔,混凝土用量少。缺点:基础造价较高,钢筋的用量较大,且为超静定结构,会产生次内力。

④斜拉桥(见图5.5):梁、索、塔为主要承重构件,利用索塔上伸出的若干斜拉索在梁跨内增加了弹性支承,减小了梁内弯矩而增大了跨径。受力特点为外荷载从梁传递到索,再到索塔。主要材料为预应力钢索、混凝土、钢材。适宜于中等或大型桥梁。优点:梁体尺寸较小,使桥梁的跨越能力增大;受桥下净空和桥面标高的限制小;抗风稳定性优于悬索桥,且不需要集中锚锭构造;便于无支架施工。缺点:由于是多次超静定结构,计算复杂;索与梁或塔的连接构造比较复杂;施工中高空作业较多,且技术要求严格。

图5.5 斜拉桥

图5.6 悬索桥

⑤悬索桥(见图5.6):主缆为主要承重构件,受力特点为外荷载从梁经过系杆传递到主缆,再到两端锚锭。主要材料为预应力钢索、混凝土、钢材,适宜于大型及超大型桥梁。优点:由于主缆采用高强度钢材,受力均匀,具有很大的跨越能力。缺点:整体刚度小,抗风稳定性不佳;需要极大的两端锚锭,费用高,难度大。

(2) 按跨径分类

按跨径分类是一种行业管理的手段,并不反映桥梁工程设计和施工的复杂性。以下是我国《公路工程技术标准》(JTG B01—2013)规定的按跨径划分桥梁的方法,见表 5.1。

表 5.1 按跨径划分桥梁的方法

桥梁分类	多孔跨径总长 L(m)	单孔跨径长 L_0(m)
特大桥	$L>1\ 000$	$L_0>150$
大桥	$100\leqslant L\leqslant 1\ 000$	$40\leqslant L_0\leqslant 150$
中桥	$30<L<100$	$20\leqslant L_0<40$
小桥	$8\leqslant L\leqslant 30$	$5\leqslant L_0<20$

注:1. 单孔跨径系指标准跨径。梁式桥、板式桥以两桥墩中线之间桥中心线长度或桥墩中线与桥台台背前缘线之间桥中心线长度为标准跨径;拱式桥以净跨径为标准跨径。

2. 梁式桥、板式桥的多孔跨径总长为多孔标准跨径的总长;拱式桥为两岸桥台起拱线间的距离;其他形式的桥梁为桥面系的行车道长度。

(3) 按桥面位置分类

按桥面位置分类,可分为以下几类:

①上承式桥:桥面结构布置在桥跨结构上面。

②下承式桥:桥面结构布置在桥跨结构下面。

③中承式桥:桥面结构布置在桥跨结构中间。

(4) 按主要承重结构所用的材料

按主要承重结构所用的材料来划分,有木桥、钢桥、圬工桥(包括砖、石、混凝土桥)、钢筋混凝土桥和预应力钢筋混凝土桥。

①木桥:用木料建造的桥梁。木桥的优点是可就地取材,构造简单,制造方便,小跨度多做成梁式桥,大跨度可做成桁架桥或拱式桥。其缺点是容易腐朽、养护费用大、消耗木材、易引起火灾。多用于临时性桥梁或林区桥梁。

②钢桥:桥跨结构用钢材建造的桥梁。钢材强度高,性能优越,表观密度与容许应力之比值小,故钢桥跨越能力较大。钢桥的构件制造最合适工业化,运输和安装均较为方便,架设工期较短,破坏后易修复和更换,但钢材易锈蚀,养护困难。

③圬工桥:用砖、石或素混凝土建造的桥。这种桥常作成以抗压为主的拱式结构,有砖拱桥、石拱桥和素混凝土拱桥等。由于石料抗压强度高,且可就地取材,故在公路和铁路桥梁中,石拱桥用得较多。

④钢筋混凝土桥:又称普通钢筋混凝土桥。桥跨结构采用钢筋混凝土建造的桥梁。这种桥梁,砂石骨料可以就地取材,维修简便,行车噪音小,使用寿命长,并可采用工业化和机械化施工,与钢桥相比,钢材用量与养护费用均较少,但自重大,对于特大跨度的桥梁,在跨越能力与施工难易度和速度方面,常不及钢桥优越。

⑤预应力钢筋混凝土桥:桥跨结构采用预应力混凝土建造的桥梁。这种桥梁利用钢筋或钢丝(索)预张力的反力,可使混凝土在受载前预先受压,在运营阶段不出现拉应力(称全预应力混凝土),或有拉应力而未出现裂缝或控制裂缝在容许宽度内(称部分预应力混凝土)。其优点是能合理利用高强度混凝土和高强度的钢材,从而可节约钢材,减轻结构自重,增大桥梁的跨越能力;改善了结构受拉区的工作状态,提高结构的抗裂性,从而可提高结构的刚度和耐久性;在使

用荷载阶段,具有较高的承载能力和疲劳强度;可采用悬臂浇筑法或悬臂拼装法施工,不影响桥下通航或交通;便于装配式混凝土结构的推广。它的不足之处是施工工艺较复杂、质量要求较高和需要专门的设备。

(5) 按跨越方式分类

按跨越方式分类,可分为固定式桥梁、开启桥、浮桥、漫水桥等。

①固定式桥梁:指一经建成后各部分构件不再拆装或移动位置的桥梁。

②开启桥:指上部结构可以移动或转动的桥梁。

③浮桥:指用浮箱或船只等作为水中的浮动支墩,在其上架设贯通的桥面系统以沟通两岸交通的架空建筑物。

④漫水桥:又称过水桥,指洪水期间容许桥面漫水的桥梁。

(6) 按施工方法分类

按施工方法分类,混凝土桥梁可分为整体式施工桥梁和节段式施工桥梁。

①整体式施工桥梁:整体式是在桥位上搭脚手架、立模板,然后现浇成为整体式的结构。

②节段式施工桥梁:节段式是在工厂(或工场、桥头)预制成各种构件,然后运输、吊装就位,拼装成整体结构;或在桥位上采用现代先进施工方法逐段现浇而成的整体结构。用于大跨径预应力混凝土悬臂梁桥、T形刚构桥、连续梁桥、拱桥以及斜拉桥、悬索桥的施工。

5.1.2 桥梁下部结构施工技术

1) 各类围堰施工

(1) 围堰施工的一般规定

围堰施工的一般规定包括:

①围堰高度应高出施工期间可能出现的最高水位(包括浪高)0.5～0.7 m。

②围堰外形一般有圆形、圆端形(上、下游为半圆形,中间为矩形)、矩形、带三角的矩形等。围堰外形还应考虑水域的水深,以及流速增大引起水流对围堰、河床的集中冲刷,对航道、导流的影响。

③堰内平面尺寸应满足基础施工的需要。

④围堰要求防水严密,减少渗漏。

⑤堰体外坡面有受冲刷危险时,应在外坡面设置防冲刷设施。

(2) 各类围堰适用范围

各类围堰适用范围见表5.2。

表5.2 围堰类型及适用条件

围堰类型		适用条件
土石围堰	土围堰	水深≤1.5 m,流速≤0.5 m/s,河边浅滩,河床渗水性较小
	土袋围堰	水深≤3.0 m,流速≤1.5 m/s,河床渗水性较小,或淤泥较浅
	木桩竹条土围堰	水深1.5～7 m,流速≤2.0 m/s,河床渗水性较小,能打桩,盛产竹木地区
	竹篱土围堰	水深1.5～7 m,流速≤2.0 m/s,河床渗水性较小,能打桩,盛产竹木地区
	竹、铅丝笼围堰	水深4 m以内,河床难以打桩,流速较大
	堆石土围堰	河床渗水性很小,流速≤3.0 m/s,石块能就地取材

续表

围堰类型		适用条件
板桩围堰	钢板桩围堰	深水或深基坑，流速较大的砂类土、黏性土、碎石土及风化岩等坚硬河床。防水性能好，整体刚度较强
	钢筋混凝土板桩围堰	深水或深基坑，流速较大的砂类土、黏性土、碎石土河床。除用于挡水防水外还可作为基础结构的一部分，亦可采取拔除周转使用，能节约大量木材
钢套筒围堰		流速≤2.0 m/s，覆盖层较薄，平坦的岩石河床，埋置不深的水中基础，也可用于修建桩基承台
双壁围堰		大型河流的深水基础，覆盖层较薄，平坦的岩石河床

(3) 各类围堰的施工要求

①土围堰的施工要求(见图 5.7)

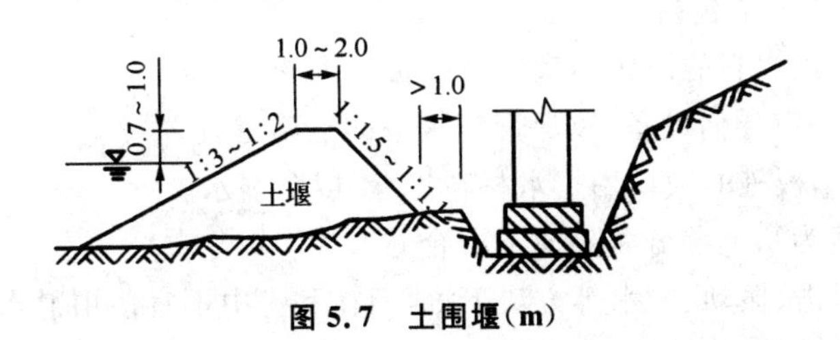

图 5.7　土围堰(m)

土围堰施工要求包括：

a. 筑堰材料宜用黏性土、粉质黏土或砂夹黏土。填土应自上游开始至下游合龙。

b. 筑堰前，必须将堰底下河床底下的杂物、石块及树根等清除干净。

c. 堰顶宽度可为 1～2 m。机械挖基时不宜小于 3 m。堰外边坡迎水流一侧坡度宜为 1∶3～1∶2，背水流一侧可在 1∶2 之内。堰内边坡宜为 1∶1.5～1∶1.1。内坡脚与基坑的距离不得小于 1 m。

②土袋围堰的施工要求(见图 5.8)

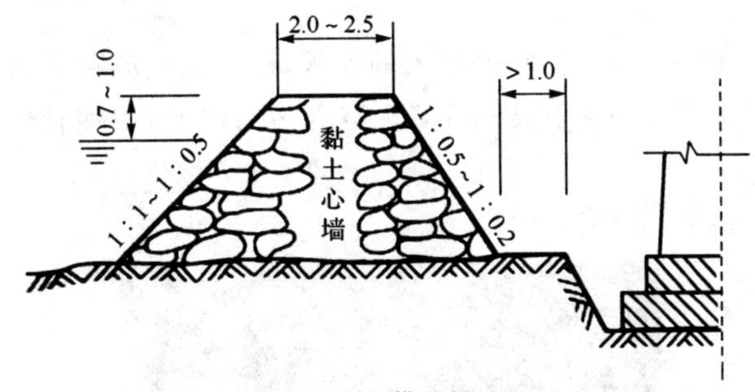

图 5.8　土袋围堰(m)

土袋围堰的施工要求包括：

a. 围堰两侧用草袋、麻袋、玻璃纤维袋或无纺布袋装土堆码。袋中宜装不渗水的黏性土，装土量为土袋容量的 1/2～2/3。袋口应缝合。堰外边坡坡度宜为 1∶1～1∶0.5，堰内边坡坡度宜为1∶0.5～1∶0.2。围堰中心部分可填筑黏土及黏性土心墙。

b. 堆码土袋，应自上游开始至下游合龙。上下层和内外层的土袋均应相互错缝，尽量堆码密实、平稳。

c. 筑堰前,堰底河床的处理、内坡脚与基坑的距离、堰顶宽度与土围堰的要求相同。

③钢板桩围堰的施工要求(见图5.9)

图5.9 钢板桩围堰

钢板桩围堰的施工要求包括:

a. 有大漂石及坚硬岩石的河床不宜使用钢板桩围堰。

b. 施打时,必须备有导向设备,以保证钢板桩的正确位置。

c. 施打前,应对钢板桩的锁口用止水材料捻缝,以防漏水。

d. 施打顺序一般为从上游分两头向下游合龙。

e. 钢板桩可用捶击、振动、射水等方法下沉,但在黏土中不宜使用射水下沉的办法。

f. 经过整修或焊接后的钢板桩应用同类型的钢板桩进行锁口试验、检查。接长的钢板桩,其相邻两钢板桩的接头位置应上下错开。

g. 施打过程中,应随时检查桩的位置是否正确、桩身是否垂直,如不正确或不垂直应立即纠正或拔出重打。

④钢筋混凝土板桩围堰的施工要求

钢筋混凝土板桩围堰的施工要求包括:

a. 板桩断面应符合设计要求。板桩桩尖角度视土质坚硬程度而定。沉入砂砾层的板桩桩头,应增设加劲钢筋或钢板。

b. 钢筋混凝土板桩的制作,应用刚度较大的模板,榫口接缝应顺直、密合。

c. 目前钢筋混凝土板桩中,空心板桩较多。空心多为圆形,用钢管作芯模。板桩的榫口一般圆形的较好。

⑤套箱围堰的施工要求(见图5.10)

图5.10 套箱围堰

套箱围堰的施工要求包括：

a. 无底套箱用木板、钢板或钢丝网水泥制作，内设木、钢支撑。套箱可制成整体式或装配式。

b. 制作中应防止套箱接缝漏水。

c. 下沉套箱前，同样应清理河床。若套箱设置在岩层上时，应整平岩面。当岩面有坡度时，套箱底的倾斜度应与岩面相同，以增加稳定性并减少渗漏。

⑥双壁钢围堰的施工要求(见图 5.11)

双壁钢围堰的施工要求包括：

a. 双壁钢围堰应作专门设计，其承载力、刚度、稳定性、锚锭系统及使用期等应满足施工要求。

b. 双壁钢围堰应按设计要求在工厂制作，其分节分块的大小应按工地吊装、移运能力确定。

c. 双壁钢围堰各节、块拼焊时，应按预先安排的顺序对称进行。拼焊后应进行焊接质量检验及水密性试验。

图 5.11 双壁钢围堰

d. 钢围堰浮运定位时，应对浮运、就位和灌水着床时的稳定性进行验算。尽量安排在能保证浮运顺利进行的低水位或水流平稳时进行，宜在白昼无风或小风时浮运。在水深或水急处浮运时，可在围堰两侧设导向船。围堰下沉前初步锚锭于墩位上游处。在浮运、下沉过程中，围堰露出水面的高度不应小于 1 m。

e. 就位前应对所有缆绳、锚链、锚锭和导向设备进行检查调整，以使围堰落床工作顺利进行，并注意水位涨落对锚锭的影响。

f. 锚锭体系的锚绳规格、长度应相差不大。锚绳受力应均匀。边锚的预拉力要适当，避免导向船和钢围堰摆动过大或折断锚绳。

g. 准确定位后，应向堰体壁腔内迅速、对称、均衡地灌水，使围堰落床。

h. 落床后应随时观测水域内流速增大而造成的河床局部冲刷，必要时可在冲刷段用卵石、碎石垫填整平，以改变河床上的粒径，减小冲刷深度，增加围堰稳定性。

i. 钢围堰着床后，应加强对冲刷和偏斜的情况进行检查，发现问题及时调整。

j. 钢围堰浇筑水下封底混凝土之前，应按照设计要求进行清基，并由潜水员逐片检查合格后方可封底。

k. 钢围堰着床后的允许偏差应符合设计要求。当做承台模板用时，其误差应符合模板的施工要求。

2) *桩基础的施工方法*

桥梁工程常用的桩基础通常可分为沉入桩基础和灌注桩基础，按成桩施工方法又可分为：沉入桩、钻孔灌注桩、人工挖孔桩。

(1) 沉入桩基础(见图 5.12)

常用的沉入桩有钢筋混凝土桩、预应力混凝土桩和钢管桩。

①沉桩方式及设备选择

a. 锤击沉桩宜用于砂类土、黏性土。桩锤的选用应根

图 5.12 沉入桩施工

据地质条件、桩型、桩的密集程度、单桩竖向承载力及现有施工条件等因素确定。

b. 振动沉桩宜用于锤击沉桩效果较差的密实的黏性土、砾石、风化岩。

c. 在密实的砂土、碎石土、砂砾的土层中用锤击法、振动沉桩法有困难时,可采用射水作为辅助手段进行沉桩施工。在黏性土中应慎用射水沉桩,在重要建筑物附近也不宜采用射水沉桩。

d. 静力压桩宜用于软黏土(标准贯入度 $N<20$)、淤泥质土。

e. 钻孔埋桩宜用于黏土、砂土、碎石土且河床覆土较厚的情况。

②施工技术要点

a. 预制桩的接桩可采用焊接、法兰连接或机械连接。

b. 沉桩时,桩帽或送桩帽与桩周围间隙应为5～10 mm;桩锤、桩帽或送桩帽应和桩身在同一中心线上;桩身垂直度偏差不得超过0.5%。

c. 沉桩顺序:对于密集桩群,自中间向两个方向或四周对称施打;根据基础的设计标高,宜先深后浅;根据桩的规格,宜先大后小,先长后短。

d. 施工中若锤击有困难时,可在管内助沉。

e. 桩终止锤击的控制应视桩端土质而定,一般情况下以控制桩端设计标高为主,贯入度为辅。

f. 沉桩过程中应加强对邻近建筑物、地下管线等的观测、监护。

g. 在沉桩过程中发现以下情况应暂停施工,并应采取措施进行处理:

- 贯入度发生剧变。
- 桩身发生突然倾斜、位移或有严重回弹。
- 桩头或桩身破坏。
- 地面隆起。
- 桩身上浮。

(2) 钻孔灌注桩基础

依据成桩方式可分为泥浆护壁成孔桩、干作业成孔桩、护筒(沉管)成孔桩及爆破成孔桩,施工机具类型及适用土质条件可参考表5.3。

表5.3 成桩方式与设备及适用土质条件

<table>
<tr><th>序号</th><th colspan="2">成桩方式与设备</th><th>适用土质条件</th></tr>
<tr><td rowspan="6">1</td><td rowspan="6">泥浆护壁成孔桩</td><td>正循环回转钻</td><td>黏性土、粉砂、细砂、中砂、粗砂,含少量砾石、卵石(含量少于20%)的土、软岩</td></tr>
<tr><td>反循环回转钻</td><td>黏性土,砂类土,含少量砾石、卵石(含量少于20%,粒径小于钻杆内径2/3)的土</td></tr>
<tr><td>冲抓钻</td><td rowspan="3">黏性土、粉土、砂土、填土、碎石土及风化岩层</td></tr>
<tr><td>冲击钻</td></tr>
<tr><td>旋挖钻</td></tr>
<tr><td>潜水钻</td><td>黏性土、淤泥、淤泥质土及砂土</td></tr>
</table>

续表

序号	成桩方式与设备		适用土质条件
2	干作业成孔桩	长螺旋钻孔	地下水位以上的黏性土、砂土及人工填土，非密实的碎石类土、强风化岩
		钻孔扩底	地下水位以上的坚硬、硬塑的黏性土及中密实以上的砂土风化岩层
		人工挖孔	地下水位以上的黏性土、黄土及人工填土
3	沉管成孔桩	夯扩	桩端持力层为埋深不超过 20 m 的中、低压缩性黏性土、粉土、砂土和碎石类土
		振动	黏性土、粉土和砂土
4	爆破成孔桩		地下水位以上的黏性土、黄土碎石土及风化岩

①泥浆护壁成孔桩

a. 泥浆制备与护筒埋设

泥浆制备与护筒埋设的施工要求包括：

• 泥浆制备根据施工机具、工艺及穿越土层情况进行配合比设计，宜选用高塑性黏土或膨润土。

• 护筒埋设深度应符合有关规定。护筒顶面宜高出施工水位或地下水位 2 m，并宜高出施工地面 0.3 m。其高度尚应满足孔内泥浆面高度的要求。

• 灌注混凝土前，清孔后的泥浆相对密度应小于 1.10；含砂率不得大于 2%；黏度不得大于 20 Pa・s。

• 现场应设置泥浆池和泥浆收集设施，废弃的泥浆、钻渣应进行处理，不得污染环境。

b. 正、反循环钻孔(见图 5.13)

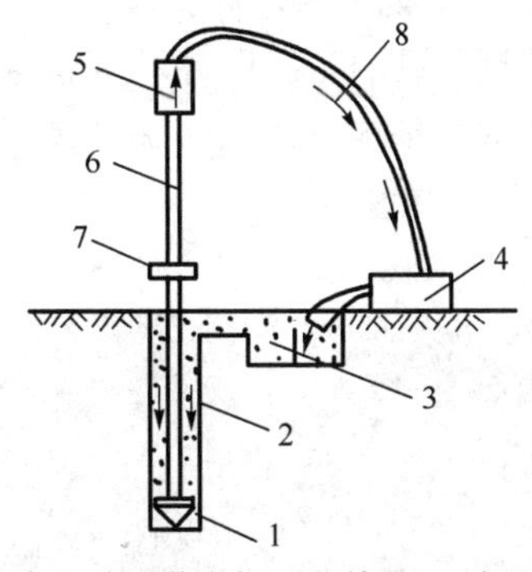

1-钻头；2-新泥浆流向；3-沉淀池；4-砂石泵；
5-水龙头；6-钻杆；7-钻机回转装置；8-混合液流向

图 5.13　正、反循环钻孔

正反循环钻孔的施工要求包括：

• 泥浆护壁成孔时根据泥浆补给情况控制钻进速度，保持钻机稳定。

• 钻进过程中如发生斜孔、塌孔和护筒周围冒浆、失稳等现象时，应先停钻，待采取相应措施后再进行钻进。

• 钻孔达到设计深度，灌注混凝土之前，孔底沉渣厚度应符合设计要求。设计未要求时端承型桩的沉渣厚度不应大于 100 mm，摩擦型桩的沉渣厚度不应大于 300 mm。

c. 冲击钻成孔(见图 5.14)

图 5.14 冲击钻成孔

冲击钻成孔的施工要求包括：

• 冲击钻开孔时，应低锤密击，反复冲击造壁，保持孔内泥浆面稳定。

• 应采取有效的技术措施防止扰动孔壁、塌孔、扩孔、卡钻和掉钻及泥浆流失等事故。

• 每钻进 4～5 m 应验孔一次，在更换钻头前或容易缩孔处，均应验孔并做记录。

• 排渣过程中应及时补给泥浆。

• 冲孔中遇到斜孔、梅花孔、塌孔等情况时，应采取措施后方可继续施工。

• 稳定性差的孔壁应采用泥浆循环或抽渣筒排渣，清孔后灌注混凝土之前的泥浆指标应符合要求。

d. 旋挖成孔(见图 5.15)

图 5.15 旋挖成孔

旋挖成孔的施工要求包括：

• 旋挖成孔灌注桩应根据不同的地层情况及地下水位埋深，采用不同的成孔工艺。

• 泥浆制备的能力应大于钻孔时的泥浆需求量，每台套钻机的泥浆储备量不少于单桩体积。

• 成孔前和每次提出钻斗时，应检查钻斗和钻杆连接销子、钻斗门连接销子以及钢丝绳的状况，并应清除钻斗上的渣土。

- 旋挖成孔应采用跳挖方式，并根据钻进速度同步补充泥浆，保持所需的泥浆面高度不变。
- 孔底沉渣厚度控制指标符合要求。

②干作业成孔桩

a. 长螺旋钻孔(见图 5.16)

图 5.16　长螺旋钻孔

长螺旋钻孔的施工要求包括：

- 钻机定位后，应进行复检，钻头与桩位点偏差不得大于 20 mm，开孔时下钻速度应缓慢；钻进过程中，不宜反转或提升钻杆。
- 在钻进过程中遇到卡钻、钻机摇晃、偏斜或发生异常声响时，应立即停钻，查明原因，采取相应措施后方可继续作业。
- 钻至设计标高后，应先泵入混凝土并停顿 10～20 s，再缓慢提升钻杆。提钻速度应根据土层情况确定，并保证管内有一定高度的混凝土。
- 混凝土压灌结束后，应立即将钢筋笼插至设计深度，并及时清除钻杆及泵(软)管内残留的混凝土。

b. 钻孔扩底(见图 5.17)

钻孔扩底的施工要求包括：

- 钻杆应保持垂直稳固，位置准确，防止因钻杆晃动引起孔径扩大。
- 钻孔扩底桩的施工扩底孔部分虚土厚度应符合设计要求。
- 灌注混凝土时，第一次应灌到扩底部位的顶面，随即振捣密实；灌注桩顶以下 5 m 范围内混凝土时，应边灌注边振动，每次灌注高度不大于 1.5 m。

图 5.17　钻孔扩底

c. 人工挖孔

人工挖孔的施工要求包括：

- 人工挖孔桩必须在保证施工安全前提下选用。
- 挖孔桩截面一般为圆形，也有方形桩；孔径 1 200～2 000 mm，最大可达 3 500 mm；挖孔深度不宜超过 25 m。
- 采用混凝土或钢筋混凝土支护孔壁技术，护壁的厚度、拉接钢筋、配筋、混凝土强度等级均应符合设计要求；井圈中心线与设计轴线的偏差不得大于 20 mm；上下节护壁混凝土的搭接长度不得小于 50 mm；每节护壁必须保证振捣密实，并应当日施工完毕；应根据土层渗水情况使用速凝剂；模板拆除应在混凝土强度大于 2.5 MPa 后进行。
- 挖孔达到设计深度后，应进行孔底处理。必须做到孔底表面无松渣、泥、沉淀土。

③钢筋笼与灌注混凝土

钢筋笼与灌注混凝土施工要点包括:

a. 钢筋笼加工应符合设计要求(见图5.18)。钢筋笼制作、运输和吊装过程中应采取适当的加固措施,防止变形。

图5.18 钢筋笼制作

图5.19 钢筋笼施工

b. 吊放钢筋笼入孔时,不得碰撞孔壁,就位后应采取加固措施固定钢筋笼的位置(见图5.19)。

c. 沉管灌注桩内径应比套管内径小60~80 mm,用导管灌注水下混凝土的桩应比导管连接处的外径大100 mm以上。

d. 灌注桩采用的水下灌注混凝土宜采用预拌混凝土,其骨料粒径不宜大40 mm。

e. 灌注桩各工序应连续施工,钢筋笼放入泥浆后4 h内必须浇筑混凝土。

f. 桩顶混凝土浇筑完成后应高出设计标高0.5~1 m,确保桩头浮浆层凿除后桩基面混凝土达到设计强度。

g. 当气温低于0℃时,浇筑混凝土应采取保温措施,浇筑时混凝土的温度不得低于5℃。当气温高于30℃时,应根据具体情况对混凝土采取缓凝措施。

h. 灌注桩的实际浇筑混凝土量不得小于计算体积;套管成孔的灌注桩任何一段平均直径与设计直径的比值不得小于1.0。

④水下混凝土灌注

水下混凝土灌注的施工要点包括:

a. 桩孔检验合格,吊装钢筋笼完毕后,安置导管浇筑混凝土。

b. 混凝土配合比应通过试验确定,须具备良好的和易性,坍落度宜为180~220 mm。

c. 导管应符合下列要求:

- 导管内壁应光滑圆顺,直径宜为20~30 cm,节长宜为2 m。
- 导管不得漏水,使用前应试拼、试压。
- 导管轴线偏差不宜超过孔深的0.5%,且不宜大于10 cm。
- 导管采用法兰盘接头宜加锥形活套;采用螺旋丝扣型接头时必须有防止松脱装置。

d. 使用的隔水球应有良好的隔水性能,并应保证顺利排出。

e. 开始灌注混凝土时,导管底部至孔底的距离宜为300~500 mm;导管首次埋入混凝土灌注面以下不应少于1.0 m;在灌注过程中,导管埋入混凝土深度宜为2~6 m。

f. 灌注水下混凝土必须连续施工,并应控制提拔导管速度,严禁将导管提出混凝土灌注面。灌注过程中的故障应记录备案。

3）墩台、盖梁施工技术

（1）现浇混凝土墩台、盖梁

①重力式混凝土墩、台施工

重力式混凝土墩、台施工工作要点包括：

a. 墩台混凝土浇筑前应对基础混凝土顶面做凿毛处理，清除锚筋污锈。

b. 墩台混凝土宜水平分层浇筑，每层高度宜为 1.5～2 m。

c. 墩台混凝土分块浇筑时，接缝应与墩台截面尺寸较小的一边平行，邻层分块接缝应错开，接缝宜做成企口形。分块数量，墩台水平截面积在 200 m^2 以内不得超过 2 块；在 300 m^2 以内不得超过 3 块。每块面积不得小于 50 m^2。

d. 明挖基础上灌筑墩、台第一层混凝土时，要防止水分被基础吸收或基顶水分渗入混凝土而降低强度。

②柱式墩台施工（见图 5.20）

柱式墩台施工要点包括：

a. 模板、支架除应满足强度、刚度外，稳定计算中应考虑风力影响。

b. 墩台柱与承台基础接触面应凿毛处理，清除钢筋污锈。浇筑墩台柱混凝土时，应铺同配合比的水泥砂浆一层。墩台柱的混凝土宜一次连续浇筑完成。

c. 柱身高度内有系梁连接时，系梁应与柱同步浇筑。V 型墩柱混凝土应对称浇筑。

图 5.20　柱式墩台

d. 采用预制混凝土管做柱身外模时，预制管安装应符合下列要求：

• 基础面宜采用凹槽接头，凹槽深度不得小于 50 mm。

• 上下管节安装就位后，应采用四根竖方木对称设置在管柱四周并绑扎牢固，防止撞击错位。

• 混凝土管柱外模应设斜撑，保证浇筑时的稳定。

• 管节接缝应采用水泥砂浆等材料密封。

e. 墩柱滑模浇筑应选用低流动度的或半干硬性的混凝土拌和料，分层分段对称浇筑，并应同时浇完一层；各段的浇筑应到距模板上缘 100～150 mm 处为止。

f. 钢管混凝土墩柱应采用补偿收缩混凝土，一次连续浇筑完成。钢管的焊制与防腐应符合设计要求或相关规范规定。

③盖梁施工

在城镇交通繁华路段施工盖梁时，宜采用整体组装模板、快装组合支架，以减少占路时间。盖梁为悬臂梁时，混凝土浇筑应从悬臂端开始；预应力钢筋混凝土盖梁拆除底模时间应符合设计要求；如设计无要求，孔道压浆强度应达到设计强度后，方可拆除底模板。

（2）预制混凝土柱和盖梁安装

①预制柱安装

预制柱安装的施工要点包括：

a. 基础杯口的混凝土强度必须达到设计要求，方可进行预制柱安装。杯口在安装前应校核长、宽、高，确认合格。杯口与预制件接触面均应凿毛处理，埋件应除锈并应校核位置，合格后方可安装。

b. 预制柱安装就位后应采用硬木楔或钢楔固定,并加斜撑保持柱体稳定,在确保稳定后方可摘去吊钩。

c. 安装后应及时浇筑杯口混凝土,待混凝土硬化后拆除硬楔,浇筑二次混凝土,待杯口混凝土达到设计强度 75%后方可拆除斜撑。

②预制钢筋混凝土盖梁安装

预制钢筋混凝土盖梁安装的施工要点包括:

a. 预制盖梁安装前,应对接头混凝土面凿毛处理,设埋件应除锈。

b. 在墩台柱上安装预制盖梁时,应对墩台柱进行固定和支撑,确保稳定。

c. 盖梁就位时,应检查轴线和各部尺寸,确认合格后方可固定,并浇筑接头混凝土。接头混凝土达到设计强度后,方可卸除临时固定设施。

③重力式砌体墩台

重力式砌体墩台的施工要点包括:

a. 墩台砌筑前,应清理基础,保持洁净,并测量放线,设置线杆。

b. 墩台砌体应采用坐浆法分层砌筑,竖缝均应错开,不得贯通。

c. 砌筑墩台镶面石应从曲线部分或角部开始。

d. 桥墩分水体镶面石的抗压强度不得低于设计要求。

e. 砌筑的石料和混凝土预制块应清洗干净,保持湿润。

5.1.3 桥梁上部结构施工技术

1) 装配式梁(板)施工技术

装配式梁(板)施工技术中,包括预应力(钢筋)混凝土简支梁(板)施工技术。

(1) 装配式梁(板)施工方案

①装配式梁(板)施工方案编制

装配式梁(板)施工方案编制前,应对施工现场条件和拟定运输路线、社会交通进行充分调研和评估。

②预制和吊装方案

a. 应按照设计要求,并结合现场条件确定梁板预制和吊运方案。

b. 应依据施工组织进度和现场条件,选择构件厂(或基地)预制和施工现场预制。

c. 依照吊装机具不同,梁板架设方法分为起重机架梁法、跨墩龙门吊架梁法和穿巷式架桥机架梁法,每种方法的选择都应在充分调研和技术经济综合分析的基础上进行。

(2) 技术要求

①预制构件与支承结构

a. 安装构件前必须检查构件外形及其预埋件尺寸和位置,其偏差不应超过设计或规范允许值。

b. 装配式桥梁构件在脱底模、移运、堆放和吊装就位时,混凝土的强度不应低于设计要求的吊装强度,设计无要求时,一般不应低于设计强度的 75%。预应力混凝土构件吊装时,其孔道水泥浆的强度不应低于构件设计要求。如设计无要求时,一般不低于 30 MPa。吊装前应验收合格。

c. 安装构件前,支承结构(墩台、盖梁等)的强度应符合设计要求,支承结构和预埋件的尺寸、标高及平面位置应符合设计要求且验收合格。桥梁支座的安装质量应符合要求，其规格、位置及标高应准确无误。墩台、盖梁、支座顶面清扫干净。

②吊运方案

a. 吊运(吊装、运输)应编制专项方案，并按有关规定进行论证、批准。

b. 吊运方案应对各受力部分的设备、杆件进行验算，特别是吊车等机具安全性验算，起吊过程中构件内产生的应力验算必须符合要求。梁长 25 m 以上的预应力简支梁应验算裸梁的稳定性。

c. 应按照起重吊装的有关规定，选择吊运工具、设备，确定吊车站位、运输路线与交通导行等具体措施。

③技术准备

a. 按照有关规定进行技术安全交底。

b. 对操作人员进行培训和考核。

c. 测量放线，给出高程线、结构中心线、边线，并进行清晰地标识。

(3) 安装就位的技术要求

①吊运要求

a. 构件移运、吊装时的吊点位置应按设计规定或根据计算决定。

b. 吊装时构件的吊环应顺直，吊绳与起吊构件的交角小于 60°时，应设置吊架或吊装扁担，尽量使吊环垂直受力。

c. 构件移运、停放的支承位置应与吊点位置一致，并应支承稳固。在顶起构件时应随时置好保险垛。

d. 吊移板式构件时，不得吊错板梁的上、下面，防止折断。

②就位要求

a. 每根大梁就位后，应及时设置保险垛或支撑，将梁固定并用钢板与已安装好的大梁预埋横向连接钢板焊接，防止倾倒。

b. 构件安装就位并符合要求后，方可允许焊接连接钢筋或浇筑混凝土固定构件。

c. 待全孔(跨)大梁安装完毕后，再按设计规定使全孔(跨)大梁整体化。

d. 梁板就位后应按设计要求及时浇筑接缝混凝土。

2) 现浇预应力(钢筋)混凝土连续梁施工技术

以下简要介绍现浇预应力(钢筋)混凝土连续梁常用的支(模)架法和悬臂浇筑法施工技术。

(1) 支(模)架法(见图 5.21)

①支架法现浇预应力混凝土连续梁

支架法现浇预应力混凝土连续梁的施工要点包括：

a. 支架的地基承载力应符合要求，必要时，应采取加强处理或其他措施。

b. 各种支架和模板安装后，宜采取预压方法消除拼装间隙和地基沉降等非弹性变形。

c. 安装支架时，应根据梁体和支架的弹性、非弹性变形，设置预拱度。

d. 支架底部应有良好的排水措施，不得被水浸泡。

e. 浇筑混凝土时应采取防止支架不均匀下沉的措施。

f. 应有简便可行的落架拆模措施。

②移动模架上浇筑预应力混凝土连续梁

移动模架上浇筑预应力混凝土连续梁的施工要点包括：

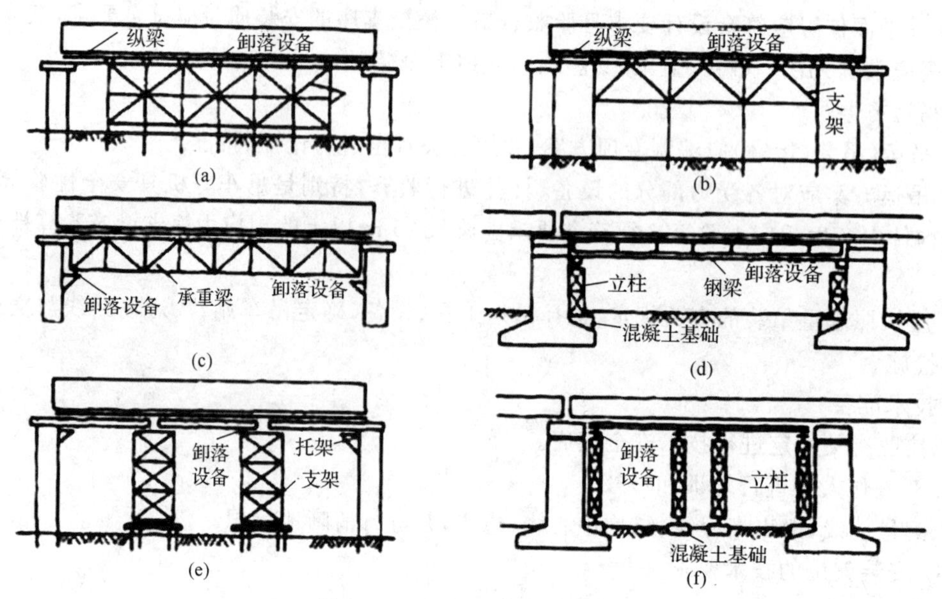

图 5.21　常用支架的主要结构

a. 模架长度必须满足施工要求。

b. 浇筑分段工作缝,必须设在弯矩零点附近。

c. 箱梁内、外模版在滑动就位时,模版平面尺寸、高程、预拱度的误差必须控制在容许范围内。

d. 混凝土内预应力筋管道、钢筋、预埋件设置应符合规范规定和设计要求。

e. 模架应利用专用设备组装,在施工时能确保质量和安全。

(2) 悬臂浇筑法

悬臂浇筑的主要设备是一对能行走的挂篮(见图 5.22)。挂篮在已经张拉锚固并与墩身连成整体的梁段上移动。绑扎钢筋、立模、浇筑混凝土、施加预应力都在其上进行。完成本段施工后,挂篮对称向前各移动一节段,进行下一梁段施工,循序渐进,直至悬臂梁段浇筑完成。

图 5.22　悬臂浇筑法施工现场

①挂篮设计与组装

挂篮结构主要设计参数应符合下列规定：

a. 挂篮质量与梁段混凝土的质量比值控制在 0.3～0.5，特殊情况下不得超过 0.7。

b. 允许最大变形(包括吊带变形的总和)为 20 mm。

c. 施工、行走时的抗倾覆安全系数不得小于 2。

d. 自锚固系统的安全系数不得小于 2。

e. 斜拉水平限位系统和上水平限位安全系数不得小于 2。

挂篮组装后，应全面检查安装质量，并应按设计荷载做载重实验，以消除非弹性变形。

②浇筑段落

悬浇梁体一般应分四大部分浇筑：

a. 墩顶梁段(0 号块)。

b. 墩顶梁段(0 号块)两侧对称悬浇梁段。

c. 边孔支架现浇梁段。

d. 主梁跨中合龙段。

③悬浇顺序及要求

a. 在墩顶托架或膺架上浇筑 0 号段并实施墩梁临时固结(见图 5.23)。

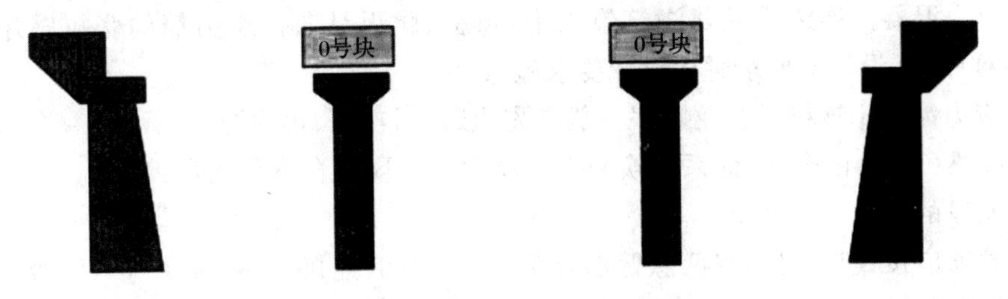

图 5.23　悬臂浇筑程序示意图 1

b. 在 0 号块段上安装悬臂挂篮,向两侧依次对称分段浇筑主梁至合龙前段(见图 5.24)。

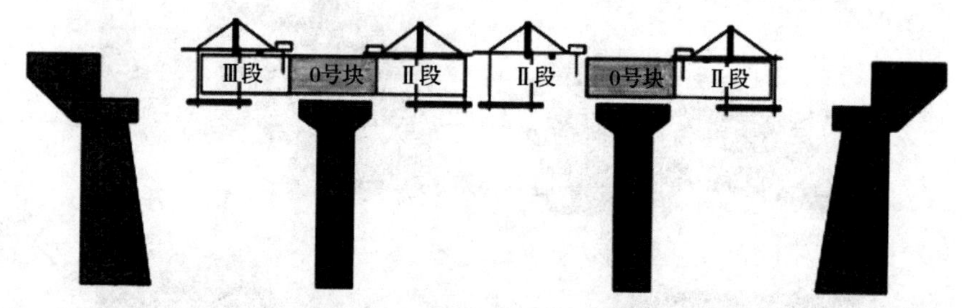

图 5.24　悬臂浇筑程序示意图 2

c. 在支架上浇筑边跨主梁合龙段(见图 5.25)。

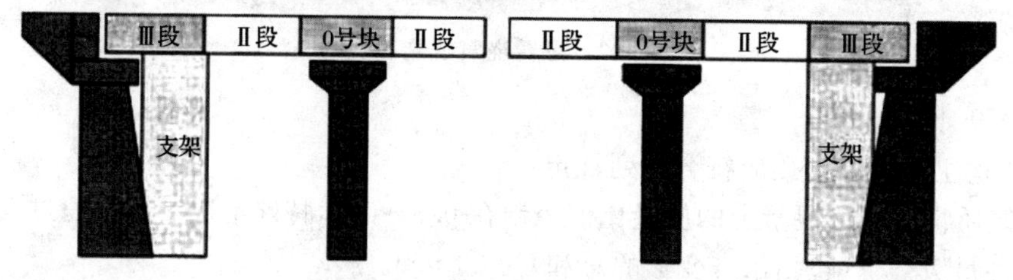

图 5.25　悬臂浇筑程序示意图 3

d. 最后浇筑中跨合龙段形成连续梁体系(见图 5.26)。

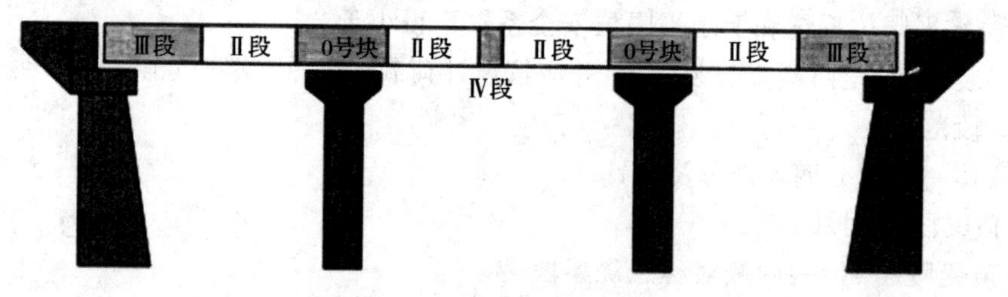

图 5.26　悬臂浇筑程序示意图 4

悬臂浇筑混凝土时,宜从悬臂前端开始,最后与前段混凝土连接。桥墩两侧梁段悬臂施工应对称、平衡,平衡偏差不得大于设计要求。

④张拉及合龙

a. 预应力混凝土连续梁悬臂浇筑施工中,顶板、腹板纵向预应力筋的张拉顺序一般为上下、左右对称张拉,设计有要求时按设计要求施做。

b. 预应力混凝土连续梁合龙顺序一般是先边跨、后次跨、再中跨。

c. 连续梁(T 构)的合龙、体系转换和支座反力调整应符合下列规定:

• 合龙段的长度宜为 2 m。

• 合龙前应按设计规定,将两悬臂端合龙口予以临时连接,并将合龙跨一侧墩的临时锚固放松或改成活动支座。

• 合龙前,在两端悬臂预加压重,并于浇筑混凝土过程中逐步撤除,以使悬臂端挠度保持稳定。

• 合龙宜在一天中气温最低时进行。

• 合龙段的混凝土强度宜提高一级,以尽早施加预应力。

⑤高程控制

预应力混凝土连续梁，悬臂浇筑段前端底板和桥面标高的确定是连续梁施工的关键问题之一，确定悬臂浇筑段前端标高时应考虑：

a. 挂篮前端的垂直变形值。

b. 预拱度设置。

c. 施工中已浇段的实际标高。

d. 温度影响。

3）钢梁施工技术

（1）钢梁安装方法选择

①城区内常用安装方法：自行式吊机整孔架设法、门架吊机整孔架设法、支架架设法、缆索吊机拼装架设法、悬臂拼装架设法、拖拉架设法等。

②钢梁工地安装，应根据跨径大小、河流情况、交通情况和起吊能力等条件选择安装方法。

（2）安装要点

①钢梁安装过程中，每完成一节段应测量其位置、标高和预拱度，不符合要求应及时校正。

②钢梁杆件工地焊缝连接，应按设计的顺序进行。无设计顺序时，焊接顺序宜为纵向从跨中向两端、横向从中线向两侧对称进行。

③钢梁采用高强螺栓连接前，应复验摩擦面的抗滑移系数。高强螺栓连接前，应按出厂批号，每批抽验不少于8套扭矩系数。高强螺栓穿入孔内应顺畅，不得强行敲入。穿入方向应全桥一致。施拧顺序为从板束刚度大、缝隙大处开始，由中央向外拧紧，并应在当天终拧完毕。施拧时，不得采用冲击拧紧和间断拧紧。

④高强度螺栓终拧完毕必须当班检查。每栓群应抽查总数的5%，且不得少于2套。抽查合格率不得小于80%，否则应继续抽查，直至合格率达到80%以上。对螺栓拧紧度不足者应补拧，对超拧者应更换、重新施拧并检查。

4）钢-混凝土结合梁施工技术

（1）基本工艺流程

钢梁预制并焊接传剪器→架设钢梁→安装横梁（横隔梁）及小纵梁（有时不设小纵梁）→安装预制混凝土板并浇筑接缝混凝土或支搭现浇混凝土桥面板的模板并铺设钢筋→现浇混凝土→养护→张拉预应力束→拆除临时支架或设施。

（2）施工技术要点

①钢主梁架设和混凝土浇筑前，应按设计要求或施工方案设置施工支架。

②混凝土浇筑前，应对钢主梁的安装位置、高程、纵横向连接及施工支架进行检查验收。钢梁顶面传剪器焊接经检验合格后，方可浇筑混凝土。

③现浇混凝土结构宜采用缓凝、早强、补偿收缩性混凝土。

④混凝土桥面结构应全断面连续浇筑，浇筑顺序：顺桥向应自跨中开始向支点处交汇，或由一端开始浇筑；横桥向应先由中间开始向两侧扩展。

⑤桥面混凝土表面应符合纵横坡度要求，表面光滑、平整，应采用原浆抹面成活，并在其上直接做防水层。不宜在桥面板上另做砂浆找平层。

5）钢筋(管)混凝土拱桥施工技术

(1) 现浇拱桥施工(见图5.27)

①一般规定

a. 装配式拱桥构件在吊装时,混凝土的强度不得低于设计要求;设计无要求时,不得低于设计强度值的75%。

图5.27 现浇拱桥施工

b. 拱圈(拱肋)放样时应按设计要求设预拱度,当设计无要求时,可根据跨度大小、恒载挠度、拱架刚度等因素计算预拱度,拱顶宜取计算跨度的1/1 000～1/5 00。放样时,水平长度偏差及拱轴线偏差,当跨度大于20 m时,不得大于计算跨度的1/5 000;当跨度等于或小于20 m时,不得大于4 mm。

c. 拱圈(拱肋)封拱合龙温度应符合设计要求,当设计无要求时,宜在当地年平均温度或5～10℃时进行。

②在拱架上浇筑混凝土拱圈

a. 跨径小于16 m的拱圈或拱肋混凝土,应按拱圈全宽从两端拱脚向拱顶对称、连续浇筑,并在拱脚混凝土初凝前全部完成。不能完成时,则应在拱脚预留一个隔缝,最后浇筑隔缝混凝土。

b. 跨径大于或等于16 m的拱圈或拱肋,宜分段浇筑。分段位置,拱式拱架宜设置在拱架受力反弯点、拱架节点、拱顶及拱脚处;满布式拱架宜设置在拱顶、1/4跨径、拱脚及拱架节点等处。各段的接缝面应与拱轴线垂直,各分段点应预留间隔槽,其宽度宜为0.5～1 m。当预计拱架变形较小时,可减少或不设间隔槽,应采取分段间隔浇筑。

c. 分段浇筑程序应符合设计要求,应对称于拱顶进行。各分段内的混凝土应一次连续浇筑完毕,因故中断时,应将施工缝凿成垂直于拱轴线的平面或台阶式接合面。

d. 间隔槽混凝土应待拱圈分段浇筑完成后,其强度达到75%设计强度,接合面按施工缝处理后,由拱脚向拱顶对称进行浇筑。拱顶及两拱脚的间隔槽混凝土,应在最后封拱时浇筑。

e. 分段浇筑钢筋混凝土拱圈(拱肋)时,纵向不得采用通长钢筋,钢筋接头应安设在后浇的几个间隔槽内,并应在浇筑间隔槽混凝土时焊接。

f. 浇筑大跨径拱圈(拱肋)混凝土时,宜采用分环(层)分段方法浇筑,也可纵向分幅浇筑,中幅先行浇筑合龙,达到设计要求后,再横向对称浇筑合龙其他幅。

g. 拱圈(拱肋)封拱合龙时混凝土强度应符合设计要求,设计无要求时,各段混凝土强度应达到设计强度的75%;当封拱合龙前用千斤顶施加压力的方法调整拱圈应力时,拱圈(包括已浇间隔槽)的混凝土强度应达到设计强度。

(2) 钢管混凝土拱

图5.28 钢筋混凝土拱桥

钢管混凝土结构自20世纪60年代初就已引入我国,最近几年我国在钢管拱应用方面发展较快,许多大跨度的桥梁设计采用了钢管拱技术(见图5.28)。因其具有以下优点,该桥型目前在我国得以流行：

①形态优美。

②跨度大，施工简便。

③抗震、抗压、抗裂性能显著提高。

钢管拱肋制作应符合下列规定：

①拱肋钢管的种类、规格应符合设计要求，应在工厂加工，具有产品合格证。

②钢管拱肋加工的分段长度应根据材料、工艺、运输、吊装等因素确定。

③弯管宜采用加热顶压方式，加热温度不得超过 800℃。

④拱肋节段焊接强度不应低于母材强度。所有焊缝均应进行外观检查；对接焊缝应 100% 进行超声波探伤，其质量应符合设计要求和国家现行标准规定。

⑤在钢管拱肋上应设置混凝土压注孔、倒流截止阀、排气孔及扣点、吊点节点板。

⑥钢管拱肋外露面应按设计要求做长效防护处理。

钢管拱肋安装应符合下列规定：

①钢管拱肋成拱过程中，应同时安装横向连系，未安装连系的不得多于一个节段，否则应采取临时横向稳定措施。

②节段间环焊缝的施焊应对称进行，并应采用定位板控制焊缝间隙，不得采用堆焊。

③合龙口的焊接或栓接作业应选择在环境温度相对稳定的时段内快速完成。

④采用斜拉扣索悬拼法施工时，扣索采用钢绞线或高强钢丝束时，安全系数应大于 2。

6）斜拉桥施工技术

(1) 斜拉桥类型与组成

①斜拉桥类型

通常分为预应力混凝土斜拉桥、钢斜拉桥、钢-混凝土叠合梁斜拉桥、混合梁斜拉桥、吊拉组合斜拉桥等。

②斜拉桥组成

斜拉桥由索塔、钢索和主梁组成(见图 5.29)。

图 5.29　斜拉桥

(2) 施工技术要点

①索塔施工的技术要求和注意事项

a. 索塔的施工可视其结构、体形、材料、施工设备和设计要求综合考虑，选用适合的方法。裸塔施工宜用爬模法，横梁较多的高塔，宜采用劲性骨架挂模提升法。

b. 斜拉桥施工时，应避免塔梁交叉施工干扰。必须交叉施工时应根据设计和施工方法，采取保证塔梁质量和施工安全的措施。

c. 倾斜式索塔施工时，必须对各施工阶段索塔的强度和变形进行计算，应分高度设置横撑，使其线形、应力、倾斜度满足设计要求并保证施工安全。

d. 索塔横梁施工时应根据其结构、重量及支撑高度，设置可靠的模板和支撑系统。要考虑弹性和非弹性变形、支承下沉、温差及日照的影响，必要时，应设支承千斤顶调控。体积过大的横梁可分两次浇筑。

e. 索塔混凝土现浇，应选用输送泵施工，超过一台泵的工作高度时，允许接力泵送，但必须做好接力储料斗的设置,并尽量降低接力站台高度。

f. 必须避免上部塔体施工时对下部塔体表面的污染。

g. 索塔施工必须制定整体和局部的安全措施,如设置塔吊起吊重量限制器、断索防护器、钢索防扭器、风压脱离开关等;防范雷击、强风、暴雨、寒暑、飞行器对施工的影响;防范掉落和作业事故,并有应急的措施;应对塔吊、支架安装、使用和拆除阶段的强度稳定等进行计算和检查。

②主梁施工技术要求和注意事项

a. 斜拉桥主梁施工方法:

• 施工方法与梁式桥基本相同,大体上可分为顶推法、平转法、支架法和悬臂法;悬臂法分悬臂浇筑法和悬臂拼装法。由于悬臂法适用范围较广而成为斜拉桥主梁施工最常用的方法。

• 悬臂浇筑法,在塔柱两侧用挂篮对称逐段浇筑主梁混凝土。

• 悬臂拼装法,是先在塔柱区浇筑(对采用钢梁的斜拉桥为安装)一段放置起吊设备的起始梁段,然后用适宜的起吊设备从塔柱两侧依次对称拼装梁体节段。

b. 混凝土主梁施工方法:

• 斜拉桥的零号段是梁的起始段,一般都在支架和托架上浇筑。支架和托架的变形将直接影响主梁的施工质量。在零号段浇筑前,应消除支架的温度变形、弹性变形、非弹性变形和支承变形。

• 当设计采用非塔、梁固结形式时,施工时必须采用塔、梁临时固结措施,必须加强施工期内对临时固结的观察,并按设计确认的程序解除临时固结。

• 采用挂篮悬浇主梁时,挂篮设计和主梁浇筑应考虑抗风振的刚度要求;挂篮制成后应进行检验、试拼、整体组装检验、预压,同时测定悬臂梁及挂篮的弹性挠度、调整高程性能及其他技术性能。

• 主梁采用悬拼法施工时,预制梁段宜选用长线台座或多段联线台座,每联宜多于5段,各端面要啮合密贴,不得随意修补。

• 大跨径主梁施工时,应缩短双向长悬臂持续时间,尽快使一侧固定,以减少风振时的不利影响,必要时应采取临时抗风措施。

• 为防止合龙梁段施工出现的裂缝,在梁上下底板或两肋的端部预埋临时连接钢构件,或设置临时纵向预应力索,或用千斤顶调节合龙口的应力和合龙口长度,并应不间断地观测合龙前数日的昼夜环境温度场变化与合龙高程及合龙口长度变化的关系,确定适宜的合龙时间和合龙程序。合龙两端的高程在设计允许范围之内,可视情况进行适当压重。合龙浇筑后至预应力索张拉前应禁止施工荷载的超平衡变化。

c. 钢主梁施工方法:

• 钢主梁应由资质合格的专业单位加工制作、试拼,经检验合格后,安全运至工地备用。堆放应无损伤、无变形和无腐蚀。

• 钢梁制作的材料应符合设计要求。焊接材料的选用、焊接要求、加工成品、涂装等项的标准和检验按有关规定执行。

• 应进行钢梁的连日温度变形观测对照,确定适宜的合龙温度及实施程序,并应满足钢梁安装就位时高强螺栓定位所需的时间。

5.1.4　管涵和箱涵施工技术

涵洞是城镇道路路基工程的重要组成部分，涵洞有管涵、拱形涵、盖板涵、箱涵。小型断面涵洞通常用作排水，一般采用管涵形式，统称为管涵。大断面涵洞分为拱形涵、盖板涵、箱涵，用作人行通道或车行道，如图 5.30 所示。

图 5.30　管涵和箱涵

1）管涵施工

（1）管涵施工技术要点

a. 管涵是采用工厂预制钢筋混凝土管成品管节做成的涵洞的统称。管节断面形式分为圆形、椭圆形、卵形、矩形等。

b. 当管涵设计为混凝土或砌体基础时，基础上面应设混凝土管座，其顶部弧形面应与管身紧密贴合，使管节均匀受力。

c. 当管涵为无混凝土（或砌体）基础、管体直接设置在天然地基上时，应按照设计要求将管底土层夯压密实，并做成与管身弧度密贴的弧形管座，安装管节时应注意保持完整。管底土层承载力不符合设计要求时，应按规范要求进行处理、加固。

d. 管涵的沉降缝应设在管节接缝处。

e. 管涵进出水口的沟床应整理直顺，与上下游导流排水系统连接顺畅、稳固。

（2）拱形涵、盖板涵施工技术要点

a. 与路基（土方）同步施工的拱形涵、盖板涵可分为预制拼装钢筋混凝土结构、现场浇筑钢筋混凝土结构和砌筑墙体、预制或现浇钢筋混凝土混合结构等结构形式。

b. 依据道路施工流程可采取整幅施工或分幅施工。分幅施工时，临时道路宽度应满足现况交通的要求，且边坡稳定。需支护时，应在施工前对支护结构进行施工设计。

c. 挖方区的涵洞基槽开挖应符合设计要求，且边坡稳定；填方区的涵洞应在填土至涵洞基底标高后，及时进行结构施工。

d. 遇有地下水时，应先将地下水降至基底以下 500 mm 方可施工，且降水应连续进行直至工程完成到地下水位 500 mm 以上且具有抗浮及防渗漏能力方可停止降水。

e. 涵洞地基承载力必须符合设计要求，并应检验确认合格。

f. 拱圈和拱上端墙应由两侧向中间同时、对称施工。

g. 涵洞两侧的回填土，应在主结构防水层的保护层完成，且保护层砌筑砂浆强度达到 3 MPa 后方可进行。回填时，两侧应对称进行，高差不宜超过 300 mm。

h. 伸缩缝、沉降缝止水带安装应位置准确、牢固，缝宽及填缝材料应符合要求。

i. 为涵洞服务的地下管线，应与主体结构同步配合进行。

2）箱涵施工

当新建道路下穿铁路、公路、城市道路路基施工时，通常采用箱涵顶进施工技术(见图5.31)。

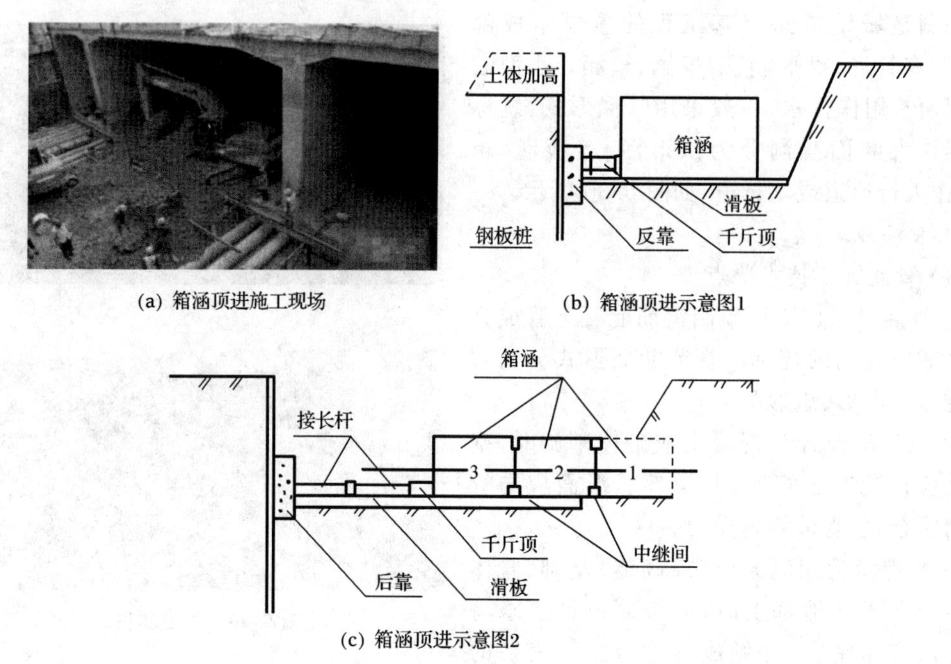

(a) 箱涵顶进施工现场　(b) 箱涵顶进示意图1

(c) 箱涵顶进示意图2

图5.31　箱涵顶进施工技术

(1) 工艺流程

现场调查→工程降水→工作坑开挖→后背制作→滑板制作→铺设润滑隔离层→箱涵制作→顶进设备安装→既有线加固→箱涵试顶进→吃土顶进→监控量测→箱体就位→拆除加固设施→拆除后背及顶进设备→工作坑恢复。

(2) 箱涵顶进前的检查工作

①箱涵主体结构混凝土强度必须达到设计强度，防水层级保护层按设计完成。

②顶进作业面包括路基下地下水位已降至基底下500 mm以下，并宜避开雨期施工，若在雨期施工，必须做好防洪及防雨排水工作。

③后背施工、线路加固达到施工方案要求；顶进设备及施工机具符合要求。

④顶进设备液压系统安装及预顶试验结果符合要求。

⑤工作坑内与顶进无关人员、材料、物品及设施撤出现场。

⑥所穿越的线路管理部门的配合人员、抢修设备、通信器材准备完毕。

(3) 箱涵顶进启动

①启动时，现场必须有主管施工技术人员专人统一指挥。

②液压泵站应空转一段时间，检查系统、电源、仪表无异常情况后试顶。

③液压千斤顶顶进后(顶力在0.1倍结构自重)，应暂停加压，检查顶进设备、后背和各部位，无异常时可分级加压试顶。

④每当油压升高5～10 MPa时，需停泵观察，应严密监控顶镐、顶柱、后背、滑板、箱涵结构等部位的变形情况，如发现异常情况，立即停止顶进；找出原因并采取措施解决后方可重新加压顶进。

⑤当顶力达到0.8倍结构自重时箱涵未启动，应立即停止顶进，找出原因采取措施解决后方可重新加压顶进。

⑥箱涵启动后，应立即检查后背、工作坑周围土体稳定情况，无异常情况，方可继续顶进。

(4) 顶进挖土

①根据箱涵的净空尺寸、土质情况，可采取人工挖土或机械挖土。一般宜选用小型反铲按设计坡度开挖，每次开挖进尺 0.4～0.8 m，配装载机或直接用挖掘机装汽车出土。顶板切土，侧墙刃脚切土及底板前清土须由人工配合。挖土顶进应三班连续作业，不得间断。

②两侧应欠挖 50 mm，钢刃脚切土顶进。当属斜交涵时，前端锐角一侧清土困难应优先开挖。如没有中刃脚时应紧切土前进，使上下两层隔开，不得挖通漏天，平台上不得积存土料。

③列车通过时严禁继续挖土，人员应撤离开挖面。当挖土或顶进过程中发生塌方，影响行车安全时，应迅速组织抢修加固，做出有效防护。

④挖土工作应与观测人员密切配合，随时根据箱涵顶进轴线和高程偏差，采取纠偏措施。

(5) 顶进作业

①每次顶进应检查液压系统、顶柱(铁)安装和后背变化情况等。

②挖运土方与顶进作业循环交替进行。每前进一顶程，即应切换油路，并将顶进千斤顶活塞回复原位；按顶进长度补放小顶铁，更换长顶铁，安装横梁。

③箱涵身每前进一顶程，应观测轴线和高程，发现偏差及时纠正。

④箱涵吃土顶进前，应及时调整好箱涵的轴线和高程。在铁路路基下吃土顶进，不宜对箱涵做较大的轴线、高程调整动作。

(6) 监控与检查

①箱涵顶进前，应对箱涵原始(预制)位置的里程、轴线及高程测定原始数据并记录。顶进过程中，每一顶程要观测并记录各观测点左、右偏差值以及高程偏差值和顶程及总进尺。观测结果要及时报告现场指挥人员，用于控制和校正。

②箱涵自启动起，对顶进全过程的每一个顶程都应详细记录千斤顶开动数量、位置，油泵压力表读数、总顶力及着力点。如出现异常应立即停止顶进，检查分析原因，采取措施处理后方可继续顶进。

③箱涵顶进过程中，每天应定时观测箱涵底板上设置的观测标钉高程，计算相对高差，展图，分析结构竖向变形。对中边墙应测定竖向弯曲，当底板侧墙出现较大变位及转角时应及时分析研究采取措施。

④顶进过程中要定期观测箱涵裂缝及开展情况，重点监测底板、顶板、中边墙，中继间牛腿或剪力铰和顶板前、后悬臂板，发现问题应及时研究采取措施。

5.2　桥涵工程识图

5.2.1　桥梁工程施工图组成

桥梁工程施工图组成如图 5.32 所示。

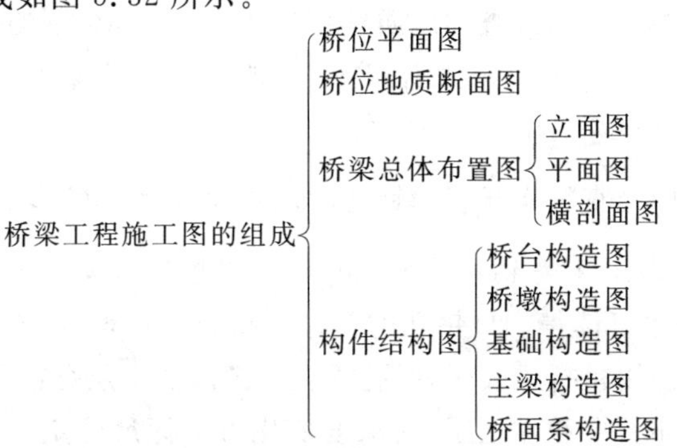

图 5.32　桥梁工程施工图组成

1) 桥位平面图

桥位平面图是通过地形测量绘出桥位处的道路、河流、水准点、钻孔及附近的地形和地物,以便作为桥梁设计、施工定位的依据。其作用是表示桥梁与路线所连接的平面位置,以及桥位处的地形、地物等情况,其图示方法与路线平面图相同,只是所用的比例较大。如图5.33所示,为某桥的桥位平面图。

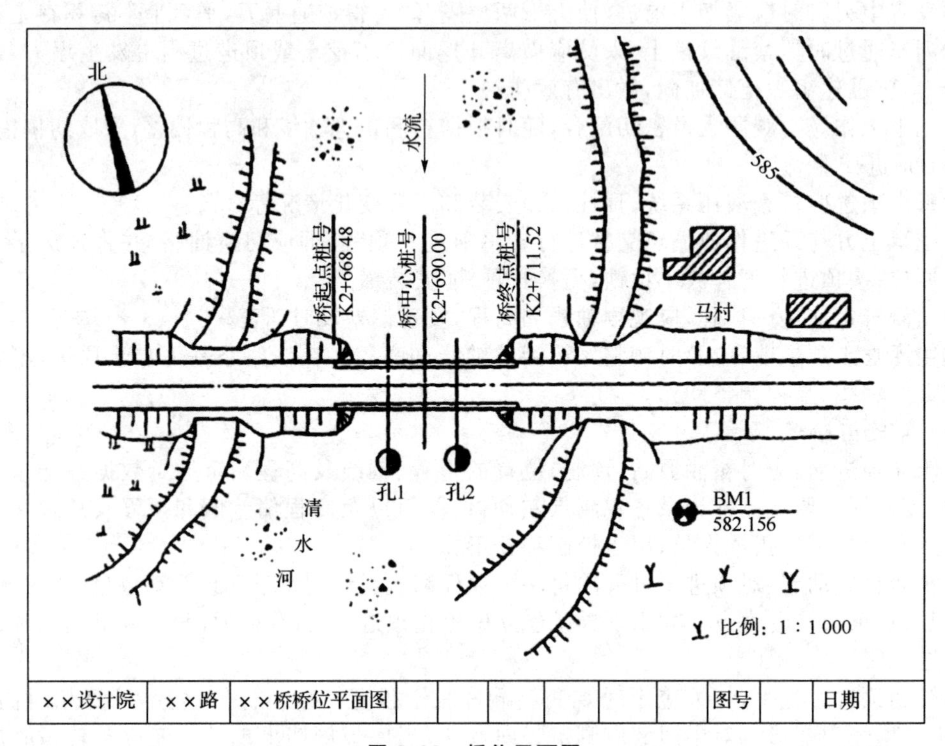

图5.33 桥位平面图

由于桥位平面图采用的比例比路线平面图大,因此可表示出路线的宽度,此时,道路中心线采用细点画线表示,路基边缘线采用粗实线表示。图5.33中还表示出了钻孔位置(孔1、孔2)和水准点(BM1)的位置。

由图5.33可知:桥梁的起、终点桩号为K2+668.48和K2+711.52,大致为东西走向;桥梁位于道路的直线段上,并与河道正交;桥台两侧均设锥坡与道路的路堤连接;桥位附近道路两侧有一村庄和大片农田等。

2) 桥位地质断面图

桥位地质断面图是根据水文调查和地质钻探所得的资料,绘制的河床地质断面图,用以表示桥梁所在位置的地质水文情况,包括河床断面线、地质分界线、特殊水位线(最高水位、常水位和最低水位),如图5.34所示。

如图5.34所示,图中竖直粗实线表示钻孔的位置和深度。符号$ZK_1\,\frac{574.10}{10.5}$中,ZK表示钻孔,其右下角的数字“1”表示1号钻孔,分数线上面的数字574.10为孔口标高,下面的数字10.5为钻孔深度。同样也可读得2号钻孔的孔口标高为574.60 m,钻孔深度为12 m。

河床断面线(地面线)用粗折线表示,钻孔深度范围内的土层分层用细折线表示。图的左侧附有标尺,各土层(砂夹卵石层和黏土层)的深度变化可由标尺确定。图中标出了设计水位、常

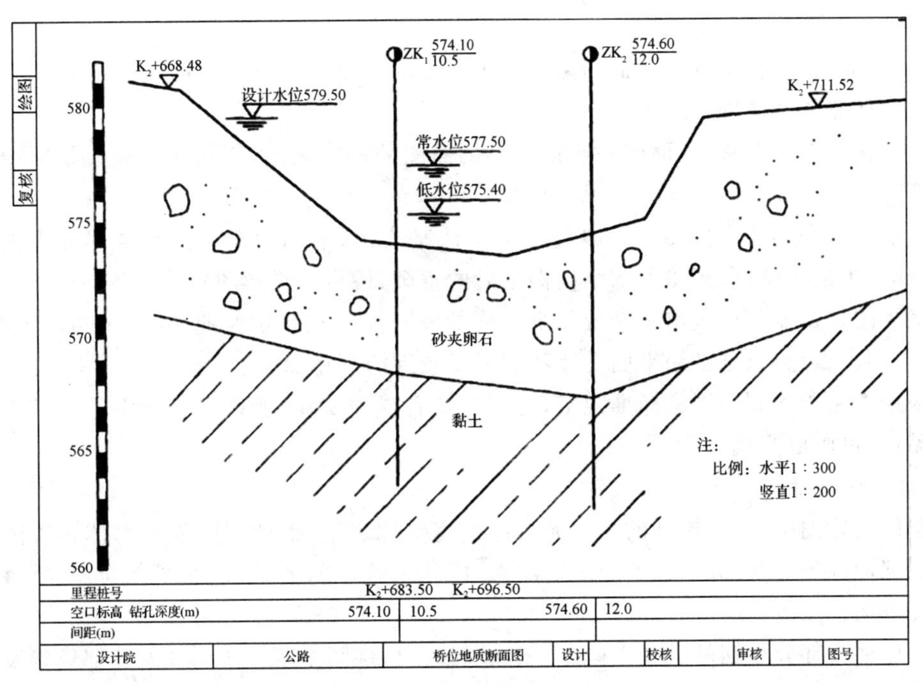

图 5.34 桥位地质断面图(m)

水位、低水位的标高数值分别为 579.50 m、577.50 m 和 575.40 m。断面图的下方附有钻孔表，从表中可了解到两钻孔的里程桩号分别为 K_2＋683.50 和 K_2＋696.50，两钻孔的间距为 13 m。

3) 桥梁总体布置图

桥梁总体布置图是指导桥梁施工的主要图样，它主要标明桥梁的型式、跨径、孔数、总体尺寸、桥面宽度、桥梁各部分的标高、各主要构件的相互位置关系及总的技术说明等，作为施工时确定墩台位置、安装构件和控制标高的依据。它一般由立面图(或纵断面图)、平面图和剖面图组成。如图 5.35 所示。

(1) 立面图

立面图主要表示桥梁的特征和桥型，若桥梁左右对称，立面图常采用半立面图和半纵剖面图合并而成。如图 5.35 所示桥梁的纵坡为 0.34%，立面采用全立面图。

(2) 平面图

桥梁的平面图是从上向下投影得到的桥面俯视图。

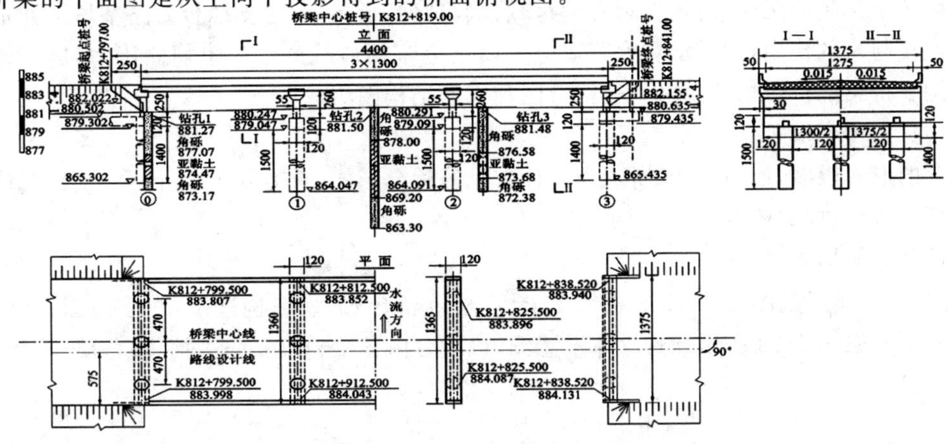

图 5.35 桥梁总体布置图

(3) 横剖面图

如图5.35所示,桥梁的横剖面图由中跨Ⅰ—Ⅰ剖面图和边跨Ⅱ—Ⅱ剖面图各取一半合成。

桥梁总体布置图的图示特点:

①由于桥梁左右对称,立面图一般采用半剖面图的形式表示,剖切平面通过桥梁中心线沿纵向剖切。

②平面图可采用半剖面图或分段揭层的画法来表示,半剖面图是指左半部分为水平投影图,右半部分为剖面图(假想将上部结构揭去后的桥墩、桥台的投影图)。

③侧面图根据需要可画出一个或几个不同的断面图。在路桥专业图中,画断面图时,为了图面清晰、突出重点,只画剖切平面后离剖切平面较近的可见部分。

④根据道路工程制图国家标准规定,可将土体看成透明体,所以埋入土中的基础部分都认为是可见的,可画成实线。

4) 构件结构图

在总体布置图中,桥梁构件的尺寸无法详细完整地表达,因此需要根据总体布置图采用较大的比例把构件的形状、大小完整地表达出来,以作为施工的依据,这种图称为构件结构图,简称构件图或构造图。

桥梁构件大部分是钢筋混凝土构件,钢筋混凝土构件图主要表明构件的外部形状及内部钢筋布置情况,所以桥梁构件图包括构件构造图(模板图)和钢筋结构图两种。

(1) 桥梁构件结构图的特点

桥梁构件结构图的特点包括:

①构件构造图只画构件形状、不画内部钢筋。

②钢筋结构图主要表示钢筋布置情况,通常又称为构件钢筋构造图。钢筋结构图一般应包括表示钢筋布置情况的投影图(立面图、平面图、断面图)、钢筋详图(即钢筋成型图)、钢筋数量表等内容。

③为突出构件中钢筋配置情况,把混凝土假设为透明体,结构外形轮廓画成粗实线,尺寸线等用细实线表示。

④受力钢筋画成粗实线,构造钢筋比受力钢筋在作图时要略细一些,钢筋断面用黑圆点表示。

⑤钢筋直径的尺寸单位采用mm,其余尺寸单位均采用cm,图中无需注出单位。

(2) 桥台构造图

桥台居于全桥的两段,前端支承着桥跨,后端与路基衔接,起着支挡台后路基填土并把桥跨与路基连接起来的作用,还需承受台背填土及填土上车辆荷载产生的附加侧压力,属于桥梁的下部结构。桥梁的桥台构造图由一般构造图和钢筋结构图组成。

①常见的桥台形式

桥台的形式很多,如图5.36所示为三种常见的桥台形式:重力式U型桥台(又称实体式桥台)、肋板式桥台、柱式桥台。

②桥台一般构造图

如图5.37所示是图5.39空心板简支梁桥(柱式桥台)的一般构造图,由立面图、平面图和侧面图表示。如图5.38所示是其立体示意图,该桥台由盖梁、耳墙、防震挡块、背墙、牛腿、立柱及桩柱组成。

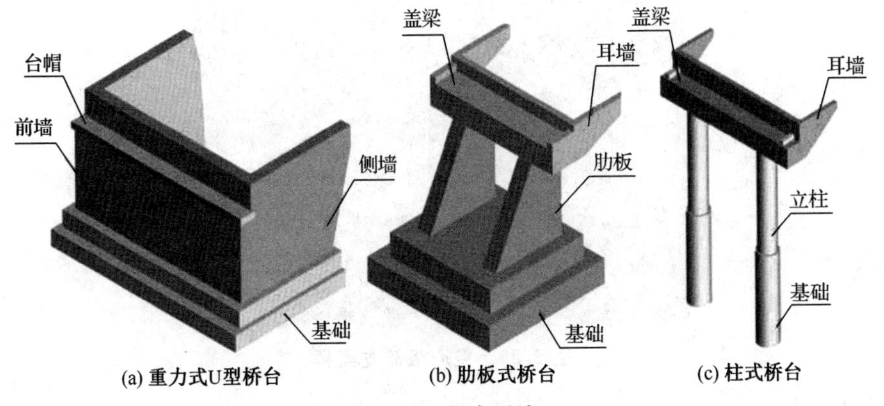

(a) 重力式U型桥台 (b) 肋板式桥台 (c) 柱式桥台

图 5.36 桥台形式

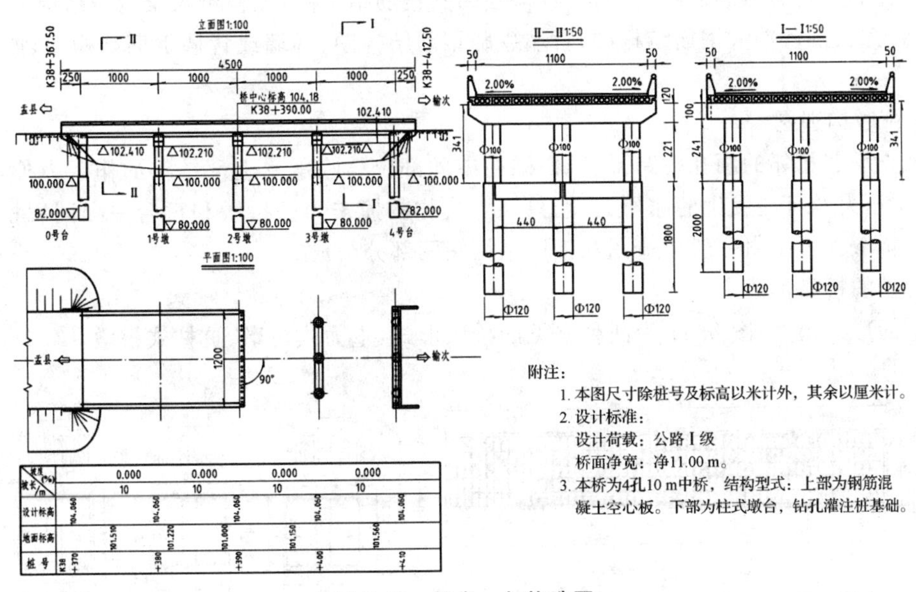

图 5.37 桥台一般构造图

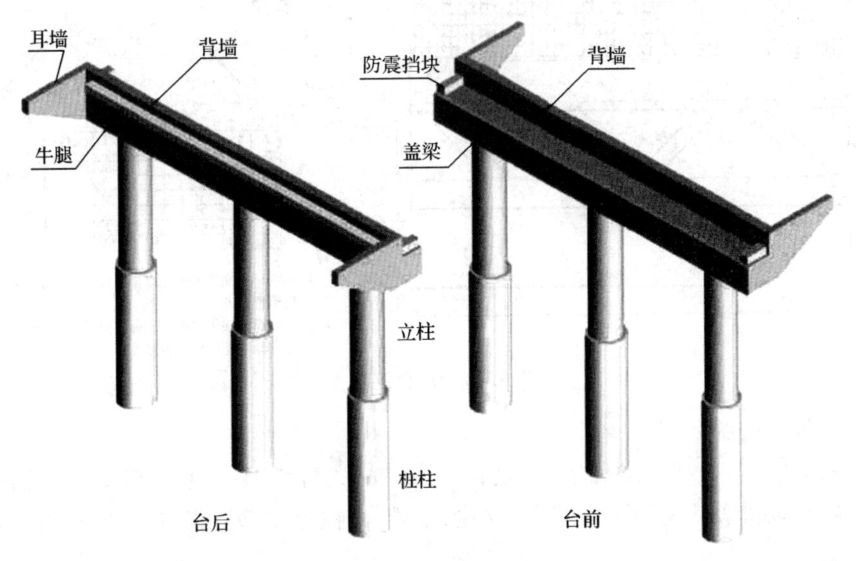

图 5.38 桥台立体示意图

图 5.39　空心板简支梁桥

③桥台配筋图

桥台各部分均为钢筋混凝土结构,都应绘出其钢筋结构图,如桥台盖梁钢筋结构图、桥台桩柱钢筋结构图、桥台挡块钢筋结构图、背墙牛腿钢筋结构图、耳墙或背墙钢筋结构图,如图 5.40 所示。

(3) 桥墩构造图

桥墩支承着相邻的两孔桥跨,居于桥梁的中间部位。除承受上部结构的作用力外,还受到风力、流水压力及可能发生的冰压力、船只和漂流物的撞击力。桥墩和桥台一样同属桥梁的下部结构。桥墩工程图由一般构造图和钢筋结构图两部分组成。

①常见的桥墩形式

桥墩的形式很多,图 5.41 为两种常见的桥墩形式:重力式桥墩、桩柱式桥墩。

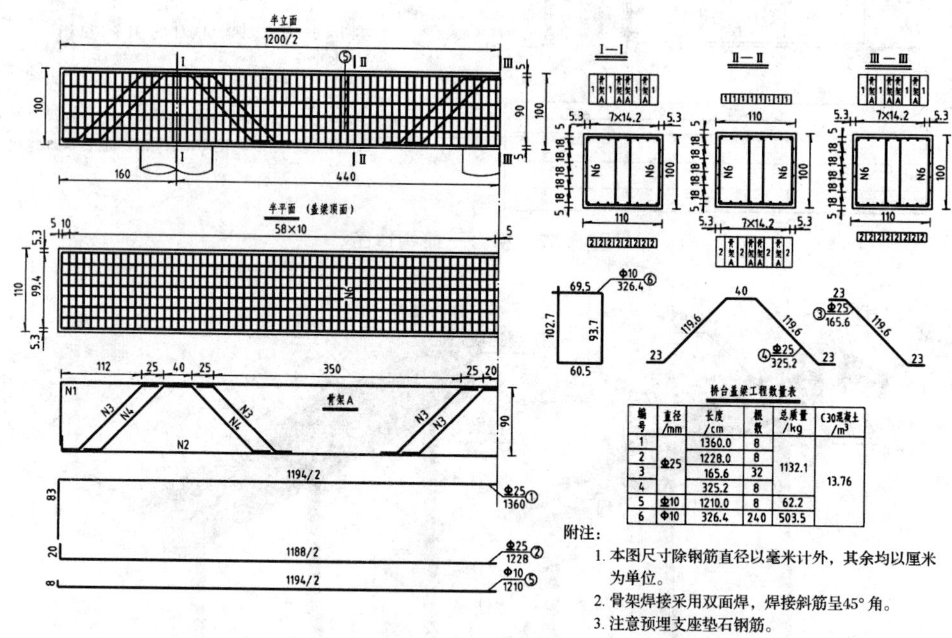

桥台盖梁工程数量表

编号	直径/mm	长度/cm	根数	总质量/kg	C30混凝土/m^3
1	Φ25	1360.0	8	1132.1	13.76
2		1228.0	8		
3		165.6	32		
4		325.2	8		
5	Φ10	1210.0	8	62.2	
6	Φ10	326.4	240	503.5	

图 5.40　桥台配筋图

②桥墩一般构造图

图 5.42(a)为图 5.39 所示桥梁的钢筋混凝土桩柱式桥墩的一般构造图,由立面图、平面图和侧面图构成。该桥墩从上到下由盖梁、立柱、系梁、桩柱等几部分组成。图 5.42(b)为该桥墩的立体示意图。

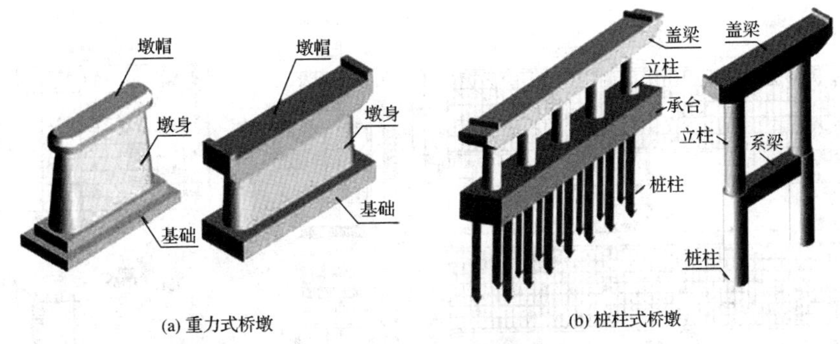

(a) 重力式桥墩　　(b) 桩柱式桥墩

图 5.41　常见的桥墩形式

③桥墩配筋图

桥墩各部分均为钢筋混凝土结构，都应绘出其钢筋结构图，如桥墩盖梁钢筋结构图、系梁钢筋结构图、桥墩桩柱钢筋结构图、桥墩挡块钢筋结构图。图 5.43 为整个桥墩上的钢筋结构情况示意图，图 5.44 为桥墩盖梁钢筋结构图，图 5.45 为桥墩桩柱钢筋结构图。

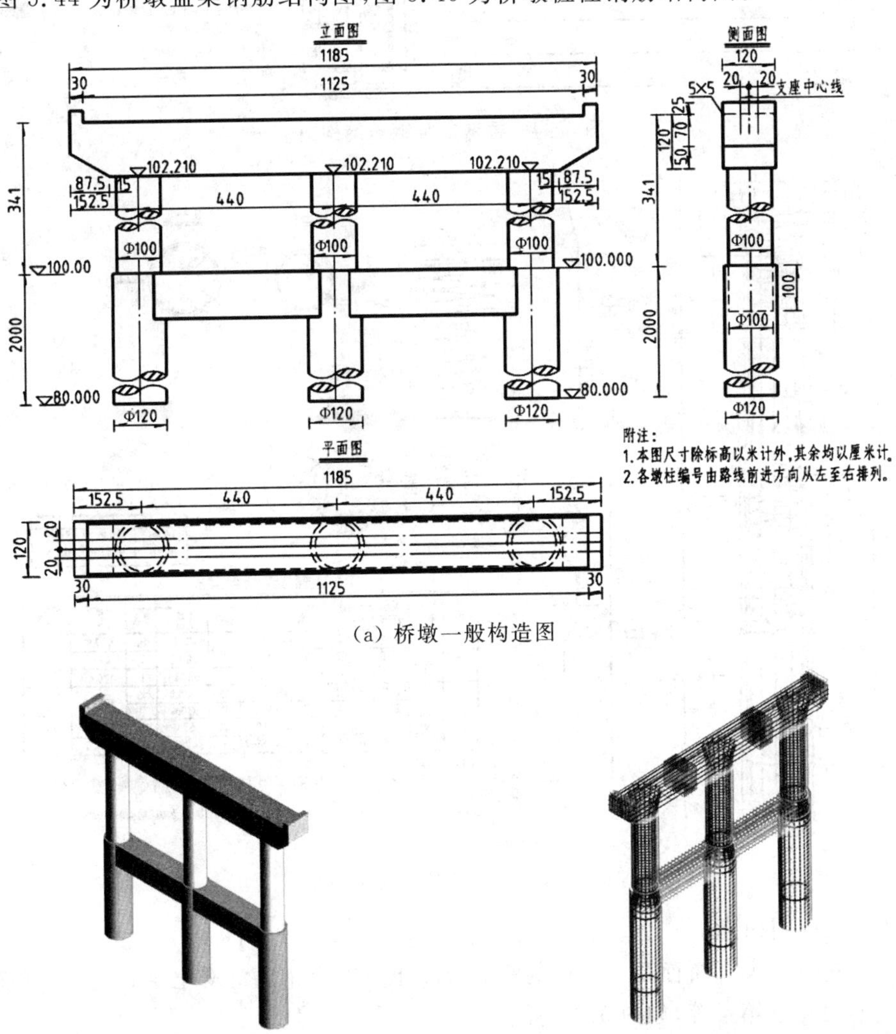

(b) 桥墩立体示意图

图 5.42　桥墩一般构造图

图 5.43　桥墩钢筋结构情况示意图

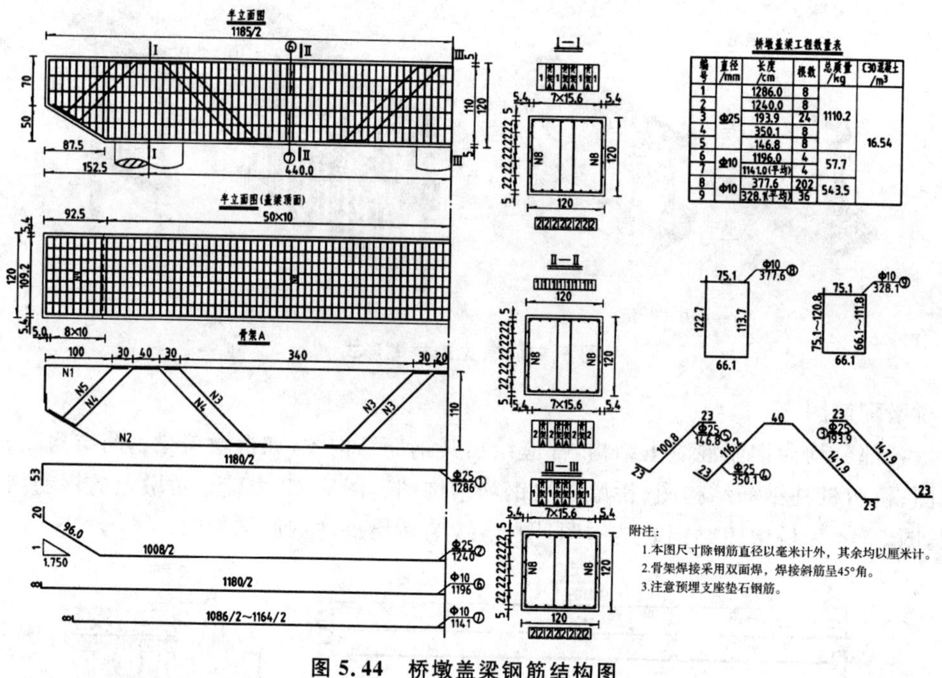

桥墩盖梁工程数量表

编号	直径/mm	长度/cm	根数	总质量/kg	C30混凝土/m³
1	⌀25	1286.0	8	1110.2	16.54
2		1240.0	8		
3		193.9	24		
4		350.1	8		
5		146.8	8		
6	⌀10	1196.0	4	57.7	
7		1141.0(平均)	4		
8	Φ10	377.6	202	543.5	
9		328.1(平均)	36		

图 5.44　桥墩盖梁钢筋结构图

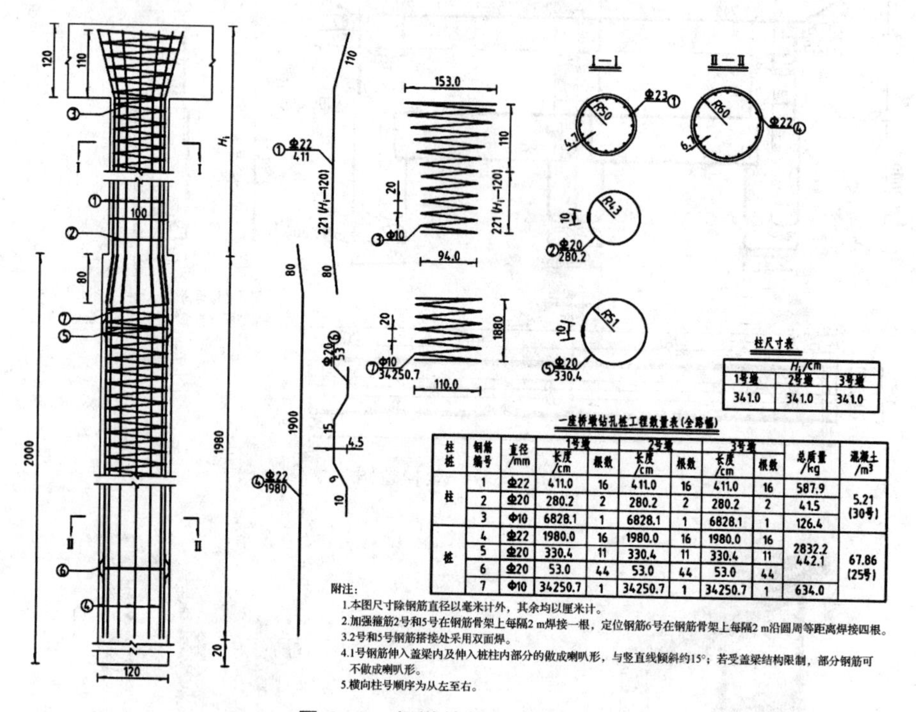

柱尺寸表

H_1/cm		
1号墩	2号墩	3号墩
341.0	341.0	341.0

一座桥墩钻孔桩工程数量表(全路幅)

柱桩	钢筋编号	直径/mm	1号墩 长度/cm	1号墩 根数	2号墩 长度/cm	2号墩 根数	3号墩 长度/cm	3号墩 根数	总质量/kg	混凝土/m³
柱	1	⌀22	411.0	16	411.0	16	411.0	16	587.9	5.21(30号)
	2	⌀20	280.2	2	280.2	2	280.2	2	41.5	
	3	Φ10	6828.1	1	6828.1	1	6828.1	1	126.4	
桩	4	⌀22	1980.0	16	1980.0	16	1980.0	16	2832.2 442.1	67.86(25号)
	5	⌀20	330.4	11	330.4	11	330.4	11		
	6	⌀20	53.0	44	53.0	44	53.0	44		
	7	Φ10	34250.7	1	34250.7	1	34250.7	1	634.0	

图 5.45　桥墩桩柱钢筋结构图

(4) 桥跨结构图识读

桥跨结构包括主梁和桥面系。常见的钢筋混凝土主梁有钢筋混凝土空心板梁、钢筋混凝土T形梁及钢筋混凝土箱梁等,如图 5.46 所示。

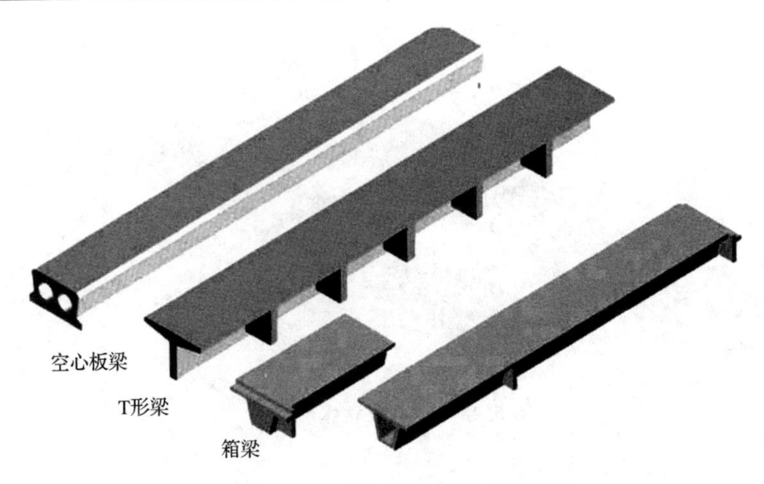

图 5.46　常见的钢筋混凝土主梁形式

①钢筋混凝土空心板一般构造图

如图 5.47 所示为桥梁上的钢筋混凝土空心板中板和边板的一般构造图，图 5.48 为其空心板立体示意图。

一般构造图主要表达板的外部形状与尺寸，它由半立面图、半平面图、断面图及铰缝钢筋施工大样图组成。

由于边板和中板的立面形状区别不大，所以图中只画了中板立面图；又由于板纵向对称，图中采用了半立面图和半平面图。

由图 5.47 可看出该板跨度为 1 000 cm，两端留有接头缝，板的实际长度为 996 cm。中板的理论宽度为 125 cm，板的横向也留有 1 cm 的缝，所以中板的实际宽度为 124 cm。边板的实际宽度为 162 cm。断面图中省略了材料图例。

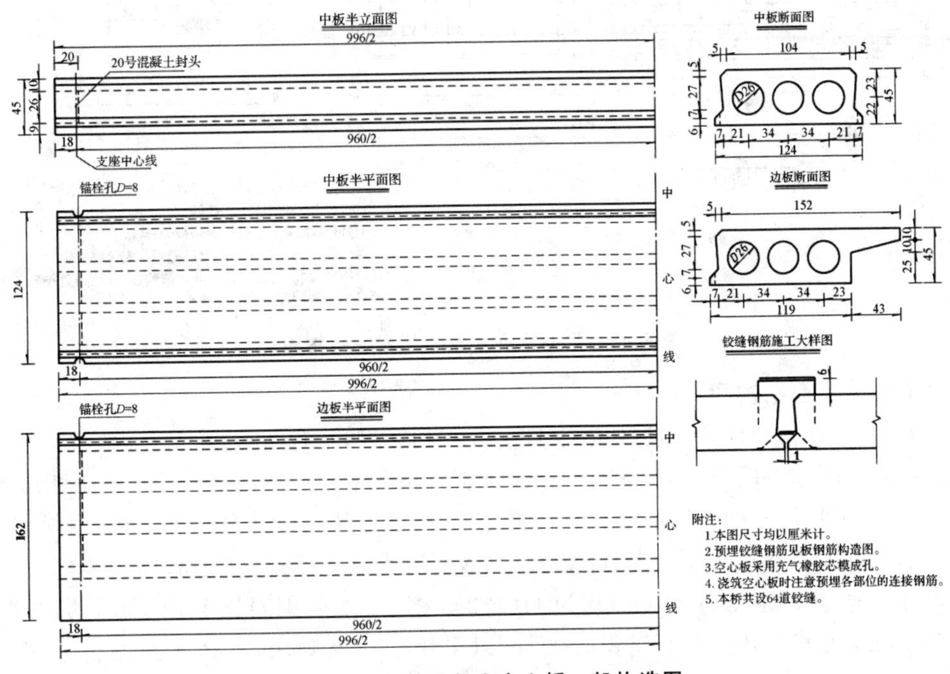

图 5.47　钢筋混凝土空心板一般构造图

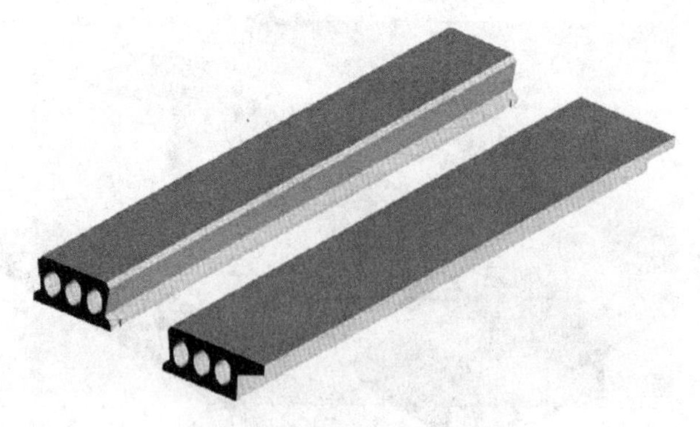

图 5.48　空心板立体示意图

②钢筋混凝土空心板钢筋结构图

图 5.49 为钢筋混凝土空心板钢筋结构图(图 5.50 为其立体示意图)。

在结构图中用细实线及虚线表示其外形轮廓线。该图由立面图、平面图、横断面图、钢筋详图及工程数量表组成。由于空心板比较长,立面图、平面图都采用了折断画法。

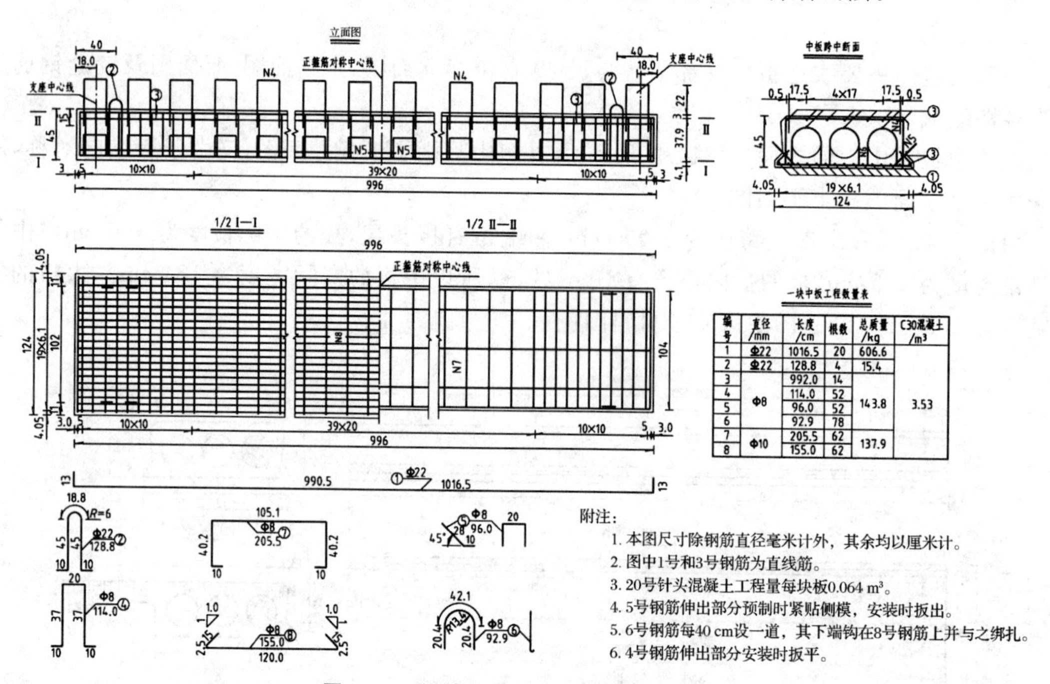

一块中板工程数量表

编号	直径/mm	长度/cm	根数	总质量/kg	C30混凝土/m³
1	Φ22	1016.5	20	606.6	3.53
2	Φ22	128.8	4	15.4	
3	Φ8	992.0	14	143.8	
4		114.0	52		
5		96.0	52		
6		92.9	78		
7	Φ10	205.5	62	137.9	
8		155.0	62		

图 5.49　钢筋混凝土空心板钢筋结构图

③桥面铺装钢筋结构图

图 5.51 是一孔桥面铺装钢筋结构图(图 5.52 为其立体示意图)。

该图由立面图和平面图组成,立面图是沿垂直于桥梁中心线剖切得到的Ⅰ—Ⅰ断面图。

由图 5.51 可见桥面铺装层铺设在空心板之上,桥面铺装层由两种钢筋组成,由横向钢筋 1 和纵向钢筋 2 组成钢筋网,现浇 C30 混凝土 8 cm,面层为沥青混凝土 7 cm。1 号钢筋、2 号钢筋都是均匀分布的,其间距均为 10 cm,均为 HPB 235 钢筋。1 号钢筋长 1 195 cm,共 99 根,2 号钢筋长 992 cm,共 119 根。由于面积较大,所以采用了折断画法,立体示意图也采用了折断画法。

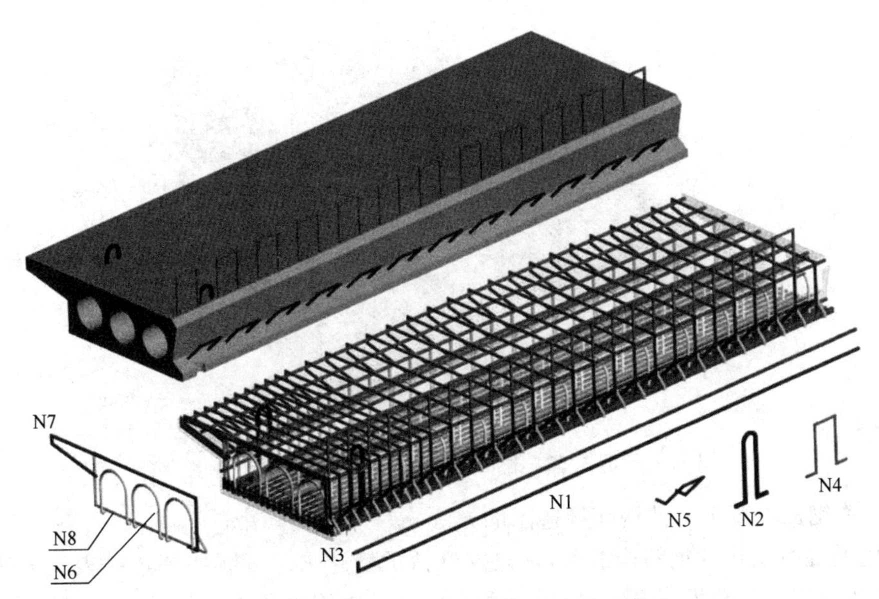

图 5.50 钢筋混凝土空心板钢筋立体示意图

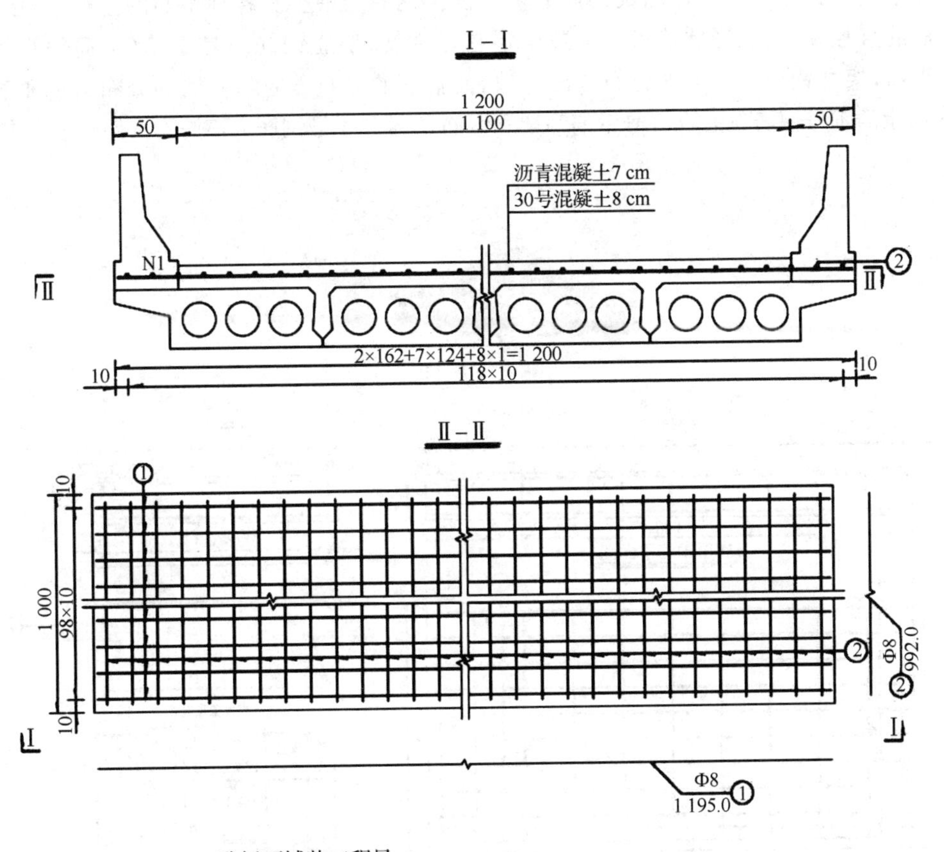

一孔桥面铺装工程量

跨径/m	编号	直径/mm	长度/cm	根数	总质量/kg	30号防水混凝土/m³	沥青混凝土/m³
10	1	10	1195.0	99	1458.3	12.8	7.7
	2		992.0	119			

附注：

1. 本图尺寸除钢筋直径以毫米计外，其余均以厘米计。
2. 铰缝工程量已计入。
3. 一孔为8条铰缝。

图 5.51 桥面铺装钢筋结构图

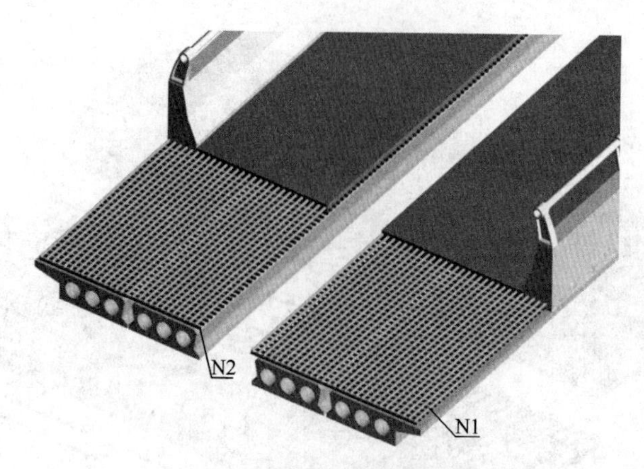

图 5.52　桥面铺装钢筋立体示意图

(5) 识读钢筋混凝土构件钢筋构造图的方法

识读钢筋混凝土构件钢筋构造图,首先要概括了解它采用了哪些基本的表达方法,各剖面图、断面图的剖切位置和投影方向,然后要根据各投影中给出的细实线的轮廓线确定混凝土构件的外部形状。再分析钢筋详图及钢筋数量表确定钢筋的种类及各种钢筋的直径、等级、数量。根据钢筋的直径和等级、形状等可以大致确定它是主筋、架立钢筋还是箍筋(主筋的直径较大、钢筋等级高,架立钢筋与主筋的分布方向一致,而箍筋的分布方向与主筋的分布方向垂直)。如图 5.53 所示的 1 号钢筋为主筋,2 号钢筋为架立钢筋,3 号和 4 号钢筋为箍筋沿构件长度方向的分布情况。

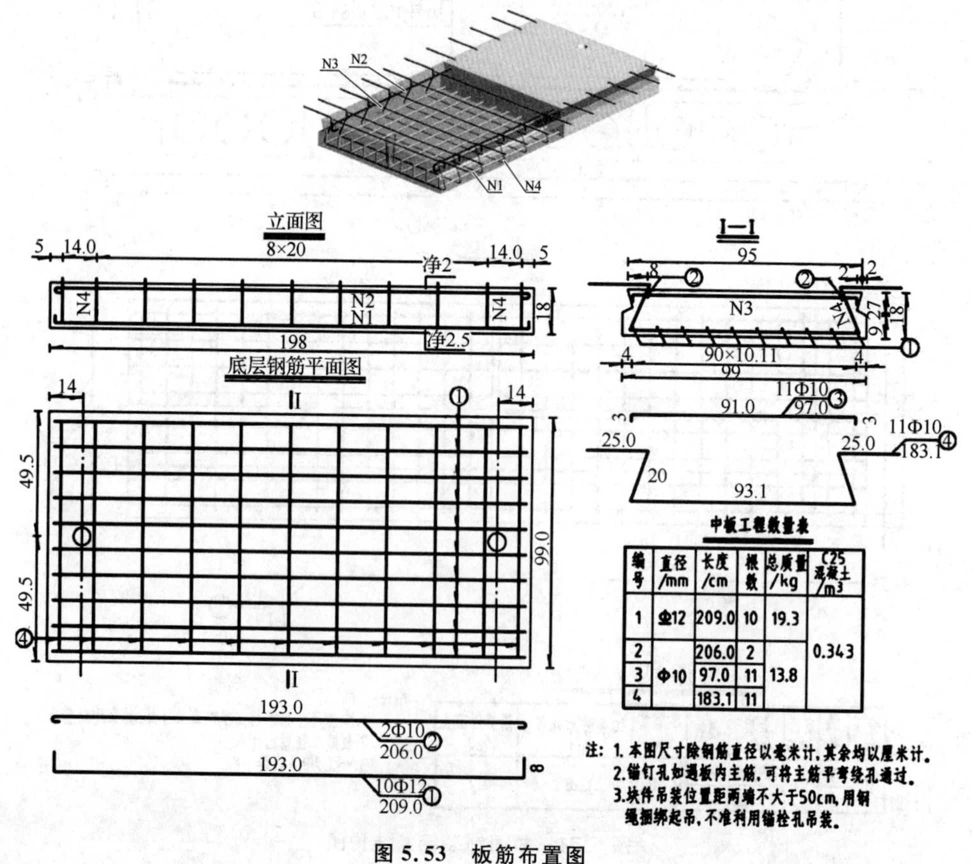

编号	直径/mm	长度/cm	根数	总质量/kg	C25混凝土/m³
1	Φ12	209.0	10	19.3	0.343
2	Φ10	206.0	2	13.8	
3		97.0	11		
4		183.1	11		

图 5.53　板筋布置图

5.2.2 桥梁工程施工图识图方法及步骤

1）识图方法

由桥梁总体布置图到构件结构图，由主要构件结构图到次要构件结构图，由大轮廓图到小构件图。读总体布置图时，以立面图为主，结合平面图和横断面图。读构件结构图时，先读一般构造图，再读钢筋结构图。

2）识图步骤

①先看标题栏和附注：了解项目名称、相关单位、桥梁名称、类型、主要技术指标、施工说明、比例、尺寸、单位等。

②阅读总体布置图：弄清各投影图之间的关系。先看立面图，了解桥梁结构形式、孔数、跨径大小、墩台形式和数目、总长、总高、高程尺寸、里程桩号、河床断面、地质情况等。结合平面图、横断面图等，了解桥梁的宽度、人行道尺寸、主梁的断面形式。

③阅读各构件结构图：先看一般构造图，了解桥梁各部分结构的具体尺寸和大小，再将总体布置图与构件结构图结合起来，了解各构件的相互位置和装置尺寸，最后看钢筋结构图。

3）钢筋结构图识图练习

(1) 识读如图 5.54 所示钢筋混凝土配筋图。

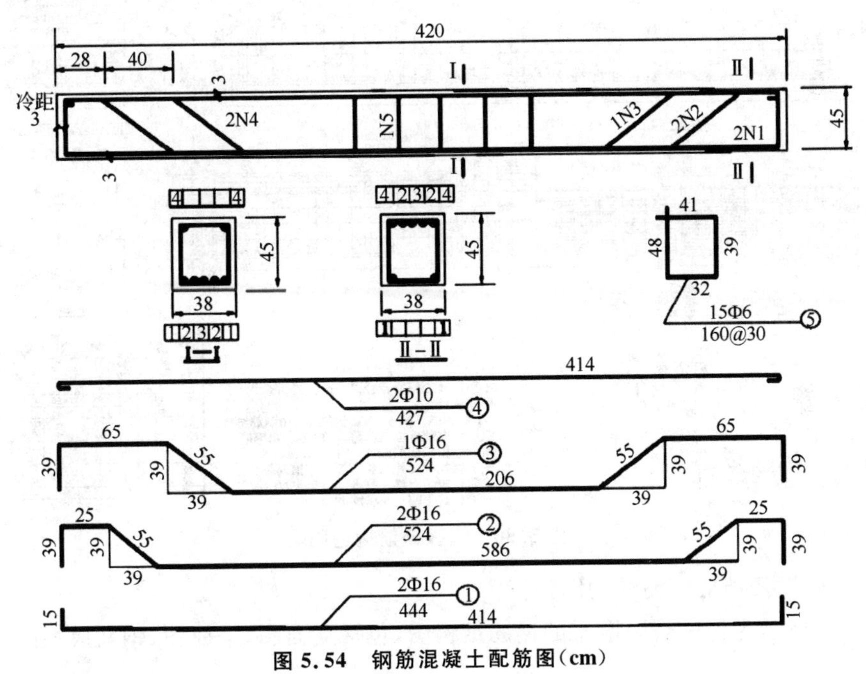

图 5.54 钢筋混凝土配筋图(cm)

(2) 空心板钢筋结构图识读如图 5.55 所示，图 5.56 为该桥梁用的空心板边板钢筋结构图，请读者练习识读，并分析其与中板的不同之处。

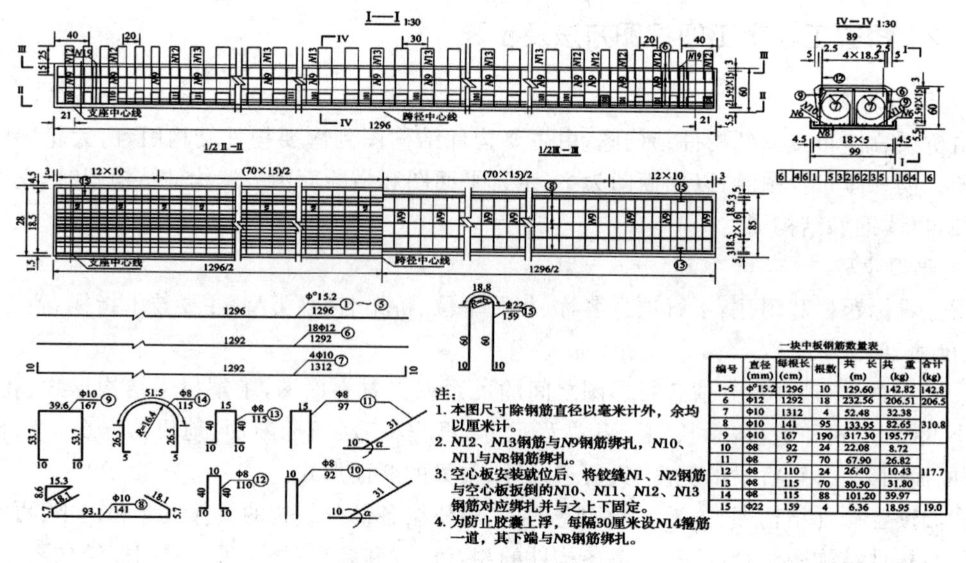

一块中板钢筋数量表

编号	直径(mm)	每根长(cm)	根数	共长(m)	共重(kg)	合计(kg)
1~5	Φ^{s}15.2	1296	10	129.60	142.82	142.8
6	Φ12	1292	18	232.56	206.51	206.5
7	Φ10	1312	4	52.48	32.38	310.8
8	Φ10	141	95	133.95	82.65	
9	Φ10	167	190	317.30	195.77	
10	Φ8	92	24	22.08	8.72	117.7
11	Φ8	97	70	67.90	26.82	
12	Φ8	110	24	26.40	10.43	
13	Φ8	115	70	80.50	31.80	
14	Φ8	115	88	101.20	39.97	
15	Φ22	159	4	6.36	18.95	19.0

图 5.55　空心板钢筋结构图

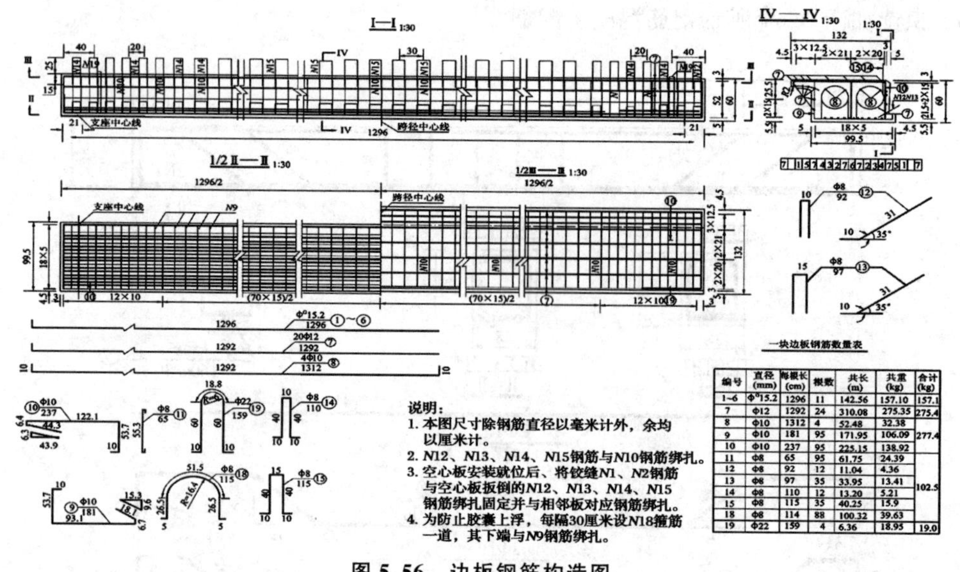

一块边板钢筋数量表

编号	直径(mm)	每根长(cm)	根数	共长(m)	共重(kg)	合计(kg)
1~6	Φ^{s}15.2	1296	11	142.56	157.10	157.1
7	Φ12	1292	24	310.08	275.35	275.4
8	Φ10	1312	4	52.48	32.38	277.4
9	Φ10	181	95	171.95	106.09	
10	Φ10	237	95	225.15	138.92	
11	Φ8	65	95	61.75	24.39	102.5
12	Φ8	92	12	11.04	4.36	
13	Φ8	97	35	33.95	13.41	
14	Φ8	110	12	13.20	5.21	
15	Φ8	115	35	40.25	15.9	
18	Φ8	114	88	100.32	39.63	
19	Φ22	159	4	6.36	18.95	19.0

图 5.56　边板钢筋构造图

(3) 桥墩墩帽及挡块钢筋结构图识读。

如图 5.57 所示为该桥桥墩墩帽的钢筋结构图，包括立面图、平面图、钢筋成型图、钢筋数量表等内容。

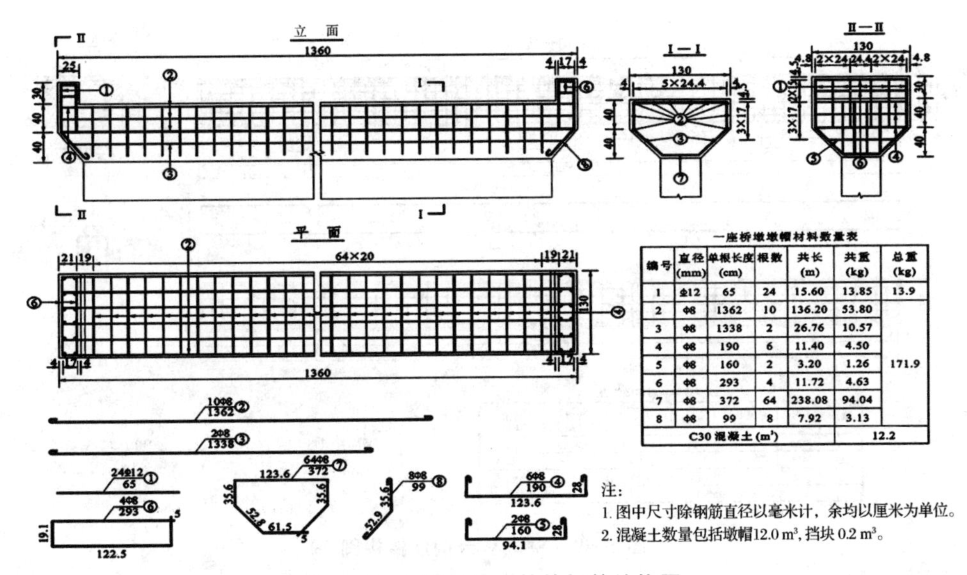

一座桥墩墩帽材料数量表

编号	直径(mm)	单根长度(cm)	根数	共长(m)	共重(kg)	总重(kg)
1	⌀12	65	24	15.60	13.85	13.9
2	Φ8	1362	10	136.20	53.80	171.9
3	Φ8	1338	2	26.76	10.57	
4	Φ8	190	6	11.40	4.50	
5	Φ8	160	2	3.20	1.26	
6	Φ8	293	4	11.72	4.63	
7	Φ8	372	64	238.08	94.04	
8	Φ8	99	8	7.92	3.13	
C30 混凝土(m³)					12.2	

图 5.57　桥墩墩帽及挡块钢筋结构图

(4) 桥台、桥墩承台钢筋结构图识读。

如图 5.58 所示为桥台承台钢筋结构图。

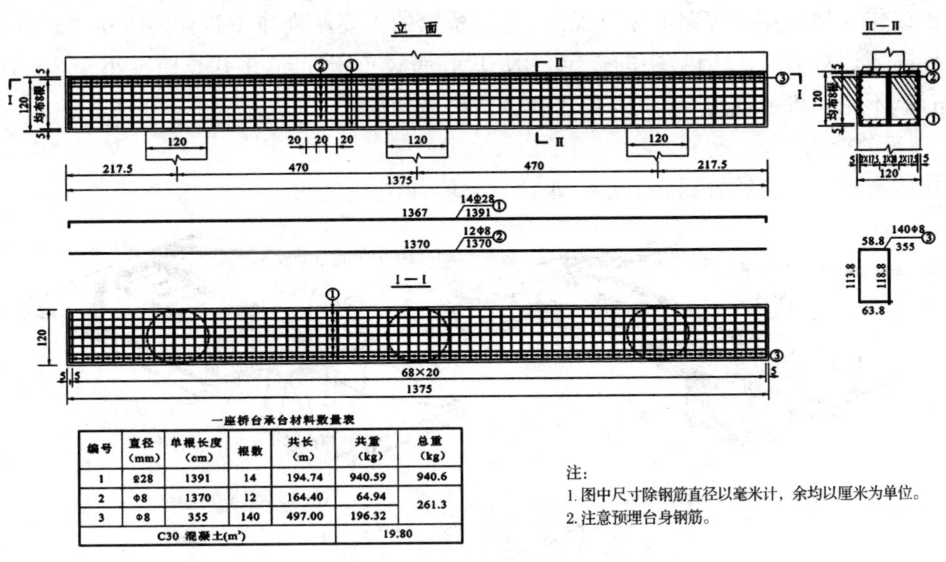

一座桥台承台材料数量表

编号	直径(mm)	单根长度(cm)	根数	共长(m)	共重(kg)	总重(kg)
1	⌀28	1391	14	194.74	940.59	940.6
2	Φ8	1370	12	164.40	64.94	261.3
3	Φ8	355	140	497.00	196.32	
C30 混凝土(m³)					19.80	

图 5.58　桥台承台钢筋结构图

如图 5.59 所示为桥墩承台钢筋结构图，请读者自己分析其与桥台承台钢筋结构图的不同之处。

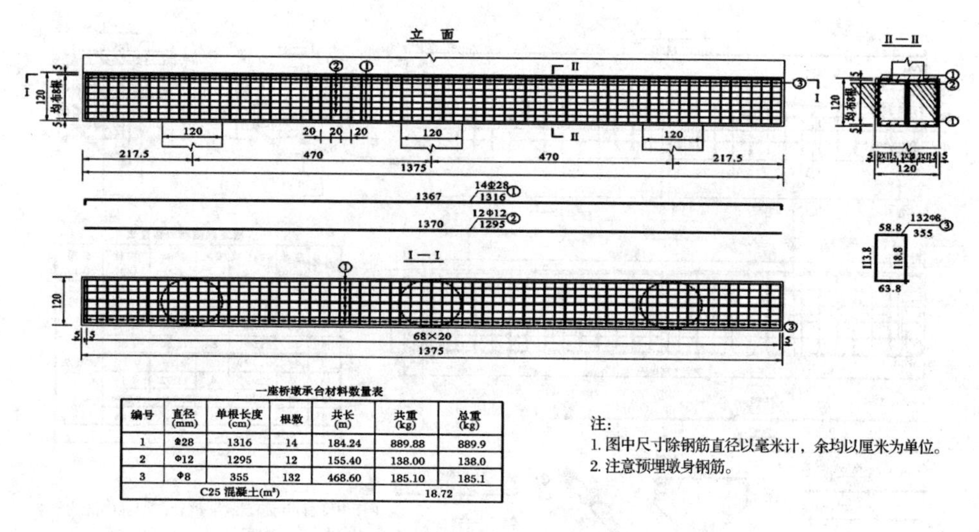

一座桥墩承台材料数量表

编号	直径(mm)	单根长度(cm)	根数	共长(m)	共重(kg)	总重(kg)
1	Φ28	1316	14	184.24	889.88	889.9
2	Φ12	1295	12	155.40	138.00	138.0
3	Φ8	355	132	468.60	185.10	185.1
C25 混凝土(m³)					18.72	

注:
1. 图中尺寸除钢筋直径以毫米计,余均以厘米为单位。
2. 注意预埋墩身钢筋。

图 5.59　桥墩承台钢筋结构图

5.2.3　涵洞工程识图

涵洞是埋设在路基下的工程构筑物,其纵向与线路方向正交或斜交,用来从道路一侧向另一侧排水或作为横向穿越道路的地下通道,它与桥梁的主要区别在于跨径的大小,根据《公路工程技术标准》(JTG B01—2014)中的规定,凡是单孔跨径小于 5 m,多孔总跨径小于 8 m,以及圆管涵、箱涵,不论其管径或跨径大小、孔数多少均称为涵洞。

1) 涵洞的分类

①按构造形式分为圆管涵、盖板涵、箱涵、拱涵,如图 5.60 所示。

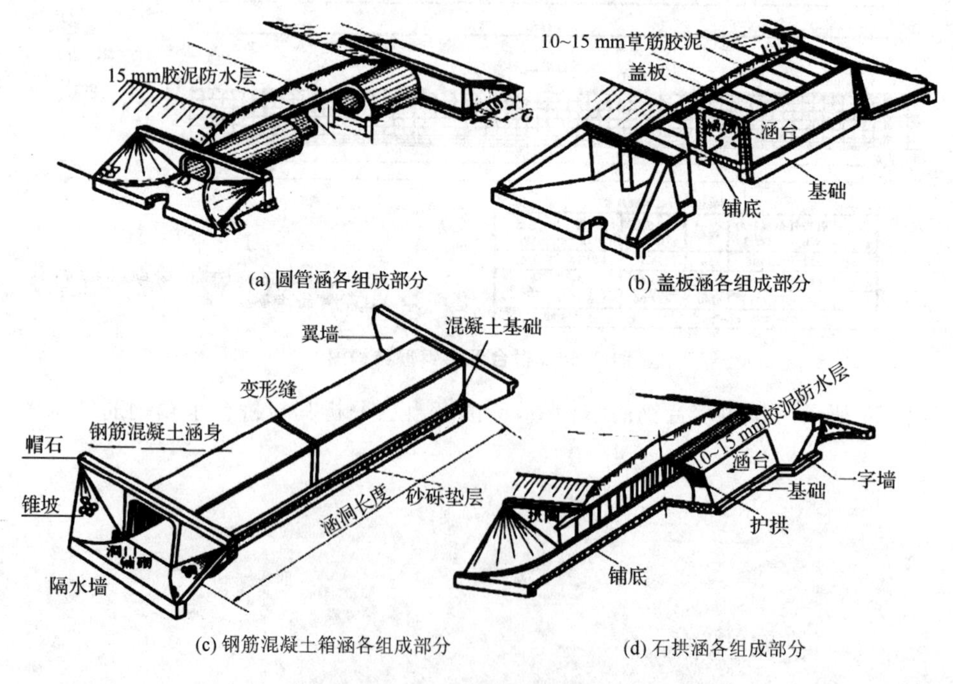

(a) 圆管涵各组成部分　(b) 盖板涵各组成部分

(c) 钢筋混凝土箱涵各组成部分　(d) 石拱涵各组成部分

图 5.60　涵洞的类型

②按建筑材料分为钢筋混凝土涵、混凝土涵、砖涵、石涵、木涵、金属涵等。

③按洞身断面形式分为圆形、卵形、拱形、梯形、矩形等。

④按孔数分为单孔、双孔、多孔等。

⑤按洞口形式分为一字墙式(端墙式)、八字墙式(翼墙式)、走廊式等。

⑥按洞顶有无覆盖土分为明涵和暗涵(洞顶填土厚大于 50 cm)等。

2) 涵洞的构造

涵洞由洞口、洞身和基础三部分组成。

洞口包括端墙、翼墙或护坡、截水墙和缘石等。它能保证涵洞基础和两侧路基免受冲刷,并使水流顺畅。一般进出水口均采用同一形式。常用的洞口形式有端墙式、翼墙式两种,如图5.61所示。洞身是涵洞的主要部分,其作用是承受荷载压力和土压力等并将其传递给地基,并保证设计流量通过的必要孔径。常见的洞身形式有圆管涵、拱涵、箱涵、盖板涵。

(a) 端墙式

(b) 翼墙式

图 5.61 涵洞的洞口形式

3) 涵洞图的阅读步骤

①阅读标题栏和说明,了解涵洞的类型、孔径、比例、尺寸单位、材料等。

②看清所采用的视图及其相互关系。

③按照涵洞的各组成部分,看懂它们的结构形式,明确尺寸大小,包括:

a. 洞身。

b. 出口和入口。

c. 锥体护坡和沟床铺砌。

④通过上述分析,想象出涵洞的整体形状和各部分尺寸大小。

4) 涵洞的图示方法

涵洞的图示方法包括:

①涵洞工程图以水流方向为纵向,即与路线前进方向成一定的角度,并以纵剖面图代替立面图。

②平面图不考虑涵洞上方的填土,假想土层是透明的;平面图与侧面图可以以半剖形式表达,平面图一般沿基础顶面剖切,侧面图垂直于纵向剖切。

③洞口正面图布置在侧面图的位置,当进出水洞口形状不一样时,则需分别画出进出水洞口侧面图。

④涵洞的进出水洞口间应有一定的纵坡,画图时,可不考虑洞底的纵坡而画成水平的,只图示出其纵坡,但进出水洞口的高度可能不同,应加以计算。

5）涵洞构造图识读举例

(1) 圆管涵构造图识读

如图 5.62 所示为圆管涵洞立体分解图,如图 5.63 所示为端墙式单孔圆管涵构造图。该涵洞的进出水洞口一样,构造对称,所以图示采用了半纵剖面图、半平面图和洞口正面图(Ⅱ—Ⅱ)。

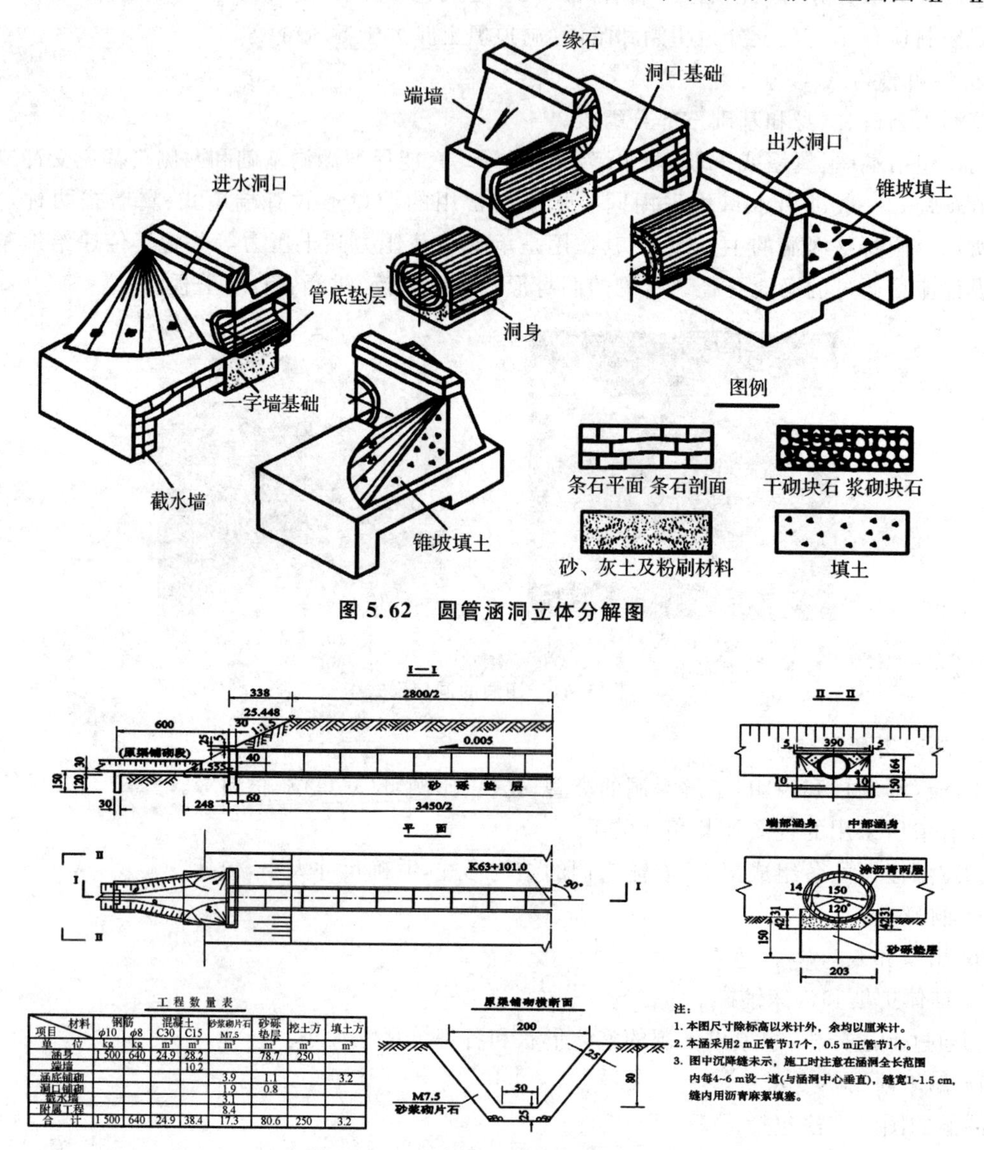

图 5.62 圆管涵洞立体分解图

工程数量表

项目＼材料	钢筋 φ10	钢筋 φ8	混凝土 C30	混凝土 C15	砂浆砌片石 M7.5	砂砾垫层	挖土方	填土方
单位	kg	kg	m³	m³	m³	m³	m³	m³
涵身	1 500	640	24.9	28.2		78.7	250	
端墙				10.2				
涵底铺砌					3.9	1.1		3.2
洞口铺砌					1.9	0.8		
截水墙					3.1			
附属工程					8.4			
合计	1 500	640	24.9	38.4	17.3	80.6	250	3.2

图 5.63 端墙式单孔圆管涵构造图

(2) 盖板涵构造图识读

如图 5.64 所示为单孔钢筋混凝土盖板涵的立体图,图中标示出了各组成部分的名称。

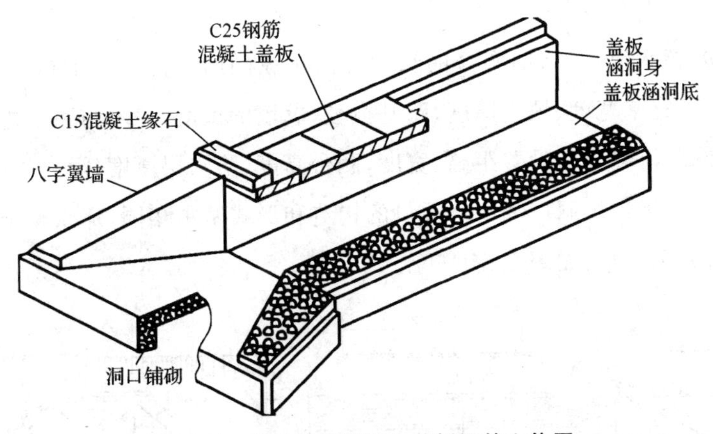

图 5.64　单孔钢筋混凝土盖板涵的立体图

如图 5.65 所示为单孔钢筋混凝土盖板涵构造图。

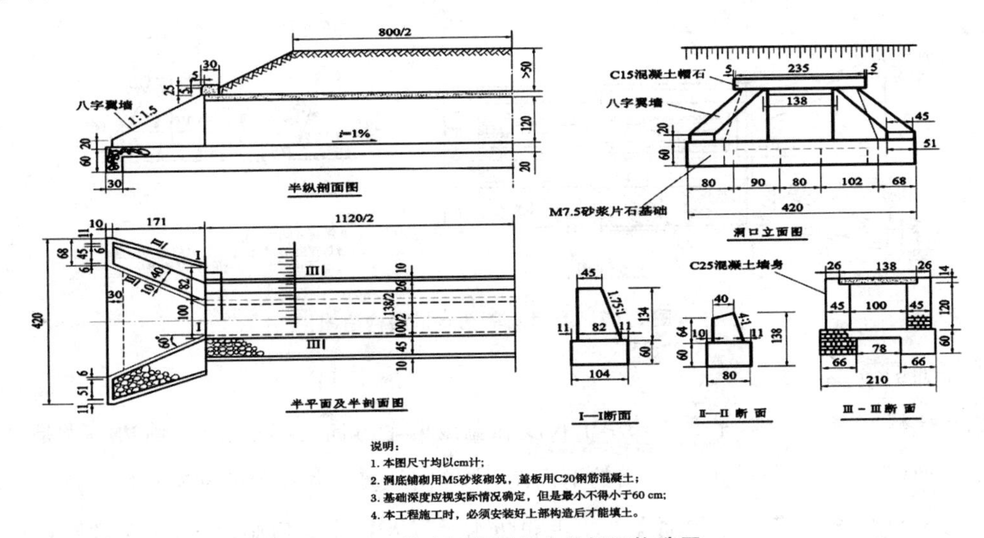

图 5.65　单孔钢筋混凝土盖板涵构造图

(3) 石拱涵构造图识读

如图 5.66 所示为石拱涵示意图及组成部分的名称。

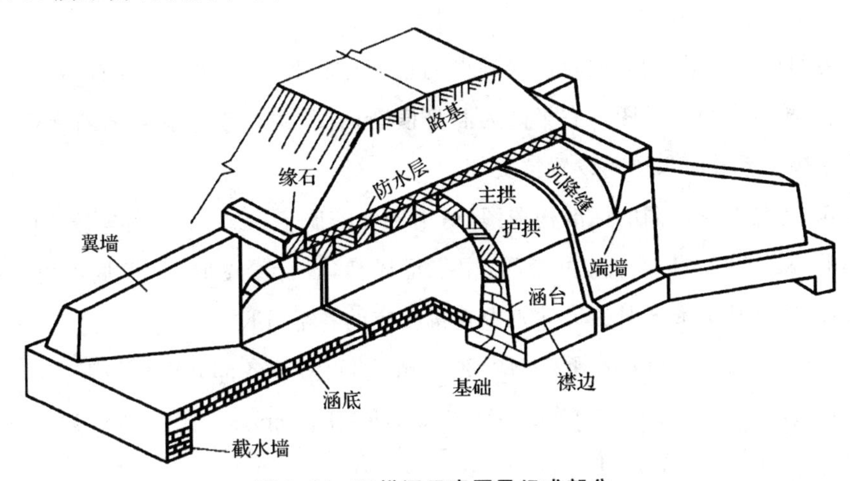

图 5.66　石拱涵示意图及组成部分

①纵剖面图

涵洞的纵向是指水流方向,即洞身的长度方向。纵剖面图是沿涵洞的中心位置纵向剖切的,纵剖切面图示了路基宽度、填土厚度、路基横坡,翼墙的坡度(一般与路基边坡相同)、端部的高度,缘石的长和高,沉降缝的设置距离、宽度,涵台高度,防水层厚度,涵身长度等内容,并画出相应的材料图例。如果进水洞口和出水洞口的构造和形式基本相同,那么整个涵洞是左右对称的,则纵剖面图可只画一半,如图 5.67 所示。

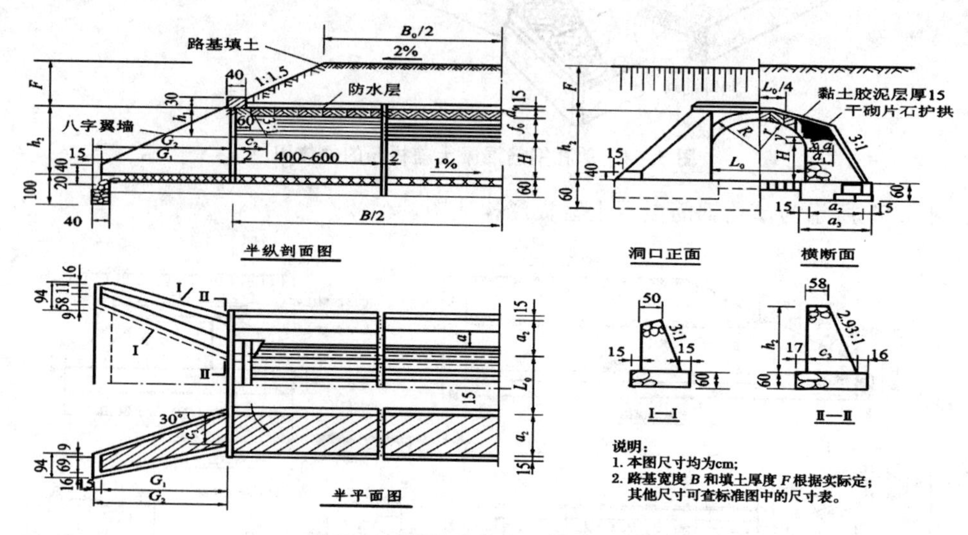

图 5.67　翼墙式单孔石拱涵构造图

②平面图

由于该涵洞左右对称,平面图采用了长度和宽度两个方向的半平面图,前边一半是沿涵台基础的上面(襟边)作水平剖切后画出的剖面图,主要图示翼墙和涵台的基础宽度。后边一半为涵洞的外形投影图,是移去了顶面上的填土和防水层以及护拱等后画出的,拱顶的圆柱面部分也是用一系列疏密有致的细线(素线)表示的,拱顶与端墙背面交线为椭圆曲线。八字翼墙与涵洞纵向成 30°角。

③侧面图采用了半剖面法

左半部为洞口的外形投影,主要反映洞口的正面形状和翼墙、端墙、缘石、基础等的相对位置,所以习惯上称为洞口正面图。右半部为洞身横断面图,主要表达洞身的断面形状,主拱、护拱和涵台的连接关系及防水层的设置情况等。

由于图 5.67 是石拱涵洞的标准构造图,适用于矢跨比 $f_0/L_0=1/3$ 的各种跨径($L_0=1.0\sim5.0$ m)的涵洞,故图中一些尺寸是可变的,用字母代替,设计绘图时,可根据需要选择跨径、涵高等主要参数,然后从标准图册的尺寸表中查得相应的各部分尺寸。

例如,确定跨径 $L_0=300$ cm,涵高 $H=200$ cm 后,可查得各部分尺寸如下:

拱圈尺寸:$f_0=100$ cm,$d_0=40$ cm,$r=163$ cm,$R=203$ cm,$x=37$ cm,$y=15$ cm

端墙尺寸:$h_1=125$ cm,$c_2=102$ cm

涵台尺寸：$a=73$ cm，$a_1=110$ cm，$a_2=182$ cm，$a_3=212$ cm

翼墙尺寸：$h_2=340$ cm，$G_1=450$ cm，$G_2=465$ cm，$c_3=174$ cm

以上分别介绍了表达涵洞工程的各个图样，实际上它们是紧密相关的，应该互相对照联系起来读图，才能将涵洞工程的各部分位置、构造、形状、尺寸认识清楚。

5.2.4 斜拉桥识图

斜拉桥是我国近几年发展最快、最多的一种桥梁，它具有外形轻巧、简洁美观、跨越能力大等特点，如图 5.68 所示，斜拉桥由主梁、索塔和形成扇状的拉索组成。

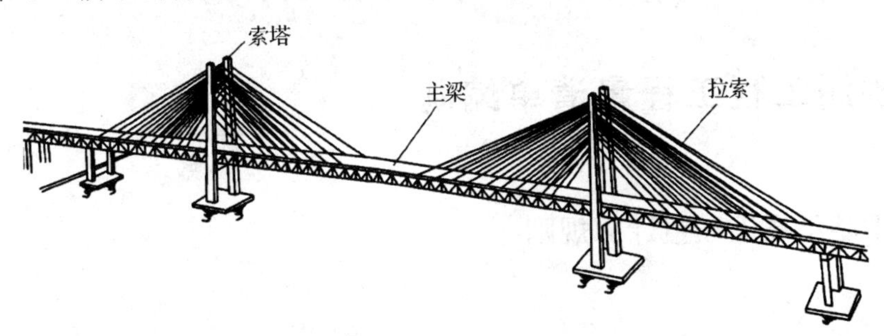

图 5.68 斜拉桥透视图

如图 5.69 所示，为一座双塔单索面钢筋混凝土斜拉桥总体布置图，主跨为 185 m，两旁边跨各为 80 m，两边引桥部分不断开。

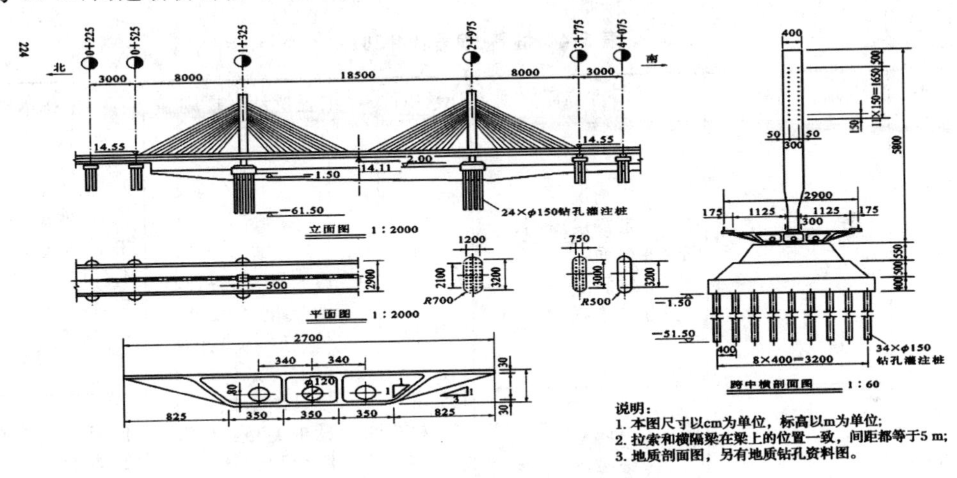

图 5.69 斜拉桥总体布置图

(1) 立面图

由于采用比较小的比例(1∶2 000)，故立面图仅画桥梁的外形不画剖面。

梁高仍用两条粗线表示，最上面加一条细线表示桥面高度，横隔梁、人行道和栏杆均省略不画。

桥墩是由承台和钻孔灌注桩所组成，它和上面的塔柱固结成一个整体，使荷载能稳妥地传递到地基上。立面图还反映了河床起伏及水文情况，根据标高尺寸可知桩和桥台基础的埋置深度、梁底、桥面中心和通航水位的标高尺寸。

(2) 平面图

平面图以中心线为界,左半边画外形,显示了人行道和桥面的宽度,并显示了塔柱断面和拉索。右半边是把桥的上部分揭去后,显示桩位的平面布置图。

(3) 横剖面图

横剖面图采用较大比例(1∶60)画出,从图中可以看出梁的上部结构,桥面总宽为29 m,两边人行道包括栏杆为1.75 m,车道为11.25 m,中央分隔带为3 m,塔高为58 m。同时还显示了拉索在塔柱上的分布尺寸、基础标高和灌注桩的埋置深度等。对箱梁剖面,另用更大的比例(1∶20)画出,显示单箱三室钢筋混凝土梁的各主要部分尺寸。

5.3 桥涵工程工程量清单编制

5.3.1 桥涵工程工程量计算规则

1) 桩基

(1) 桩基工程工程量计算规则

桩基工程工程量清单项目设置、项目特征描述的内容、计量单位及工程量计算规则,应按表5.4的规定执行。

表5.4 桩基(编号:040301)

<table>
<tr><th>项目编码</th><th>项目名称</th><th>项目特征</th><th>计量单位</th><th>工程量计算规则</th><th>工作内容</th></tr>
<tr><td>040301001</td><td>预制钢筋混凝土方桩</td><td>1. 地层情况
2. 送桩深度、桩长
3. 桩截面
4. 桩倾斜度
5. 混凝土强度等级</td><td rowspan="2">1. m
2. m³
3. 根</td><td rowspan="2">1. 以米计量,按设计图示尺寸以桩长(包括桩尖)计算
2. 以立方米计量,按设计图示桩长(包括桩尖)乘以桩的断面积计算
3. 以根计量,按设计图示数量计算</td><td>1. 工作平台搭拆
2. 桩就位
3. 桩机移位
4. 沉桩
5. 接桩
6. 送桩</td></tr>
<tr><td>040301002</td><td>预制钢筋混凝土管桩</td><td>1. 地层情况
2. 送桩深度、桩长
3. 桩外径、壁厚
4. 桩倾斜度
5. 桩尖设置及类型
6. 混凝土强度等级
7. 填充材料种类</td><td>1. 工作平台搭拆
2. 桩就位
3. 桩机移位
4. 桩尖安装
5. 沉桩
6. 接桩
7. 送桩
8. 桩芯填充</td></tr>
</table>

续表

<table>
<tr><th>项目编码</th><th>项目名称</th><th>项目特征</th><th>计量单位</th><th>工程量计算规则</th><th>工作内容</th></tr>
<tr><td>040301003</td><td>钢管桩</td><td>1. 地层情况
2. 送桩深度、桩长
3. 材质
4. 管径、壁厚
5. 桩倾斜度
6. 填充材料种类
7. 防护材料种类</td><td>1. t
2. 根</td><td>1. 以吨计量，按设计图示尺寸以质量计算
2. 以根计量，按设计图示数量计算</td><td>1. 工作平台搭拆
2. 桩就位
3. 桩机移位
4. 沉桩
5. 接桩
6. 送桩
7. 切割钢管、精盖帽
8. 管内取土、余土弃置
9. 管内填芯、刷防护材料</td></tr>
<tr><td>040301004</td><td>泥浆护壁成孔灌注桩</td><td>1. 地层情况
2. 空桩长度、桩长
3. 桩径
4. 成孔方法
5. 混凝土种类、强度等级</td><td>1. m
2. m^3
3. 根</td><td>1. 以米计量，按设计图示尺寸以桩长(包括桩尖)计算
2. 以立方米计量，按不同截面在桩长范围内以体积计算
3. 以根计量，按设计图示数量计算</td><td>1. 工作平台搭拆
2. 桩机移位
3. 护筒埋设
4. 成孔、固壁
5. 混凝土制作、运输、灌注、养护
6. 土方、废浆外运
7. 打桩场地硬化及泥浆池、泥浆沟</td></tr>
<tr><td>040301005</td><td>沉管灌注桩</td><td>1. 地层情况
2. 空桩长度、桩长
3. 复打长度
4. 桩径
5. 沉管方法
6. 桩尖类型
7. 混凝土种类、强度等级</td><td rowspan="2">1. m
2. m^3
3. 根</td><td rowspan="2">1. 以米计量，按设计图示尺寸以桩长(包括桩尖)计算
2. 以立方米计算，按设计图示桩长(包括桩尖)乘以桩的断面积计算
3. 以根计量，按设计图示数量计算</td><td>1. 工作平台搭拆
2. 桩机移位
3. 打(沉)拔钢管
4. 桩尖安装
5. 混凝土制作、运输、灌注、养护</td></tr>
<tr><td>040301006</td><td>干作业成孔灌注桩</td><td>1. 地层情况
2. 空桩长度、桩长
3. 桩径
4. 扩孔直径、高度
5. 成孔方法
6. 混凝土种类、强度等级</td><td>1. 工作平台搭拆
2. 桩机移位
3. 成孔、扩孔
4. 混凝土制作、运输、灌注、振捣、养护</td></tr>
<tr><td>040301007</td><td>挖孔桩土(石)方</td><td>1. 土(石)类别
2. 挖孔深度
3. 弃土(石)运距</td><td>m^3</td><td>按设计图示尺寸(含护壁)截面积乘以挖孔深度以立方米计算</td><td>1. 排地表水
2. 挖土、凿石
3. 基底钎探
4. 土(石)方外运</td></tr>
<tr><td>040301008</td><td>人工挖孔灌注桩</td><td>1. 桩芯长度
2. 桩芯直径、扩底直径、扩底高度
3. 护壁厚度、高度
4. 护壁材料种类、强度等级
5. 桩芯混凝土种类、强度等级</td><td>1. m^3
2. 根</td><td>1. 以立方米计量，按桩芯混凝土体积计算
2. 以根计量，按设计图示数量计算</td><td>1. 护壁制作、安装
2. 混凝土制作、运输、灌注、振捣、养护</td></tr>
</table>

续表

项目编码	项目名称	项目特征	计量单位	工程量计算规则	工作内容
040301009	钻孔压浆桩	1. 地层情况 2. 桩长 3. 钻孔直径 4. 骨料品种、规格 5. 水泥强度等级	1. m 2. 根	1. 以米计量,按设计图示尺寸以桩长计算 2. 以根计量,按设计图示数量计算	1. 钻孔、下注浆管、投放骨料 2. 浆液制作、运输、压浆
040301010	灌注桩后注浆	1. 注浆导管材料、规格 2. 注浆导管长度 3. 单孔注浆量 4. 水泥强度等级	孔	按设计图示以注浆孔数计算	1. 注浆导管制作、安装 2. 浆液制作、运输、压浆
040301011	截桩头	1. 桩类型 2. 桩头截面、高度 3. 混凝土强度等级 4. 有无钢筋	1. m^3 2. 根	1. 以立方米计量,按设计桩截面乘以桩头长度以体积计算 2. 以根计量,按设计图示数量计算	1. 截桩头 2. 凿平 3. 废料外运
040301012	声测管	1. 材料 2. 规格型号	1. t 2. m	1. 以吨计量,按设计图示尺寸以质量计算 2. 以米计量,按设计图示尺寸以长度计算	1. 检测管截断、封头 2. 套管制作、焊接 3. 定位、固定

(2) 相关问题及说明

①各类混凝土预制桩以成品桩考虑,应包括成品桩购置费,如果在现场预制,应包括现场预制桩的所有费用。

②项目特征中的桩截面、混凝土强度等级、桩类型等可直接用标准图代号或设计桩型进行描述。

③打试验桩和打斜桩应按相应项目编码单独列项,并应在项目特征中注明试验桩或斜桩(斜率)。

④项目特征中的桩长应包括桩尖,空桩长度=孔深-桩长,孔深为自然地面至设计桩底的深度。

⑤泥浆护壁成孔灌注桩是指在泥浆护壁条件下成孔,采用水下灌注混凝土桩。其成孔方法包括冲击钻成孔、冲抓锥成孔、回旋钻成孔、潜水钻成孔、泥浆护壁的旋挖成孔等。

⑥沉管灌注桩的沉管方法包括锤击沉管法、振动沉管法、振动冲击沉管法、内夯沉管法等。

⑦干作业成孔灌注桩是指不用泥浆护壁和套管护壁的情况下,用钻机成孔后,下钢筋笼,灌注混凝土桩,适用于地下水位以上的土层使用。其成孔方法包括螺旋钻成孔、螺旋钻成孔扩底、干作业的旋挖成孔等。

2) 基坑与边坡支护

基坑与边坡支护工程工程量清单项目设置、项目特征描述的内容、计量单位及工程量计算规则,应按表5.5的规定执行。

表 5.5 基坑与边坡支护(编码:040302)

项目编码	项目名称	项目特征	计量单位	工程量计算规则	工作内容
040302001	圆木桩	1. 地层情况 2. 桩长 3. 材质 4. 尾径 5. 桩倾斜度	1. m 2. 根	1. 以米计量,按设计图示尺寸以桩长(包括桩尖)计算 2. 以根计量,按设计图示数量计算	1. 工作平台搭拆 2. 桩机移位 3. 桩制作、运输、就位 4. 桩靴安装 5. 沉桩
040302002	预制钢筋混凝土板桩	1. 地层情况 2. 送桩深度、桩长 3. 桩截面 4. 混凝土强度等级	1. m^3 2. 根	1. 以立方米计量,按设计图示桩长(包括桩尖)乘以桩的断面积计算 2. 以根计量,按设计图示数量计算	1. 工作平台搭拆 2. 桩就位 3. 桩机移位 4. 沉桩 5. 接桩 6. 送桩
040302003	地下连续墙	1. 地层情况 2. 导墙类型、截面 3. 墙体厚度 4. 成槽深度 5. 混凝土种类、强度等级 6. 接头形式	m^3	以立方米计量,按设计图示墙中心线长乘以厚度乘以槽深,以体积计算	1. 导墙挖填、制作、安装、拆除 2. 挖土成槽、固壁、清底置换 3. 混凝土制作、运输、灌注、养护 4. 接头处理 5. 土方、废浆外运 6. 打桩场地硬化及泥浆池、泥浆沟
040302004	咬合灌注桩	1. 地层情况 2. 桩长 3. 桩径 4. 混凝土种类、强度等级 5. 部位	1. m 2. 根	1. 以米计量,按设计图示尺寸以桩长计算 2. 以根计量,按设计图示数量计算	1. 桩机移位 2. 成孔、固壁 3. 混凝土制作、运输、灌注、养护 4. 套管压拔 5. 土方、废浆外运 6. 打桩场地硬化及泥浆池、泥浆沟
040302005	型钢水泥土搅拌墙	1. 深度 2. 桩径 3. 水泥掺量 4. 型钢材质、规格 5. 是否拔出	m^3	以立方米计量,按设计图示尺寸以体积计算	1. 钻机移位 2. 钻进 3. 浆液制作、运输、压浆 4. 搅拌、成桩 5. 型钢插拔 6. 土方、废浆外运
040302006	锚杆(索)	1. 地层情况 2. 锚杆(索)类型、部位 3. 钻孔直径、深度 4. 杆体材料品种、规格、数量 5. 是否预应力 6. 浆液种类、强度等级	1. m 2. 根	1. 以米计量,按设计图示尺寸以钻孔深度计算 2. 以根计量,按设计图示数量计算	1. 钻孔、浆液制作、运输、压浆 2. 锚杆(索)制作、安装 3. 张拉锚固 4. 锚杆(索)施工平台搭设、拆除

续表

项目编码	项目名称	项目特征	计量单位	工程量计算规则	工作内容
040302007	土钉	1. 地层情况 2. 钻孔直径、深度 3. 置入方法 4. 杆体材料品种、规格、数量 5. 浆液种类、强度等级	1. m 2. 根	1. 以米计量,按设计图示尺寸以钻孔深度计算 2. 以根计量,按设计图示数量计算	1. 钻孔、浆液制作、运输、压浆 2. 土钉制作、安装 3. 土钉施工平台搭设、拆除
040302008	喷射混凝土	1. 部位 2. 厚度 3. 材料种类 4. 混凝土类别、强度等级	m^2	以平方米计量,按设计图示尺寸以面积计算	1. 修整边坡 2. 混凝土制作,运输、喷射、养护 3. 钻排水孔、安装排水管 4. 喷射施工平台搭设、拆除

3) 现浇混凝土构件

(1) 现浇混凝土构件工程计算规则

现浇混凝土构件工程工程量清单项目设置、项目特征描述的内容、计量单位及工程量计算规则,应按表5.6的规定执行。

表5.6 现浇混凝土构件(编码:040303)

项目编码	项目名称	项目特征	计量单位	工程量计算规则	工作内容
040303001	混凝土垫层	混凝土强度等级	m^3	以立方米计量,按设计图示尺寸以体积计算	1. 模板制作、安装、拆除 2. 混凝土搅和、运输、浇筑 3. 养护
040303002	混凝土基础	1. 混凝土强度等级 2. 嵌料(毛石)比例			
040303003	混凝土承台	混凝土强度等级			
040303004	混凝土墩(台)帽	1. 部位 2. 混凝土强度等级			
040303005	混凝土墩(台)身				
040303006	混凝土支撑梁及横梁				
040303007	混凝土墩(台)盖梁				
040303008	混凝土拱桥拱座	混凝土强度等级			
040303009	混凝土拱桥拱肋				
040303010	混凝土拱上构件	1. 部位 2. 混凝土强度等级			
040303011	混凝土箱梁				
040303012	混凝土连续板	1. 部位 2. 结构形式 3. 混凝土强度等级			
040303013	混凝土板梁				
040303014	混凝土板拱	1. 部位 2. 混凝土强度等级			

续表

项目编码	项目名称	项目特征	计量单位	工程量计算规则	工作内容
040303015	混凝土挡墙墙身	1. 混凝土强度等级 2. 泄水孔材料品种、规格 3. 滤水层要求 4. 沉降缝要求	m³	以立方米计量，按设计图示尺寸以体积计算	1. 模板制作、安装、拆除 2. 混凝土搅和、运输、浇筑 3. 养护 4. 抹灰 5. 泄水孔制作、安装 6. 滤水层铺筑 7. 沉降缝
040303016	混凝土挡墙压顶	1. 混凝土强度等级 2. 沉降缝要求			
040303017	混凝土楼梯	1. 结构形式 2. 板底厚度 3. 混凝土强度等级	1. m² 2. m³	1. 以平方米计量，按设计图示尺寸以水平投影面积计算 2. 以立方米计算，按设计图示尺寸以体积计算	1. 模板制作、安装、拆除 2. 混凝土拌和、运输、浇筑 3. 养护
040303018	混凝土防撞护栏	1. 断面 2. 混凝土强度等级	m	以米计量，按设计图示尺寸以长度计算	1. 模板制作、安装、拆除 2. 混凝土拌和、运输、浇筑 3. 养护
040303019	桥面铺装	1. 混凝土强度等级 2. 沥青品种 3. 沥青混凝土种类 4. 厚度 5. 配合比	m²	以平方米计量，按设计图示尺寸以面积计算	1. 模板制作、安装、拆除 2. 混凝土拌和、运输、浇筑 3. 养护 4. 沥青混凝土铺装 5. 碾压
040303020	混凝土桥头搭板	混凝土强度等级	m³	以立方米计量，按设计图示尺寸以体积计算	1. 模板制作、安装、拆除 2. 混凝土拌和、运输、浇筑 3. 养护
040303021	混凝土搭板枕梁	1. 形状 2. 混凝土强度等级			
040303022	混凝土桥塔身	1. 名称、部位 2. 混凝土强度等级			
040303023	混凝土连系梁				
040303024	混凝土其他构件	混凝土强度等级			
040303025	钢管拱混凝土				混凝土拌和、运输、压注

(2) 相关问题及说明

台帽、台盖梁均应包括耳墙、背墙。

4) 预制混凝土构件

预制混凝土构件工程工程量清单项目设置、项目特征描述的内容、计量单位及工程量计算规则，应按表 5.7 的规定执行。

表5.7 预制混凝土构件(编码:040304)

<table>
<tr><th>项目编码</th><th>项目名称</th><th>项目特征</th><th>计量单位</th><th>工程量计算规则</th><th>工作内容</th></tr>
<tr><td>040304001</td><td>预制混凝土梁</td><td rowspan="3">1. 部位
2. 图集、图纸名称
3. 构件代号、名称
4. 混凝土强度等级
5. 砂浆强度等级</td><td rowspan="5">m^3</td><td rowspan="5">以立方米计量,按设计图示尺寸以体积计算</td><td rowspan="3">1. 模板制作、安装、拆除
2. 混凝土拌和、运输、浇筑
3. 养护
4. 构件安装
5. 接头灌缝
6. 砂浆制作
7. 运输</td></tr>
<tr><td>040304002</td><td>预制混凝土柱</td></tr>
<tr><td>040304003</td><td>预制混凝土板</td></tr>
<tr><td>040304004</td><td>预制混凝土挡土墙墙身</td><td>1. 图集、图纸名称
2. 构件代号、名称
3. 结构形式
4. 混凝土强度等级
5. 泄水孔材料种类、规格
6. 滤水层要求
7. 砂浆强度等级</td><td>1. 模板制作、安装、拆除
2. 混凝土拌和、运输、浇筑
3. 养护
4. 构件安装
5. 接头灌缝
6. 泄水孔制作、安装
7. 滤水层铺设
8. 砂浆制作
9. 运输</td></tr>
<tr><td>040304005</td><td>预制混凝土其他构件</td><td>1. 部位
2. 图集、图纸名称
3. 构件代号、名称
4. 混凝土强度等级
5. 砂浆强度等级</td><td>1. 模板制作、安装、拆除
2. 混凝土拌和、运输、浇筑
3. 养护
4. 构件安装
5. 接头灌缝
6. 砂浆制作
7. 运输</td></tr>
</table>

5) 砌筑

(1) 砌筑工程计算规则

砌筑工程工程量清单项目设置、项目特征描述的内容、计量单位及工程量计算规则,应按表5.8的规定执行。

表5.8 砌筑

<table>
<tr><th>项目编码</th><th>项目名称</th><th>项目特征</th><th>计量单位</th><th>工程量计算规则</th><th>工作内容</th></tr>
<tr><td>040305001</td><td>垫层</td><td>1. 材料品种、规格
2. 厚度</td><td rowspan="2">m^3</td><td rowspan="2">以立方米计量,按设计图示尺寸以体积计算</td><td>垫层铺筑</td></tr>
<tr><td>040305002</td><td>干砌块料</td><td>1. 部位
2. 材料品种、规格
3. 泄水孔材料品种、规格
4. 滤水层要求
5. 沉降缝要求</td><td>1. 砌筑
2. 砌体勾缝
3. 砌体抹面
4. 泄水孔制作、安装
5. 滤水层铺设
6. 沉降缝</td></tr>
</table>

续表

<table>
<tr><th>项目编码</th><th>项目名称</th><th>项目特征</th><th>计量单位</th><th>工程量计算规则</th><th>工作内容</th></tr>
<tr><td>040305003</td><td>浆砌块料</td><td rowspan="2">1. 部位
2. 材料品种、规格
3. 砂浆强度等级
4. 泄水孔材料品种、规格
5. 滤水层要求
6. 沉降缝要求</td><td rowspan="2">m^3</td><td rowspan="2">以立方米计量，按设计图示尺寸以体积计算</td><td rowspan="2">1. 砌筑
2. 砌体勾缝
3. 砌体抹面
4. 泄水孔制作、安装
5. 滤水层铺设
6. 沉降缝</td></tr>
<tr><td>040305004</td><td>砖砌体</td></tr>
<tr><td>040305005</td><td>护坡</td><td>1. 材料品种
2. 结构形式
3. 厚度
4. 砂浆强度等级</td><td>m^2</td><td>以平方米计量，按设计图示尺寸以面积计算</td><td>1. 修整边坡
2. 砌筑
3. 砌体勾缝
4. 砌体抹面</td></tr>
</table>

(2) 相关问题及说明

①干砌块料、浆砌块料和砖砌体应根据工程部位不同，分别设置清单编码。

②本表清单项目中“垫层”指碎石、块石等非混凝土类垫层。

6) 立交箱涵

立交箱涵工程工程量清单项目设置、项目特征描述的内容、计量单位及工程量计算规则，应按表5.9的规定执行。

表5.9　立交箱涵

<table>
<tr><th>项目编码</th><th>项目名称</th><th>项目特征</th><th>计量单位</th><th>工程量计算规则</th><th>工作内容</th></tr>
<tr><td>040306001</td><td>透水管</td><td>1. 材料品种、规格
2. 管道基础形式</td><td>m</td><td>以米计量，按设计图示尺寸以长度计算</td><td>1. 基础铺筑
2. 管道铺设、安装</td></tr>
<tr><td>040306002</td><td>滑板</td><td>1. 混凝土强度等级
2. 石蜡层要求
3. 塑料薄膜品种、规格</td><td rowspan="4">m^3</td><td rowspan="4">以立方米计量，按设计图示尺寸以体积计算</td><td>1. 模板制作、安装、拆除
2. 混凝土拌和、运输、浇筑
3. 养护
4. 涂石蜡层
5. 铺塑料薄膜</td></tr>
<tr><td>040306003</td><td>箱涵底板</td><td rowspan="3">1. 混凝土强度等级
2. 混凝土抗渗要求
3. 防水层工艺要求</td><td>1. 模板制作、安装、拆除
2. 混凝土拌和、运输、浇筑
3. 养护
4. 防水层铺涂</td></tr>
<tr><td>040306004</td><td>箱涵侧墙</td><td rowspan="2">1. 模板制作、安装、拆除
2. 混凝土拌和、运输、浇筑
3. 养护
4. 防水砂浆
5. 防水层铺涂</td></tr>
<tr><td>040306005</td><td>箱涵顶板</td></tr>
</table>

续表

项目编码	项目名称	项目特征	计量单位	工程量计算规则	工作内容
040306006	箱涵顶进	1. 断面 2. 长度 3. 弃土运距	kt·m	按设计图示尺寸以被顶箱涵的质量乘以箱涵的位移距离分节累计计算	1. 顶进设备安装、拆除 2. 气垫安装、拆除 3. 气垫使用 4. 钢刃角制作、安装、拆除 5. 挖土实顶 6. 土方场内外运输 7. 中继间安装、拆除
040306007	箱涵接缝	1. 材质 2. 工艺要求	m	以米计量,按设计图示止水带长度计算	接缝

7) 钢结构

钢结构工程工程量清单项目设置、项目特征描述的内容、计量单位及工程量计算规则,应按表5.10的规定执行。

表5.10 钢结构(编码:040307)

项目编码	项目名称	项目特征	计量单位	工程量计算规则	工作内容
040307001	钢箱梁	1. 材料品种、规格 2. 部位 3. 探伤要求 4. 防火要求 5. 补刷油漆品种、色彩、工艺要求	t	以吨计量,按设计图示尺寸以质量计算。不扣除孔眼的质量,焊条、铆钉、螺栓等不另增加质量	1. 拼装 2. 安装 3. 探伤 4. 涂刷防火涂料 5. 补刷油漆
040307002	钢板梁				
040307003	钢桁梁				
040307004	钢拱				
040307005	劲性钢结构				
040307006	钢结构叠合梁				
040307007	其他钢构件				
040307008	悬(斜拉)索	1. 材料品种、规格 2. 直径 3. 抗拉强度 4. 防护方式		以吨计量,按设计图示尺寸以质量计算	1. 拉索安装 2. 张拉、索力调整、锚固 3. 防护壳制作、安装
040307009	钢拉杆				1. 连接、紧锁件安装 2. 钢拉杆安装 3. 钢拉杆防腐 4. 钢拉杆防护壳制作、安装

8) 装饰

装饰工程工程量清单项目设置、项目特征描述的内容、计量单位及工程量计算规则,应按表5.11的规定执行。

表 5.11 装饰(编码:040308)

<table>
<tr><th>项目编码</th><th>项目名称</th><th>项目特征</th><th>计量单位</th><th>工程量计算规则</th><th>工作内容</th></tr>
<tr><td>040308001</td><td>水泥砂浆抹面</td><td>1. 砂浆配合比
2. 部位
3. 厚度</td><td rowspan="5">m^2</td><td rowspan="5">以平方米计量,按设计图示尺寸以面积计算</td><td>1. 基层清理
2. 砂浆抹面</td></tr>
<tr><td>040308002</td><td>剁斧石饰面</td><td>1. 材料
2. 部位
3. 形式
4. 厚度</td><td>1. 基层清理
2. 饰面</td></tr>
<tr><td>040308003</td><td>镶贴面层</td><td>1. 材质
2. 规格
3. 厚度
4. 部位</td><td>1. 基层清理
2. 镶贴面层
3. 勾缝</td></tr>
<tr><td>040308004</td><td>涂料</td><td>1. 材料品种
2. 部位</td><td>1. 基层清理
2. 涂料涂刷</td></tr>
<tr><td>040308005</td><td>油漆</td><td>1. 材料品种
2. 部位
3. 工艺要求</td><td>1. 除锈
2. 刷油漆</td></tr>
</table>

9) 其他

其他工程工程量清单项目设置、项目特征描述的内容、计量单位及工程量计算规则,应按表5.12的规定执行。

表 5.12 其他(编码:040309)

<table>
<tr><th>项目编码</th><th>项目名称</th><th>项目特征</th><th>计量单位</th><th>工程量计算规则</th><th>工作内容</th></tr>
<tr><td>040309001</td><td>金属栏杆</td><td>1. 栏杆材质、规格
2. 油漆品种、工艺要求</td><td>1. t
2. m</td><td>1. 以吨计量,按设计图示尺寸以质量计算
2. 以米计量,按设计图示尺寸以延长米计算</td><td>1. 制作、运输、安装
2. 除锈、刷油漆</td></tr>
<tr><td>040309002</td><td>石质栏杆</td><td>材料品种、规格</td><td rowspan="2">m</td><td rowspan="2">以米计量,按设计图示尺寸以长度计算</td><td rowspan="2">制作、运输、安装</td></tr>
<tr><td>040309003</td><td>混凝土栏杆</td><td>1. 混凝土强度等级
2. 规格尺寸</td></tr>
<tr><td>040309004</td><td>橡胶支座</td><td>1. 材质
2. 规格、型号
3. 形式</td><td rowspan="3">个</td><td rowspan="3">按设计图示数量计算</td><td rowspan="3">支座安装</td></tr>
<tr><td>040309005</td><td>钢支座</td><td>1. 规格、型号
2. 形式</td></tr>
<tr><td>040309006</td><td>盆式支座</td><td>1. 材质
2. 承载力</td></tr>
</table>

续表

项目编码	项目名称	项目特征	计量单位	工程量计算规则	工作内容
040309007	桥梁伸缩装置	1. 材料品种 2. 规格、型号 3. 混凝土种类 4. 混凝土强度等级	m	以米计量,按设计图示尺寸以延长米计算	1. 制作、安装 2. 混凝土拌和、运输、浇筑
040309008	隔声屏障	1. 材料品种 2. 结构形式 3. 油漆品种、工艺要求	m^2	以平方米计量,按设计图示尺寸以面积计算	1. 制作、安装 2. 除锈、刷油漆
040309009	桥面排(泄)水管	1. 材料品种 2. 管径	m	以米计量,按设计图示以长度计算	进水口、排(泄)水管制作、安装
040309010	防水层	1. 部位 2. 材料品种、规格 3. 工艺要求	m^2	以平方米计量,按设计图示尺寸以面积计算	防水层铺涂

5.3.2 桥涵工程常用计算公式

(1) 柱基体积的计算

如图5.70所示为截锥式柱基,其体积计算公式如下:

$$V=a_1b_1h_1+\frac{h_2}{3}(A_1+A_2+\sqrt{A_1A_2})$$

正方形:
$$V=a_1b_1h_1+\frac{h_2}{3}(a_2^2+b_1^2+a_1b_1)$$

长方形:
$$V=a_1b_1h_1+\frac{h_2}{6}[a_1b_1+a_2b_2+(a_1+a_2)\times(b_1+b_2)]$$

如图5.71所示为独立棱台柱基,其体积计算公式如下:

$$V=\frac{1}{3}h(S_1+S_2+\sqrt{S_1S_2})$$

式中:h——高;

S_1——上面积;

S_2——下面积。

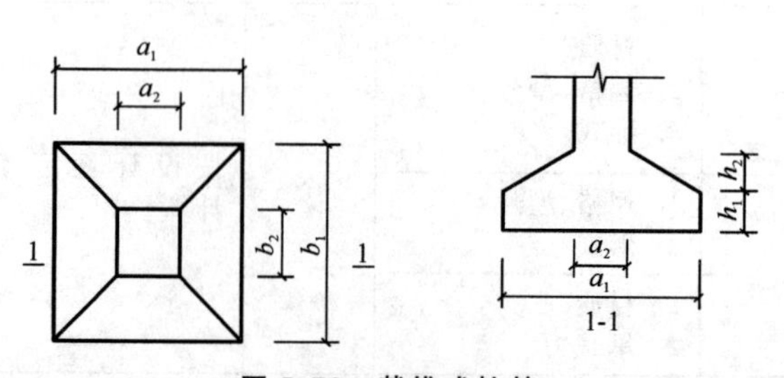

图5.70 截锥式柱基

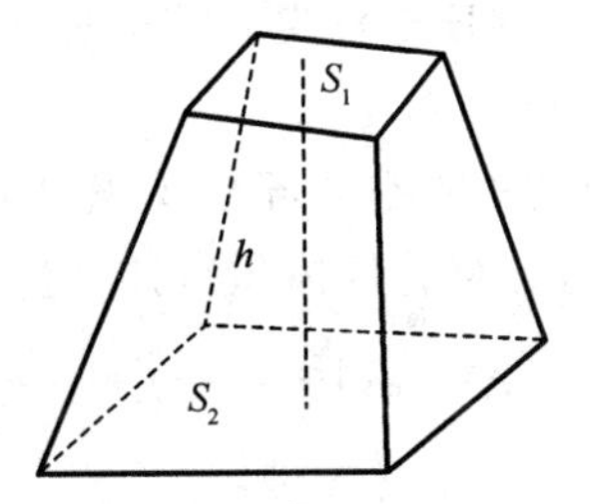

图 5.71　独立棱台柱基

(2) 搭拆打桩工作平台面积的计算(见图 5.72)

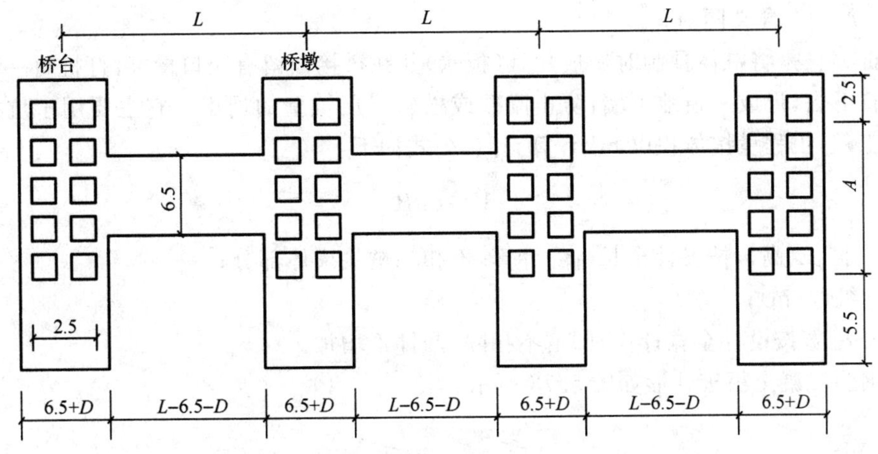

图 5.72　工作平台面积计算示意图(m)

①桥梁打桩 $F=N_1F_1+N_2F_2$

每座桥台(桥墩)$F_1=(5.5+A+2.5)\times(6.5+D)$

每条通道 $F_2=6.5\times[L-(6.5+D)]$

②钻孔灌注桩 $F=N_1F_1+N_2F_2$

每座桥台(桥墩)$F_1=(A+6.5)\times(6.5+D)$

每条通道 $F_2=6.5\times[L-(6.5+D)]$

式中:F——工作平台总面积;

F_1——每座桥台(桥墩)工作平台面积;

F_2——桥台至桥墩间或桥墩至桥墩间通道工作平台面积;

N_1——桥台和桥墩总数量;

N_2——通道总数量;

D——两排桩之间的距离(m);

L——桥梁跨径或护岸的第一根桩中心至最后一根桩中心之间的距离(m);

A——桥台(桥墩)每排桩的第一根桩中心至最后一根桩中心之间的距离(m)。

(3) 各种桩工程量的计算

①方桩。打(桩)方桩工程量按体积以 m^3 计算,计算公式如下:

$$V=FLN$$

式中:V——打(压)桩体积(m^3);

F——打(压)桩的桩体截面积(m^2);

L——打(压)桩的桩体长度,从桩顶至桩尖底的全长(m);

N——打(压)桩数量(根)。

②管桩。打(桩)管桩工程量应按扣除空心部分体积以 m^3 计算(如管桩的空心部分设计要求灌注混凝土或其他材料时,应另行计算管桩体积),计算公式如下:

$$V=\pi(R^2-r^2)LN$$

式中:R——管桩外半径(m);

r——管桩内半径(m);

π——圆周率;

V、L、N——含义同前。

③板桩。它是将桩体预制时做成片状(板状)并在拼接面留有企口槽榫,打桩时一块接一块沿着槽榫打下去,形成一道地下墙,防止流砂或松软土层坑壁的坍塌。它主要用于坑槽开挖较深的土方工程,工程量按体积以 m^3 计算,计算公式如下:

$$V=L\delta B$$

式中:L——桩长(高),按设计全长(高)计算,不扣除桩尖虚体部分;

δ——桩厚(m);

B——桩宽按设计全宽计算,凹槽不扣除,凸榫不增加。

预制钢筋混凝土板桩外形如图 5.73 所示。

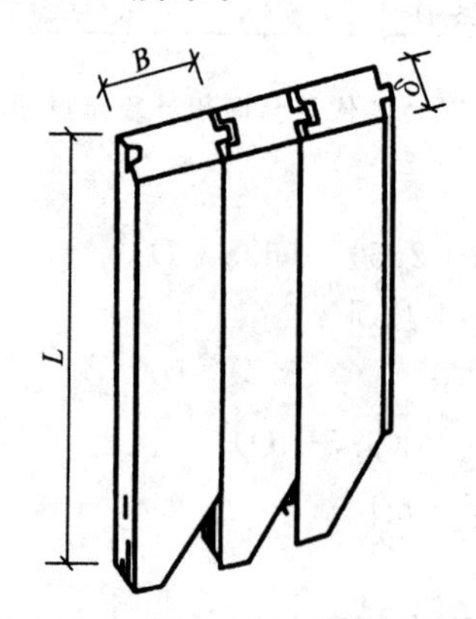

图5.73 钢筋混凝土预制板桩外形

(4) 柴油打桩机送桩工程量的计算

当桩顶面须送入自然地坪以下时,应采用送桩。送桩由坚硬的木料或钢铁制成,使用时将送桩置于桩头之上,使其与桩在同一轴线上,送桩截面一般与桩相同,锤击送桩器将桩送入土中。送桩工程量按桩截面积乘以送桩长度(即打桩架底至桩顶面高度或自桩顶面至自然地坪另加 500 mm)计算。

根据图 5.74 计算送桩工程量:

V =桩的截面积×(送桩长度+0.5)×根数

=0.25×0.25×(0.5+0.5)×(4×20)

=5 m^3

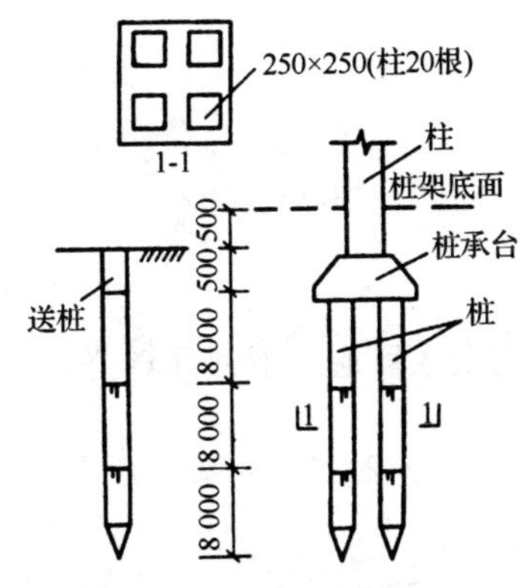

图 5.74　送桩示意图(mm)

(5) 各种桩体积的计算

①预制钢筋混凝土方桩体积,计算公式如下:

$$V=LA$$

式中:V——体积(m^3);

L——桩长,包括桩尖长度(m);

A——桩截面面积(m^2)。

②爆扩桩体积,计算公式如下:

$$V=A(L-D)+\frac{1}{6}\pi D^3$$

式中:V——体积(m^3);

A——桩截面面积(m^2);

L——桩长,包括桩尖长度(m);

D——球体直径(m)。

③混凝土灌注桩体积,计算公式如下:

$$V=\pi R^2 L$$

式中:R——灌注桩半径(m);

L——桩长(m)。

(6) 等强度及等面积的代换计算

①等强度代换

如果设计图中所用的钢筋设计强度为 f_{y1},钢筋总面积 A_{s1},代换后的钢筋设计强度为 f_{y2},钢筋总面积 A_{s2},则应使 $A_{s1}f_{y1}\leqslant A_{s2}f_{y2}$。

因为 $n_1\pi\frac{d_1^2}{4}f_{y1}\leqslant n_2\pi\frac{d_2^2}{4}f_{y2}$,所以 $n_2\geqslant\frac{n_1d_1^2f_{y1}}{d_2^2f_{y2}}$。

式中:n_1——原设计钢筋根数;

n_2——代换后钢筋根数;

d_1——原设计钢筋直径;

d_2——代换后钢筋直径。

②等面积代换，计算公式如下：

$$A_{s1} \leqslant A_{s2}$$

$$n_2 \geqslant \frac{n_1 d_1^2}{d_2^2}$$

(7) 钢筋弯钩增加长度的计算

钢筋三种形式的弯钩增加长度余数可通过下列计算公式确定：

$$\text{半圆弯钩增加长度} = 3d_0 + \frac{3.5d_0\pi}{2} - 2.25d_0 = 6.25d_0$$

$$\text{斜弯钩增加长度} = 3d_0 + \frac{1.5 \times 3.5d_0\pi}{4} - 2.25d_0 = 4.9d_0$$

$$\text{直弯钩增加长度} = 3d_0 + \frac{3.5d_0\pi}{4} - 2.25d_0 = 3.5d_0$$

说明：d_0 为钢筋的直径。

①计算钢筋长度

钢筋长度应根据图示配筋情况分别计算。

a. 两端无弯钩的直筋长度：

钢筋长度=(构件长(高)度－两端保护层厚度)×相同规格根数

b. 两端有弯钩的钢筋长度：

钢筋长度=(构件长(高)度－两端保护层厚度＋两端弯钩长度)×相同规格根数

c. 有弯钩的弯起钢筋长度：

钢筋长度=(构件长度－两端保护层厚度＋两端弯钩长度＋弯起部分增加长度)×相同规格根数

d. 箍筋长度计算(见图5.75)：

$$\text{闭合箍筋长度} = [2 \times (H + B) + L_{\text{钩}}]N$$

$$\text{开口箍筋长度} = (2H + B + L_{\text{钩}})N$$

式中：H——构件截面高度(减去两个保护层厚度)；

B——构件截面宽度(减去两个保护层厚度)；

$L_{\text{钩}}$——箍筋弯钩的长度；

N——箍筋个数(构件长度/箍筋间距＋1)。

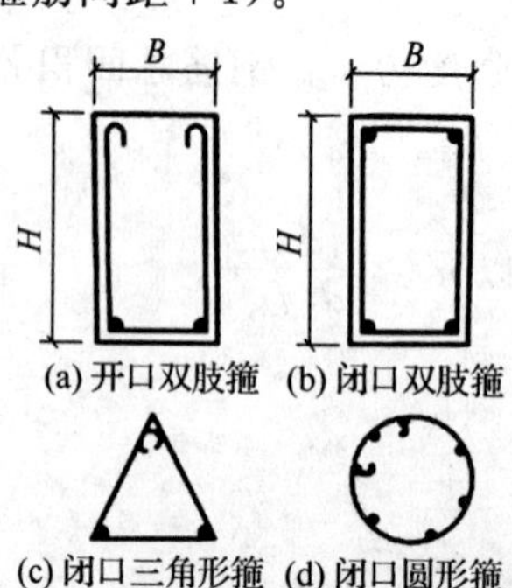

图5.75 施工图中常见箍筋形式示意图

②钢筋计算长度汇总

所谓计算长度汇总，就是将第一个步骤中所计算出的钢筋长度，按不同钢筋种类和规格分门别类地加起来，以便为下个步骤计算钢筋质量做好准备工作。

③计算钢筋质量

钢筋工程量计算规则指出："钢筋工程，应区别现浇、预制构件、不同钢种和规格，分别按设计长度乘以单位质量，以吨计算。"因此，应将汇总出来的各类钢筋总长度乘以相应单位质量求出总质量，计算公式如下：

$$G=Lr$$

式中：G——某种规格钢筋总质量(kg)；

L——某种规格钢筋总长度(m)；

r——某种规格钢筋单位质量(kg/m)。

5.3.3　桥涵工程工程量清单编制实例

【例 5.1】 某人工挖孔灌注桩工程，如图 5.76 所示，$D=820$ mm，$\frac{1}{4}$砖护壁，C20 混凝土桩芯，桩深 27 m，现场搅拌，计算人工挖孔灌注桩(以 m^3 计)工程量。

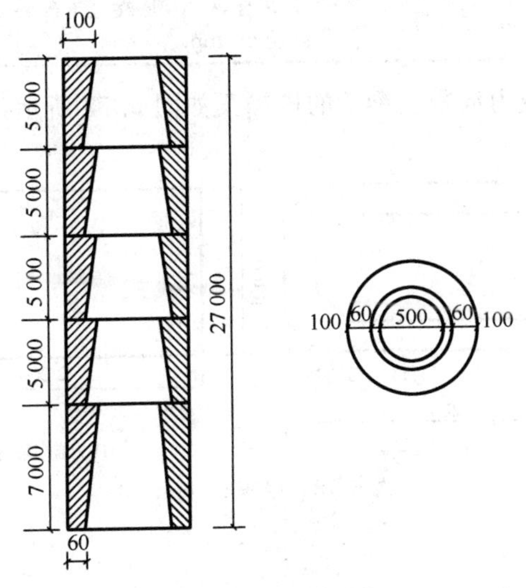

图 5.76　挖孔灌注桩结构(mm)

【解】 人工挖孔灌注桩按桩芯混凝土体积计算

$$V=\frac{1}{3}\pi\times5\times(0.7^2+0.62^2+0.7\times0.62)\times4+\frac{1}{3}\pi\times7\times(0.7^2+0.5^2+0.7\times0.5)\times1=35.38\ m^3$$

清单工程量计算见表 5.13。

表 5.13　清单工程量计算表

序号	项目编码	项目名称	项目特征	计量单位	工程量
1	040301008001	人工挖孔灌注桩	C20 混凝土桩芯，$\frac{1}{4}$砖护壁，桩径 820 mm，深度 27 m	m^3	35.38

【例 5.2】 某桥梁工程中所采用的桥墩如图 5.77 所示为圆台式,采用 C20 混凝土,石料最大粒径 20 mm,计算其工程量。

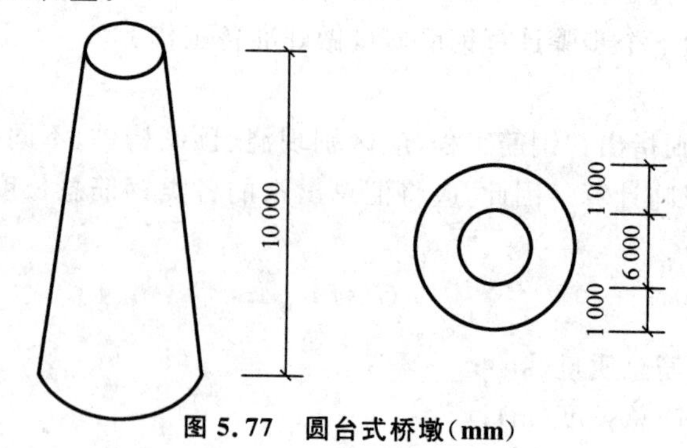

图 5.77 圆台式桥墩(mm)

【解】 $V_{圆台}=\frac{1}{3}\pi l(r^2+R^2+rR)=\frac{1}{3}\times 3.142\times 10\times(3^2+4^2+3\times 4)=387.51\ m^3$。

清单工程量计算见表 5.14。

表 5.14 清单工程量计算表

序号	项目编码	项目名称	项目特征	计量单位	工程量
1	040303005001	墩(台)身	桥墩墩身,C20 混凝土,石料最大粒径 20 mm	m^3	387.51

【例 5.3】 某 T 形预应力混凝土梁桥的横隔梁如图 5.78 所示,隔梁厚 200 mm,计算单横隔梁的工程量。

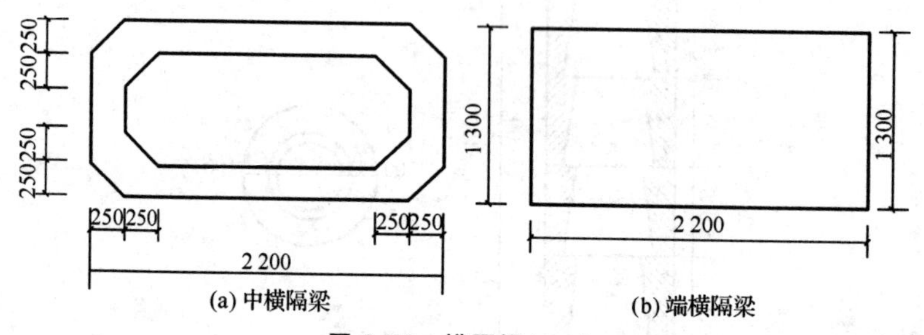

图 5.78 横隔梁(mm)

【解】(1) 中横隔梁工程量

$$V_1=\left[\left(2.2\times 1.3-4\times\frac{1}{2}\times 0.25\times 0.25\right)-\left(1.7\times 0.8-4\times\frac{1}{2}\times 0.25\times 0.25\right)\right]\times 0.2$$

$$=(2.735-1.235)\times 0.2=0.3\ m^3$$

(2) 端横隔梁工程量

$V_2=2.2\times 1.3\times 0.2=0.57\ m^3$

清单工程量计算见表 5.15。

表 5.15 清单工程量计算表

序号	项目编码	项目名称	项目特征	计量单位	工程量
1	040303006001	支撑梁及横梁	T 形预应力混凝土梁桥中横隔梁	m^3	0.30
2	040303006002	支撑梁及横梁	T 形预应力混凝土梁桥端横隔梁	m^3	0.57

【例 5.4】 某桥梁基础为加肋的柱下条形基础，如图 5.79 所示，采用 C20 混凝土，石料最大粒径 20 mm，计算该基础的工程量。

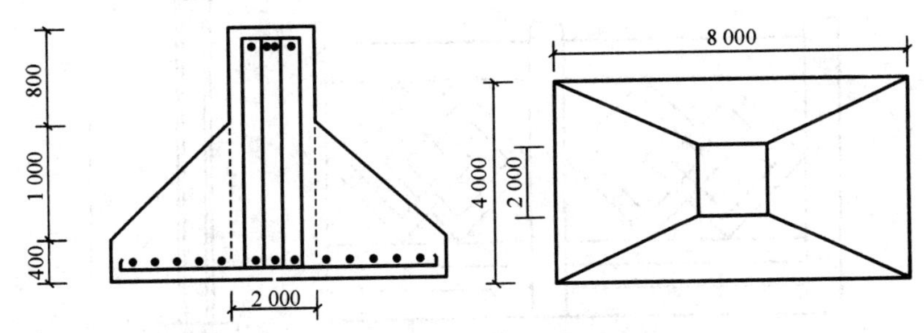

图 5.79 加肋的柱下条形基础(mm)

【解】$V=\frac{1}{6}\times[2\times2+8\times4+(8+2)\times(2+4)]+4\times8\times0.4\times2\times2\times0.8=35.2\ m^3$

清单工程量计算见表 5.16。

表 5.16 清单工程量计算表

序号	项目编码	项目名称	项目特征	计量单位	工程量
1	040303002001	混凝土基础	加肋的柱下条形基础，C20 混凝土，石料最大粒径 20 mm	m^3	35.2

【例 5.5】 某桥梁上的泄水管采用钢筋混凝土泄水管，其构造如图 5.80 所示，计算其工程量。

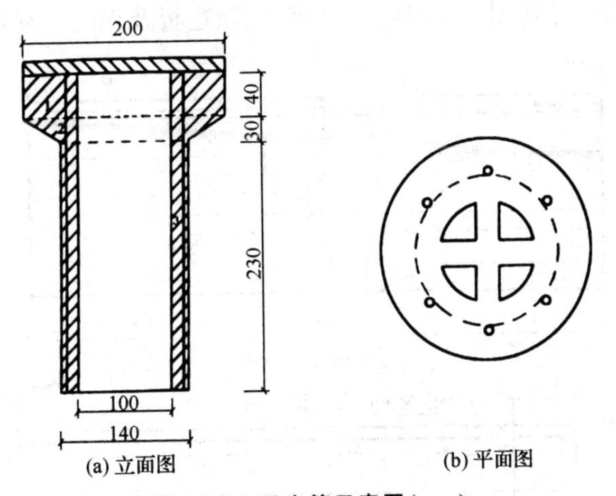

图 5.80 泄水管示意图(mm)

【解】$L=0.23+0.03+0.04=0.3$ m

清单工程量计算见表 5.17。

表 5.17 清单工程量计算表

序号	项目编码	项目名称	项目特征	计量单位	工程量
1	040309009001	桥面泄水管	钢筋混凝土泄水管，管径 140 mm	m	0.30

【例 5.6】 某城市桥梁具有双棱形花纹的栏杆,如图 5.81 所示,计算其工程量。

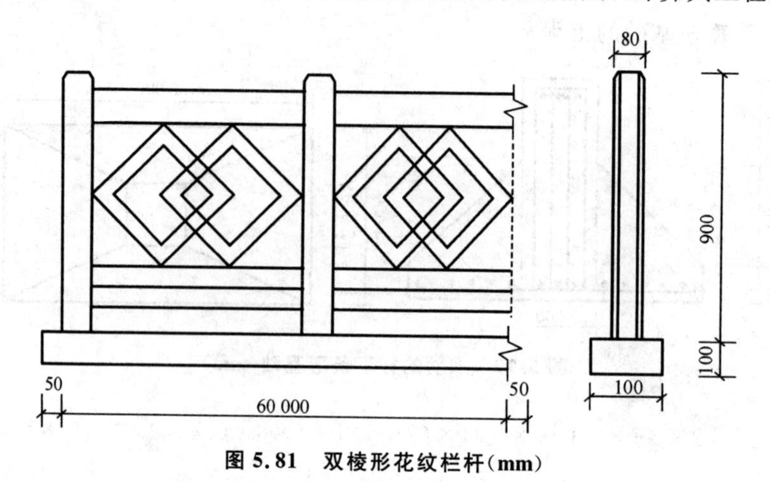

图 5.81 双棱形花纹栏杆(mm)

【解】 $L=60$ m

清单工程量计算见表 5.18。

表 5.18 清单工程量计算表

序号	项目编码	项目名称	项目特征	计量单位	工程量
1	040303018001	混凝土防撞护栏	双棱形花纹栏杆	m	60

【例 5.7】 某桥梁工程采用预制钢筋混凝土空心板,板厚 40 cm,横向采用 6 块板,中板及边板的构造形式及细部尺寸如图 5.82 所示,计算中板、边板及板的工程量。

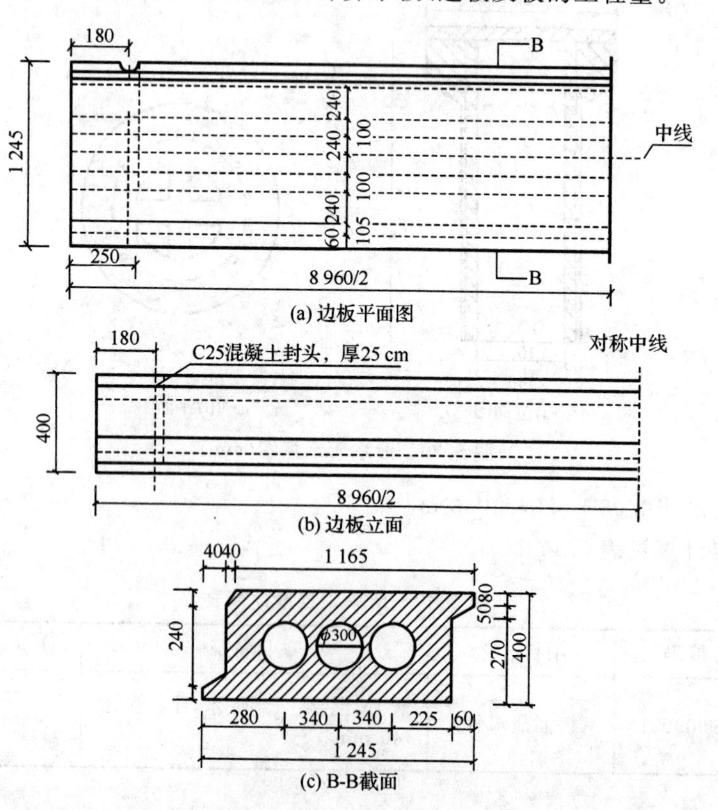

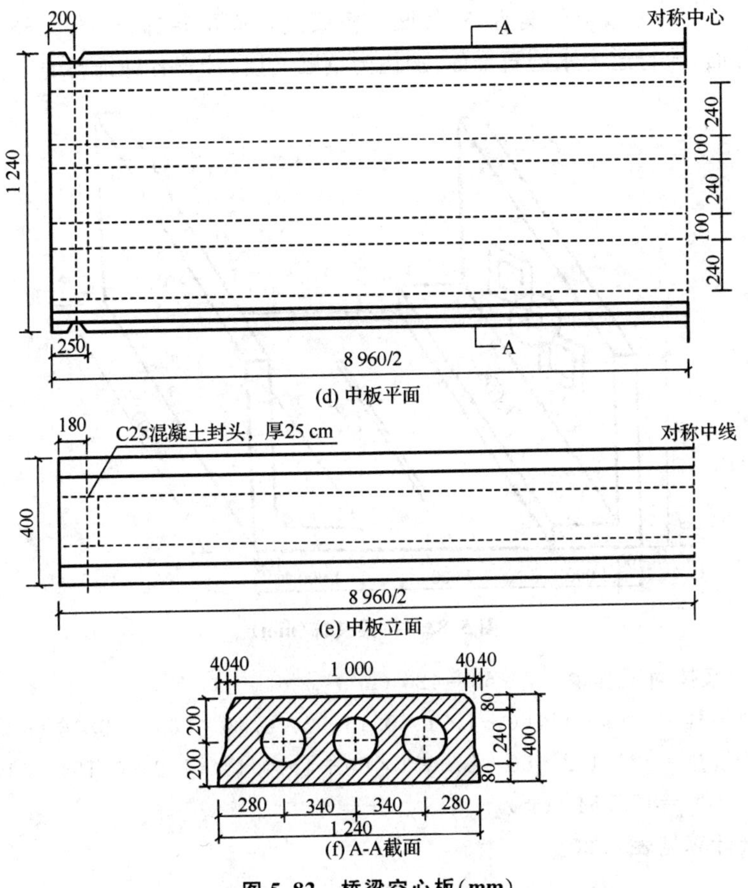

图 5.82　桥梁空心板(mm)

【解】中板工程量 $=\left[1.24\times0.4-3.142\times0.12^2\times3-(0.24+0.32)/2\times0.04\times2-\frac{1}{2}\times0.04\times0.08\times2\right]\times8.96\times4$

$=(0.496-0.136-0.022-0.003)\times8.96\times4=12.01\ (\mathrm{m}^3)$

中板封头工程量 $=3.142\times0.12^2\times0.25\times6\times4=0.271\ (\mathrm{m}^3)$

边板工程量 $=\left[1.245\times0.4-3.142\times0.15^2\times3-(0.27+0.32)\times0.06/2-(0.24+0.32)\times0.04/2-\frac{1}{2}\times0.08\times0.04\right]\times8.96\times2$

$=(0.498-0.212-0.018-0.011-0.002)\times8.96\times2=4.57\ (\mathrm{m}^3)$

边板封头工程量 $=3.142\times0.12^2\times0.25\times6\times2=0.136\ (\mathrm{m}^3)$

空心预制板工程量 $=12.01+0.271+4.57+0.136=16.99\ (\mathrm{m}^3)$

清单工程量计算见表 5.19。

表 5.19　清单工程量计算表

序号	项目编码	项目名称	项目特征	计量单位	工程量
1	040304003001	预制混凝土板	预制钢筋混凝土空心板，板厚 40 cm，横向采用 6 块板	m^3	16.99

【例5.8】 为了增加城市的美观,对某城市桥梁进行面层装饰,如图5.83所示,其车行道采用水泥砂浆抹面,人行道为水磨石饰面,护栏为镶贴面层,计算各种饰料的工程量。

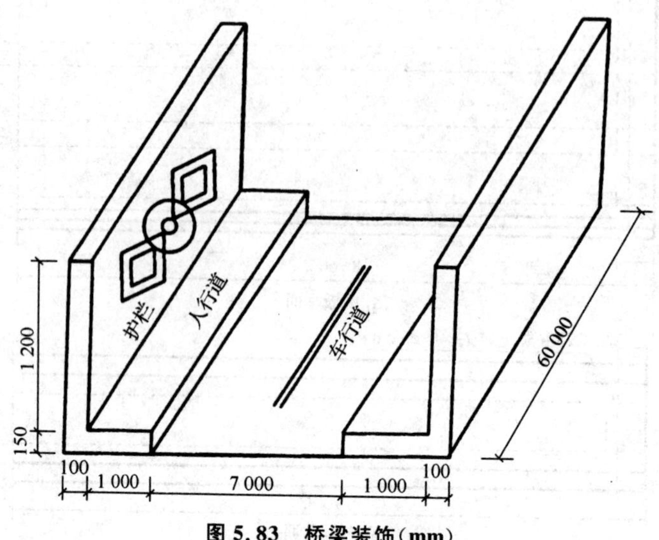

图5.83 桥梁装饰(mm)

【解】 水泥砂浆抹面工程量 $=7\times60=420\ (m^2)$

水磨石饰面工程量 $=(2\times1\times60+4\times1\times0.15+2\times0.15\times60)=138.6\ (m^2)$

镶贴面层工程量 $=[2\times1.2\times60+2\times0.1\times60+4\times0.1\times(1.2+0.15)]=144+12+0.54$

$=156.54\ (m^2)$

清单工程量计算见表5.20。

表5.20 清单工程量计算表

序号	项目编码	项目名称	项目特征	计量单位	工程量
1	040308001001	水泥砂浆抹面	车行道采用水泥砂浆抹面	m^2	420
2	040308002001	水磨石饰面	人行道为水磨石饰面	m^2	138.6
3	040308003001	镶贴面层	护栏为镶贴面层	m^2	156.54

【例5.9】 如图5.84所示为某桥梁的防撞栏杆,其中横栏采用直径为20 mm的钢筋,竖栏采用直径为40 mm的钢筋,其布设桥梁两边,为增加桥梁美观,将栏杆用油漆刷为白色,假设1 m^2需3 kg油漆,计算油漆工程量。

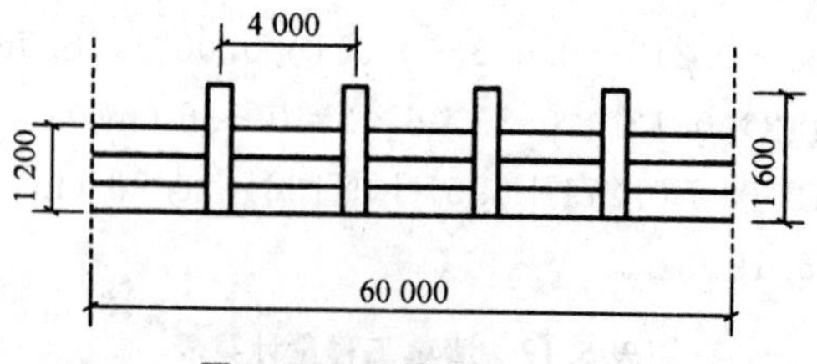

图5.84 防撞栏杆(mm)

【解】 $S_{横}=60\times4\times\pi\times0.02=15.08\ (m^2)$

$S_{竖}=(60/4+1)\times1.6\times\pi\times0.04=3.22\ (m^2)$

$S=(S_{横}+S_{竖})\times2=18.30\times2=36.60\ (m^2)$

清单工程量计算见表 5.21。

表 5.21 清单工程量计算表

序号	项目编码	项目名称	项目特征	计量单位	工程量
1	040308005001	油漆	防撞栏杆用油漆刷为白色	m^2	36.60

【例 5.10】 某城市桥梁采用方台灯座，其具体结构如图 5.85 所示，采用 C15 混凝土制作，该桥共有 8 个桥灯，计算灯座的工程量。

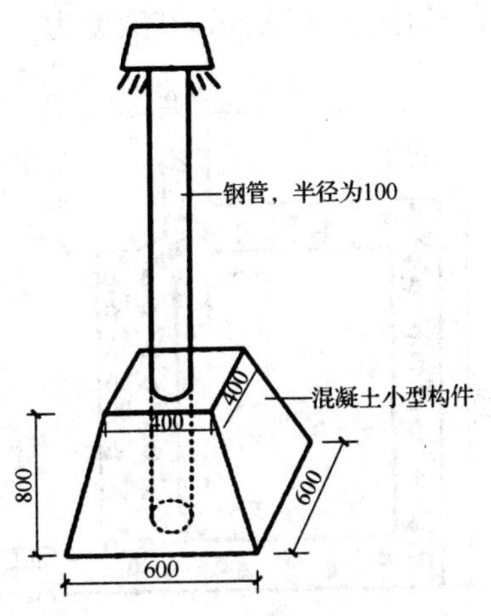

图 5.85 方台灯座结构(mm)

【解】 $V_1=1/3\times0.8\times(0.4\times0.4+0.6\times0.6+0.4\times0.6)=0.2\ (m^3)$

$V_2=\pi\times0.1^2\times0.8=0.025\ (m^3)$

$V=8(V_1-V_2)=(0.2-0.025)\times8=1.4\ (m^3)$

清单工程量计算见表 5.22。

表 5.22 清单工程量计算表

序号	项目编码	项目名称	项目特征	计量单位	工程量
1	040304005001	预制混凝土小型构件	桥梁方台灯座，C15 混凝土	m^3	1.4

【例 5.11】 某桥梁工程中，采用 26 根钢筋混凝土柱，每根柱下有 4 根方柱如图 5.86 所示，计算送桩工程量。

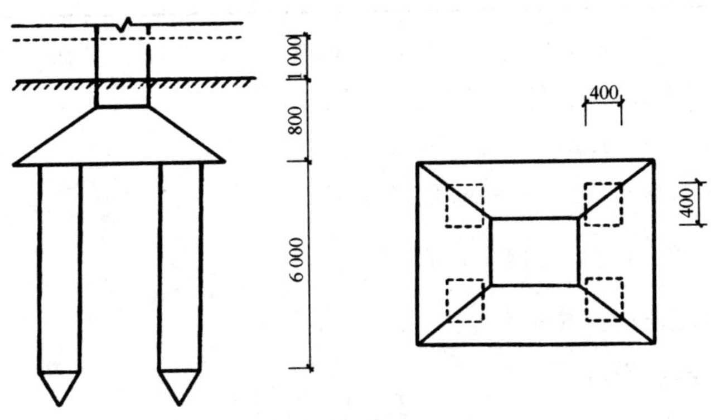

图 5.86 钢筋混凝土方桩(mm)

【解】 钢筋混凝土方桩工程量＝6×4×26＝624 (m)

送桩已包含在钢筋混凝土方桩的清单工作内容中,无需另行计算。

清单工程量计算见表5.23。

表5.23 清单工程量计算表

序号	项目编码	项目名称	项目特征	计量单位	工程量
1	040301001001	钢筋混凝土方桩	钢筋混凝土方桩送桩	m	624

【例5.12】 某薄壁轻型桥台,如图5.87所示,其宽度为6 m,计算轻型桥台工程量。

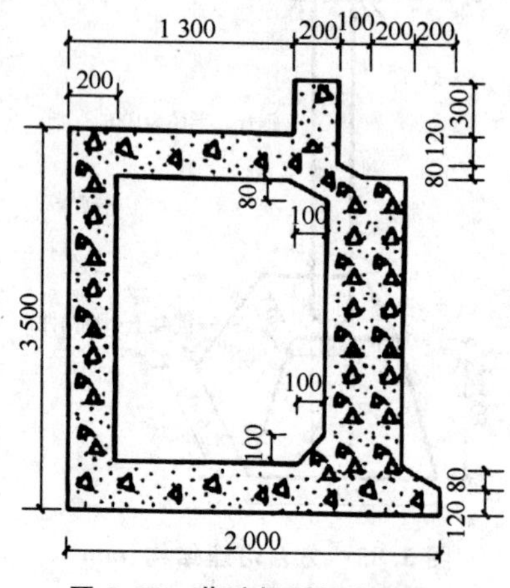

图5.87 薄壁轻型桥台(mm)

【解】 薄壁轻型桥台横截面面积$=\Big[3.5\times1.8-\frac{1}{2}\times(0.2+0.3)\times0.08-0.3\times0.12+0.2\times0.3+\frac{1}{2}\times(0.12+0.2)\times0.2-(1.3-0.2+0.1)\times3.1+\frac{1}{2}\times0.1\times0.1+\frac{1}{2}\times0.08\times0.1\Big]$

$=6.3-0.02-0.036+0.06+0.032-3.72+0.005+0.004=2.63\ (\mathrm{m}^2)$

桥台工程量＝2.63×6＝15.78 (m^3)

清单工程量计算见表5.24。

表5.24 清单工程量计算表

序号	项目编码	项目名称	项目特征	计量单位	工程量
1	040303005001	桥(台)身	薄壁轻型桥台	m^3	15.78

【例5.13】 如图5.88所示为某斜拉桥的菱形索塔,塔厚1.2 m,塔高80 m,全桥共2个索塔,采用就地浇筑混凝土制作,计算索塔的工程量。

【解】 $V_1=1.2\times37.6\times1.2=54.14\ (\mathrm{m}^3)$

$V_2=(19+0.3\times2)\times1.2\times1.2=28.22\ (\mathrm{m}^3)$

$V_3=\frac{1}{2}\times1.2\times0.2\times1.2=0.14\ (\mathrm{m}^3)$

$V_4=1.2\times40\times1.2=57.6\ (\mathrm{m}^3)$

$V_5=19\times1.2\times1.2=27.36\ (\mathrm{m}^3)$

$V=[2V_1+V_2+2(V_3+V_4)+V_5]\times2=558.68\ (\mathrm{m}^3)$

清单工程量计算见表 5.25。

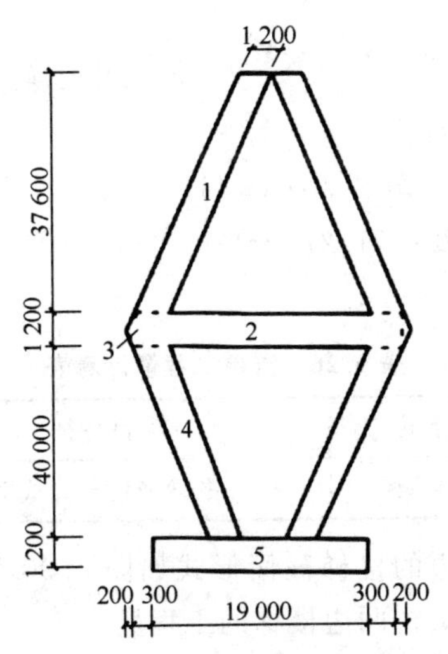

图 5.88　棱形索塔(mm)

表 5.25　清单工程量计算表

序号	项目编码	项目名称	项目特征	计量单位	工程量
1	040303022001	桥塔身	斜拉桥棱形索塔,塔厚 1.2 m,塔高 80 m	m^3	558.68

【例 5.14】 某斜拉桥桥梁工程,其主梁采用如图 5.89 所示的分离式双箱梁,主梁跨度取 120 m,横梁厚取 200 mm,主梁内共设置横梁 15 个,计算主梁工程量。

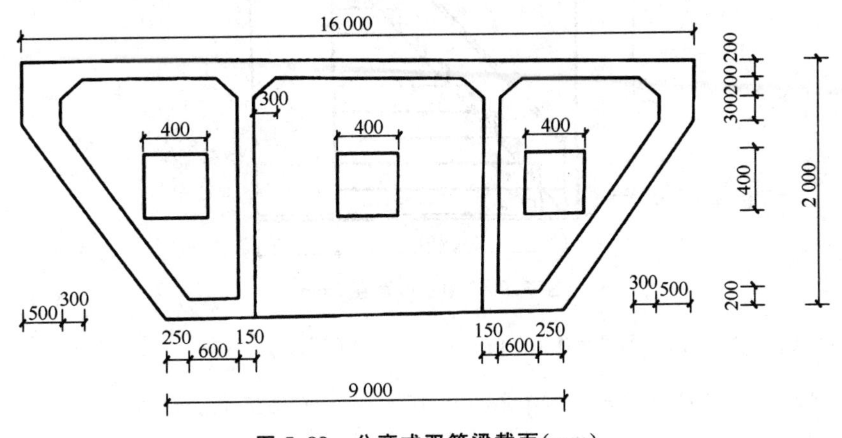

图 5.89　分离式双箱梁截面(mm)

【解】 双箱梁截面面积 $=\left[16\times0.2+\frac{1}{2}\times(0.5+0.8)\times0.2\times2+0.5\times0.3\times2+\frac{1}{2}\times(0.15+0.75)\times0.2\times2+1.1\times0.5\times2+0.15\times1.6\times2+\frac{1}{2}\times0.5\times0.2\times2+\frac{1}{2}\times(0.6+0.85)\times0.2\times2\right]=3.2+0.26+0.3+0.18+1.1+0.48+0.1+0.29=5.91\ (m^2)$

双箱梁工程量 $=5.91\times120=709.2\ (m^3)$

横梁截面面积$=\left\{\left[\frac{1}{2}\times(0.35+3.85)\times0.2+3.85\times0.3+\frac{1}{2}\times(0.6+3.85)\times1.1-0.4\times0.4\right]\times2+\left[\frac{1}{2}\times(6.4+7)\times0.2+7\times1.6-0.4\times0.4\right]\right\}=(0.71+1.155+2.448-0.16)\times2+(1.34+11.2-0.16)=20.69\ (m^2)$

横梁工程量$=20.69\times0.2\times15=62.07\ (m^3)$

主梁工程量$=709.2+62.07=771.27\ (m^3)$

清单工程量计算见表5.26。

表5.26 清单工程量计算表

序号	项目编码	项目名称	项目特征	计量单位	工程量
1	040303011001	混凝土箱梁	斜拉桥主梁采用分离式双箱梁	m^3	771.27

【例5.15】 某城市天桥一边的楼梯截面形式如图5.90所示,桥面宽1 200 mm,扶手厚11 cm,该桥为混凝土浇筑,计算天桥两边楼梯的工程量。

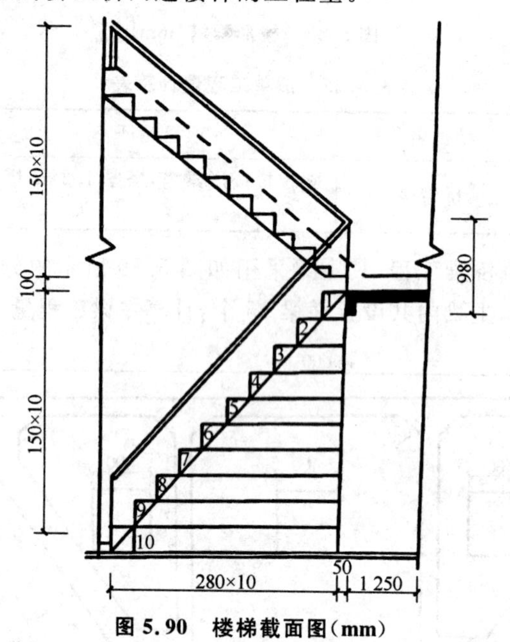

图5.90 楼梯截面图(mm)

【解】 $V_1=0.28\times0.15\times1.2=0.05\ (m^3)$

$V_2=0.28\times1\times0.15\times1.2-\frac{1}{2}\times0.28\times0.15\times1.2=0.025\ (m^3)$

$V_3=0.28\times1\times0.15\times1.2-\frac{1}{2}\times0.28\times0.15\times1.2-0.28\times0.15\times1.2=0.025\ (m^3)$

同理 $V_4=0.025\ (m^3)$ $V_5=0.025\ (m^3)$ $V_6=0.025\ (m^3)$ $V_7=0.025\ (m^3)$ $V_8=0.025\ (m^3)$ $V_9=0.025\ (m^3)$ $V_{10}=0.28\times0.15\times1.2=0.05\ (m^3)$

平台 $V_{11}=0.1\times1.25\times1.2+0.15\times0.05\times1.2=0.159\ (m^3)$

扶手板 $V_{12}=0.28\times10\times0.98\times0.11=0.302\ (m^3)$

$$V=[2\times(V_1+V_2+V_3+V_4+V_5+V_6+V_7+V_8+V_9+V_{10}+V_{12})+V_{11}]\times2$$
$$=[2\times(0.05\times2+0.025\times8+0.302)+0.159]\times2=2.73\ (m^3)$$

清单工程量计算见表 5.27。

表 5.27 清单工程量计算表

序号	项目编码	项目名称	项目特征	计量单位	工程量
1	040303017001	混凝土楼梯	台阶式混凝土楼梯	m^3	2.73

【例 5.16】 某涵洞工程的纵向布置图及断面图如图 5.91 和图 5.92 所示，涵洞标准跨径 3.0 m，净跨径 2.4 m，下部结构中有 M10 砂浆砌 40 号块石台身，M10 水泥砂浆砌块石截水墙，河床铺砌 7 cm 厚砂垫层，两涵台之间共设 3 道支撑梁，试计算砂浆石料工程量。

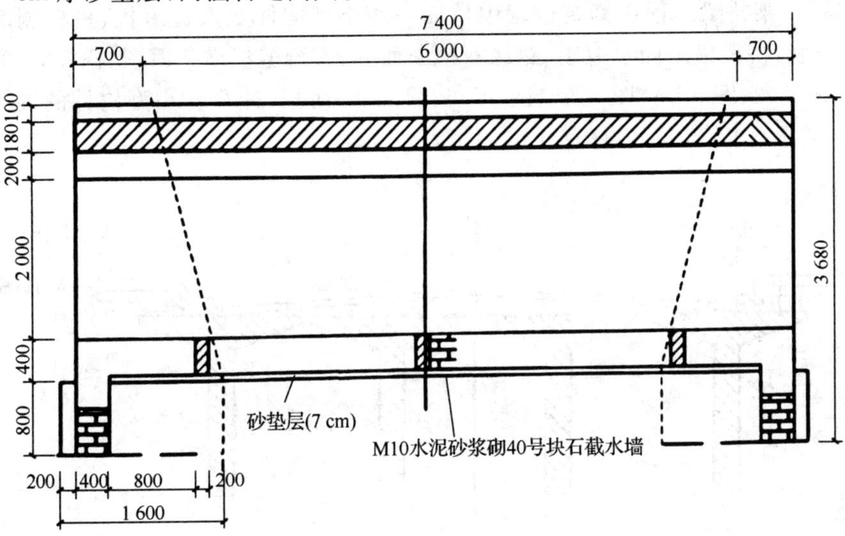

图 5.91 洞身纵断面图(mm)

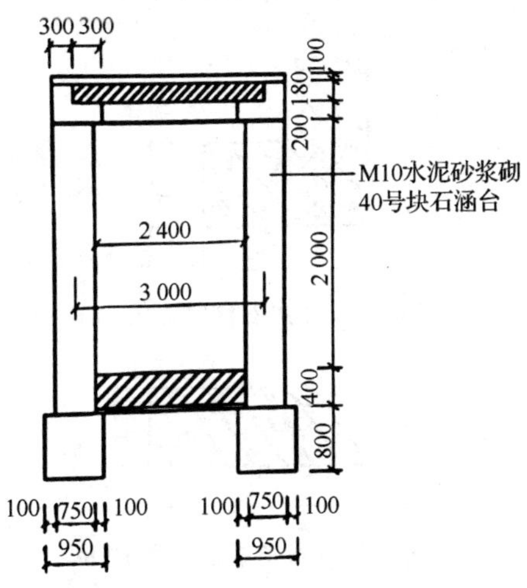

图 5.92 涵洞横断面图(mm)

【解】(1) M10 水泥砂浆砌 40 号块石涵台，内侧勾缝：

$V_1 = 0.75 \times 2.4 \times 7.4 \times 2 = 26.64\ (m^3)$

(2) M10 水泥砂浆砌块石截水墙，河床铺砌 7 cm 厚砂垫层：

$$V_2 = 2.4 \times (0.4 - 0.07) \times 7.4 - 0.2 \times (0.4 - 0.07) \times 2.4 \times 3 + 0.4 \times 0.87 \times 0.95 \times 2 \times 2$$
$$= 6.71\ (m^3)$$

(3) 浆砌石料的总工程量：

$V=V_1+V_2=26.64+6.71=33.35\ (m^3)$

清单工程量计算见表5.28。

表5.28 清单工程量计算表

序号	项目编码	项目名称	项目特征	计量单位	工程量
1	040305003001	浆砌块料	涵洞工程下部结构浆砌块石	m^3	33.35

【例5.17】 某桥梁工程在修筑过程中桥面一些小型构件如人行道板、栏杆侧缘石等均采用现场预制安装，桥梁横断面示意图、路缘石横断面图、人行道板横断面图、栏杆立面图、栏杆平面图分别如图5.93、图5.94、图5.95、图5.96、图5.97所示，计算各小型构件的混凝土及模板工程量(已知桥梁总长35 m，栏杆每5 m一根)。

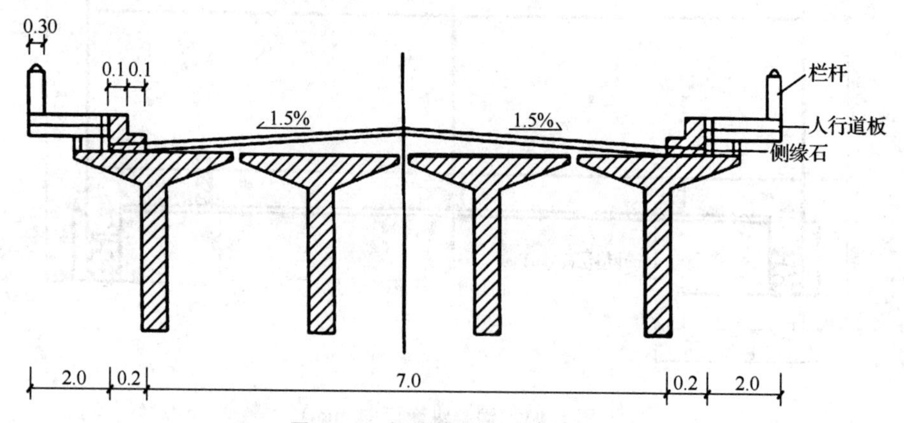

图5.93 桥梁横断面示意图(m)

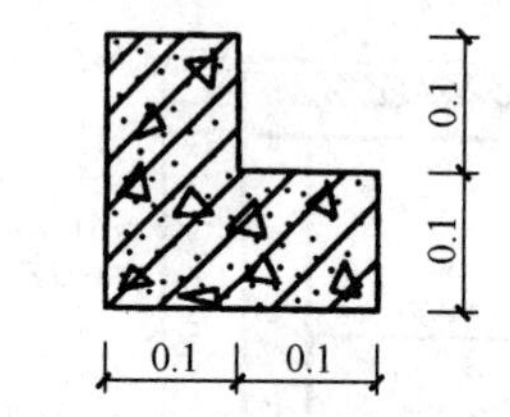

图5.94 路缘石横断面图(m)

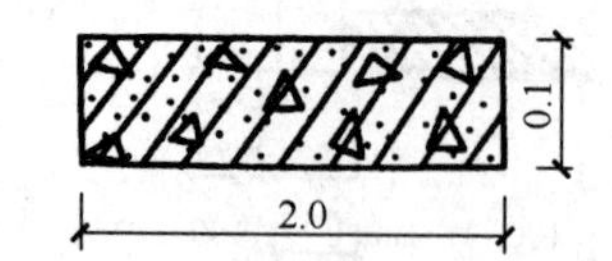

图5.95 人行道板横断面图(m)

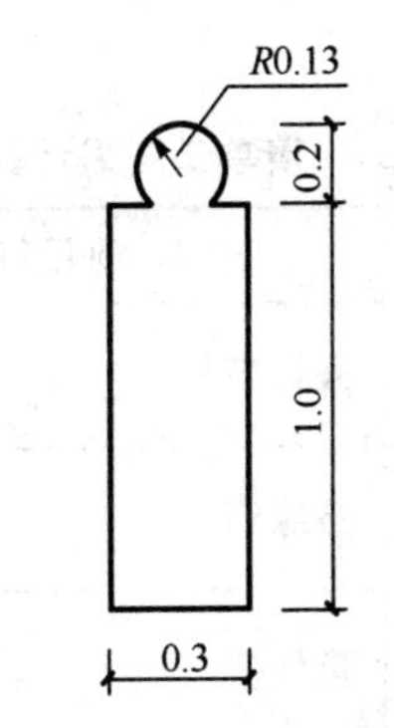

图 5.96　栏杆立面图(m)

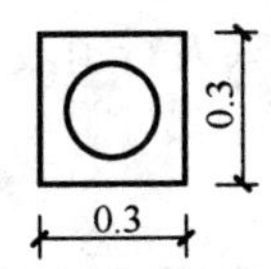

图 5.97　栏杆平面图(m)

【解】(1) 人行道板预制混凝土工程量：

$V_1=2.0\times0.1\times35\times2=14\ (\text{m}^3)$

人行道板模板工程量：

$S_1=2.0\times35\times2=140\ (\text{m}^2)$

(2) 路缘石预制混凝土工程量：

$V_2=(0.2\times0.2-0.1\times0.1)\times35\times2=2.1\ (\text{m}^3)$

路缘石模板工程量：

$S_2=0.2\times35\times2=14\ (\text{m}^2)$

(3) 栏杆预制混凝土工程量：

$r=\sqrt{0.13^2-0.07^2}=0.11\ (\text{m})$

$h=0.26-0.2=0.06\ (\text{m})$

球缺(见图 5.98)的体积公式如下：

$$V=\frac{1}{6}\pi h\times(3r^2+h^2)$$

$$\begin{aligned}V_3&=\left[0.3\times0.3\times1.0+\frac{4}{3}\pi\times(0.13)^3-\frac{1}{6}\pi\times0.06\times(3\times0.11^2+0.06^2)\right]\times\left(\frac{35}{5}+1\right)\times2\\&=8\times(0.09+0.008)\times2\\&=1.57\ (\text{m}^3)\end{aligned}$$

(4) 栏杆模板工程量：

$S_3=\left(\frac{35}{5}+1\right)\times(0.3\times1\times4)\times2=19.2\ (\text{m}^2)$(四个侧面)

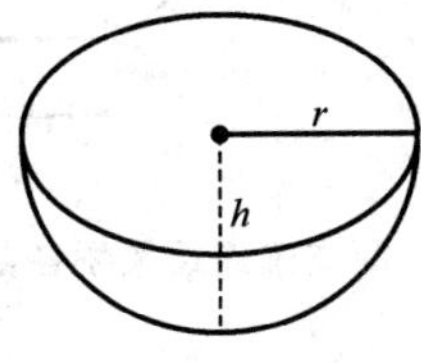

图 5.98　球缺

清单工程量计算见表 5.29。

表 5.29　清单工程量计算表

序号	项目编码	项目名称	项目特征	计量单位	工程量
1	040304005001	预制混凝土小型构件	人行道板	m^3	14.00
2	040304005002	预制混凝土小型构件	路缘石	m^3	2.10
3	040304005003	预制混凝土小型构件	栏杆	m^3	1.57

【例 5.18】 某工程采用简支梁连续梁桥的设计方案,各部分构造如图 5.99 所示,该桥全长 30 m,桥宽=[2×3.5(行车道)+2×1.5(人行道及栏杆)]=10 m,共 2 跨,基础长 10 m,计算该桥的工程量。

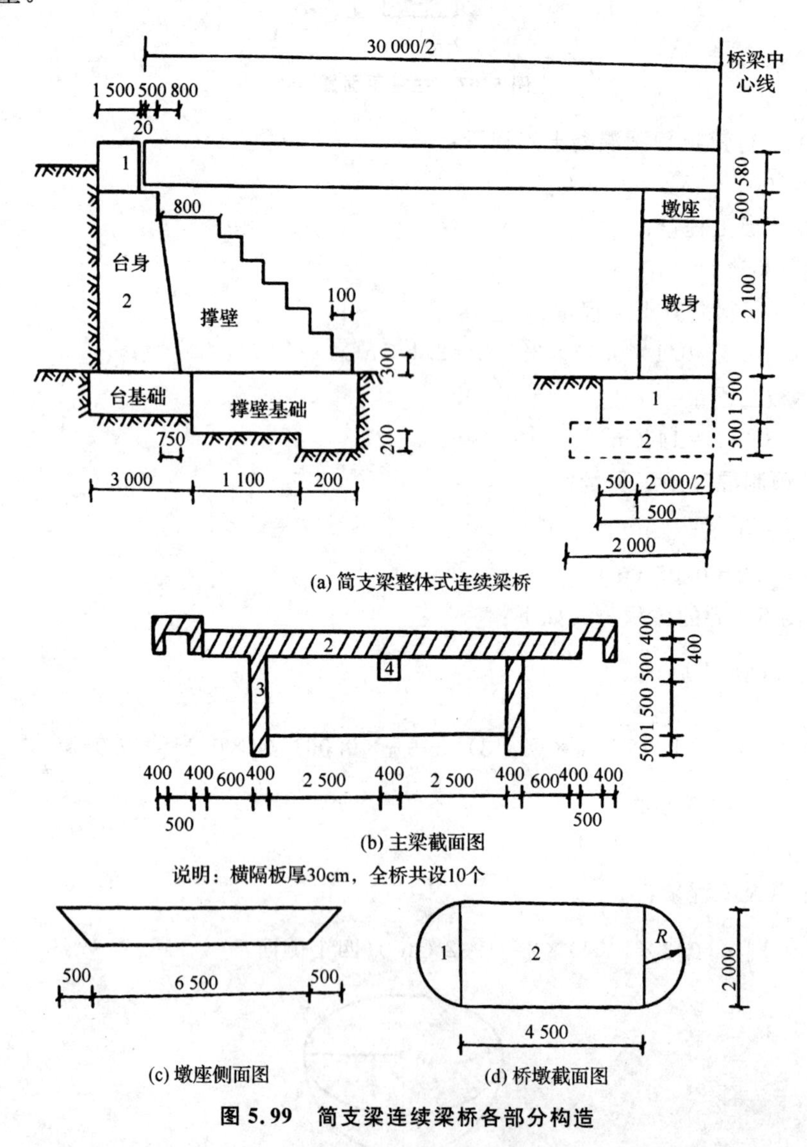

图 5.99　简支梁连续梁桥各部分构造

【解】(1) 主梁工程量(C30 混凝土)

$V_1=[(0.4\times2+0.5)\times(0.4\times2)-0.5\times0.4]\times30=25.2\ (m^3)$

$V_2=(0.4\times3+0.6\times2+2.5\times2)\times0.4\times30=88.8\ (m^3)$

$V_3=0.4\times(0.5\times2+1.5)\times30=30\ (m^3)$

$V_4=0.4\times0.5\times30=6\ (m^3)$

V_5(横隔板)$=[(2.5\times2+0.4)\times(1.5+0.5)-0.4\times0.5]\times0.3\times10=31.8\ (m^3)$

$V=2V_1+V_2+2V_3+V_4+V_5=2\times25.2+88.8+2\times30+6+31.8=237\ (m^3)$

(2) 桥台混凝土工程量(C25 混凝土)

①台身混凝土工程量：

$V_1=1.5\times0.58\times10\times2=17.4\ (m^3)$

$$V_2=\left\{(1.5+0.02+0.5)\times0.5+\frac{1}{2}\times[(1.5+0.02+0.5)+(1.5+0.02+0.5+0.75)]\times2.1\right\}\times10\times2=120.79\ (m^3)$$

$V=V_1+V_2=17.4+120.79=138.19\ (m^3)$

②台基础工程量：

$V=3\times1.5\times10\times2=90\ (m^3)$

(3) 撑壁混凝土工程量(C25 混凝土)

①撑壁工程量：

$$V=\left[0.8\times0.3+(0.8+0.1)\times0.3+(0.8+0.1\times2)\times0.3+(0.8+0.1\times3)\times0.3+(0.8+0.1\times4)\times0.3+(0.8+0.1\times5)\times0.3+(0.8+0.1\times6)\times0.3-\frac{1}{2}\times0.75\times2.1\right]\times10\times2=30.45\ (m^3)$$

②撑壁基础工程量：

$V=[1.1\times(1.5\times2-0.2)+0.2\times(1.5\times2)]\times10\times2=73.6\ (m^3)$

(4) 桥墩混凝土工程量(C25 混凝土)

墩帽 $V=\frac{1}{2}\times(6.5+6.5+0.5\times2)\times0.5\times2=7\ (m^3)$

墩身 $V_1=\frac{1}{2}\times\pi\times1^2\times2.1=3.3\ (m^3)$

$V_2=4.5\times2\times2.1=18.9\ (m^3)$

$V=2V_1+V_2=2\times3.3+18.9=25.5\ (m^3)$

墩基础 $V_1=(1+0.5)\times2\times1.5\times10=45\ (m^3)$

$V_2=2\times2\times1.5\times10=60\ (m^3)$

$V=V_1+V_2=45+60=105\ (m^3)$

(5) 桥墩钢筋工程量(见图 5.100)

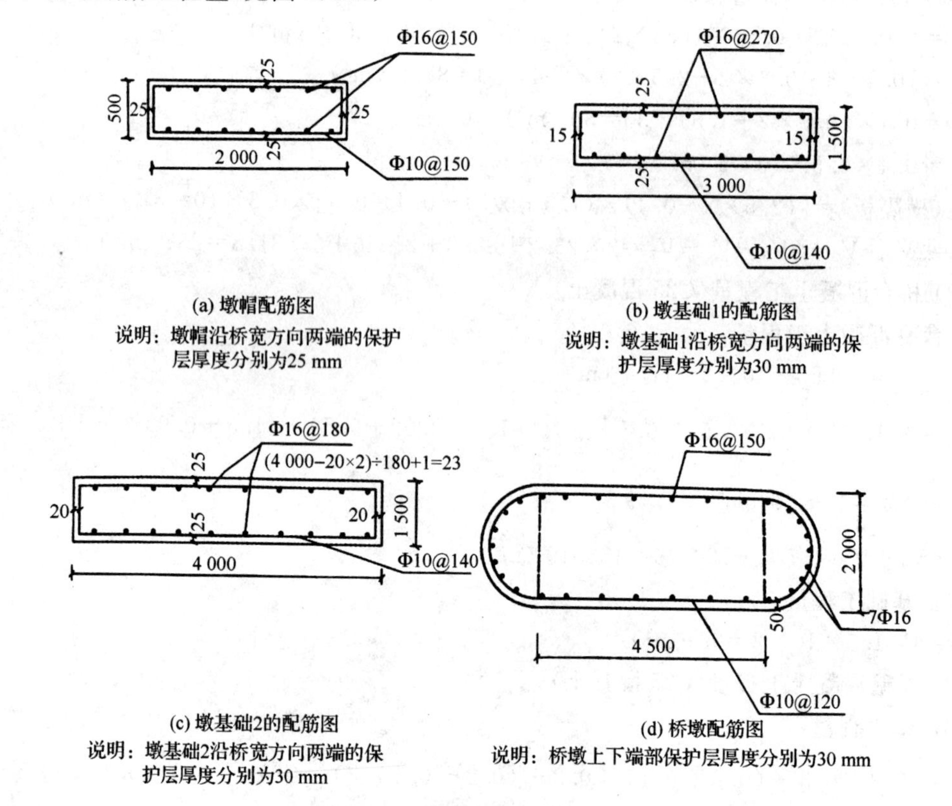

图 5.100 桥墩钢筋工程量(mm)

①墩帽：

箍筋个数＝(6500－25×2)/150＋1＝44(根)

总箍筋长度＝(0.5－0.025×2＋2－0.025×2)×2×44＝211.2 (m)

由于箍筋为 Φ10 mm 钢筋，而 Φ10 mm 单根钢筋的理论质量为 0.617 kg/m，故箍筋质量＝211.2×0.617＝0.13 (t)

纵筋个数＝(2 000－25×2)/150＋1＝14(根)

总纵筋长度＝[(6.5＋0.5×2－0.025×2)×14＋(6.5－0.025×2)×14]＝194.6 (m)

由于纵筋为 Φ16 mm 钢筋，而 Φ16 mm 单根钢筋的理论质量为 1.58 kg/m，故纵筋质量＝194.6×1.58＝307.47 (kg)＝0.31 (t)

墩帽的钢筋工程量＝0.13＋0.31＝0.44 (t)

②墩身：

箍筋个数＝(2 100－30×2)/120＋1＝18(根)

总箍筋长度＝[4.5×2＋π×(2－0.05×2)]×18＝269.44 (m)

由于箍筋为 Φ10 mm 钢筋，而 Φ10 mm 单根钢筋的理论质量为 0.617 kg/m，故箍筋质量＝269.44×0.617＝166.24 (kg)＝0.17 (t)

纵筋个数＝[(4 500/150)＋1]×2＋7×2＝76(根)

总纵筋长度＝(2.1－0.03×2)×76＝155.04 (m)

由于纵筋为 Φ16 mm 钢筋，而 Φ16 mm 单根钢筋的理论质量为 1.58 kg/m，故纵筋质量＝155.4×1.58＝244.96 (kg)＝0.24 (t)

墩身的钢筋工程量＝0.17＋0.24＝0.41（t）

③墩基础1配筋：

箍筋个数＝(10－0.03×2)/0.14＋1＝72(根)

总箍筋长度＝(3－0.015×2＋1.5－0.025×2)×2×72＝636.48（m）

箍筋的质量＝636.48×0.617＝392.71 kg＝0.39（t）

纵筋个数＝[(3 000－15×2)/270＋1]×2＝24(根)

总纵筋长度＝(10－0.03×2)×24＝238.56（m）

纵筋的质量＝238.56×1.58＝376.92 kg＝0.38（t）

墩基础1的配筋工程量＝0.39＋0.38＝0.77（t）

④墩基础2配筋：

箍筋个数＝(10－0.03×2)/0.14＋1＝72(根)

总箍筋长度＝(4－0.02×2＋1.5－0.025×2)×2×72＝779.04（m）

箍筋的质量＝779.04×0.617＝480.68 kg＝0.48（t）

纵筋个数＝[(4 000－20×2)/180＋1]×2＝46(根)

总纵筋长度＝(10－0.03×2)×46＝457.24（m）

纵筋的质量＝457.24×1.58＝722.44 kg＝0.72（t）

墩基础2的配筋工程量＝0.48＋0.72＝1.20（t）

清单工程量计算见表5.30。

表5.30　清单工程量计算表

序号	项目编码	项目名称	项目特征	计量单位	工程量
1	040304001001	预制混凝土梁	简支梁整体式连续梁桥，C30混凝土	m^3	237.00
2	040303005001	墩(台)身	C25混凝土桥台台身	m^3	138.19
3	040303002001	混凝土基础	C25混凝土桥台基础	m^3	90.00
4	040303006001	支撑梁及横梁	C25混凝土撑壁	m^3	30.45
5	040303002002	混凝土基础	C25混凝土撑壁基础	m^3	73.60
6	040303004001	墩(台)帽	C25混凝土桥墩墩帽	m^3	7.00
7	040303005002	墩(台)身	C25混凝土桥墩墩身	m^3	25.50
8	040303002003	混凝土基础	C25混凝土桥墩基础	m^3	105.0
9	040701002001	非预应力钢筋	桥墩墩帽钢筋，Φ10 mm箍筋	t	0.130
10	040701002002	非预应力钢筋	桥墩墩帽钢筋，Φ16 mm纵筋	t	0.310
11	040701002003	非预应力钢筋	桥墩墩身钢筋，Φ10 mm箍筋	t	0.170
12	040701002004	非预应力钢筋	桥墩墩身钢筋，Φ16 mm纵筋	t	0.240
13	040701002005	非预应力钢筋	墩基础1钢筋，Φ10 mm箍筋	t	0.390
14	040701002006	非预应力钢筋	墩基础1钢筋，Φ16 mm纵筋	t	0.380
15	040701002007	非预应力钢筋	墩基础2钢筋，Φ10 mm箍筋	t	0.480
16	040701002008	非预应力钢筋	墩基础2钢筋，Φ16 mm纵筋	t	0.720

本章小结

本章主要介绍以下内容：

1. 桥梁的定义，桥梁是在道路路线遇到江河湖泊、山谷深沟以及其他线路(铁路或公路)等障碍时，为了保持道路的连续性而专门建造的人工构造物。

2. 桥梁由“五大部件”与“五小部件”组成。五大部件：桥跨结构、支座系统、桥墩、桥台、墩台基础；五小部件：桥面铺装、排水防水系统、栏杆、伸缩缝、灯光照明。

3. 桥梁按受力特点可分为梁式桥、拱式桥、刚架桥、斜拉桥、悬索桥五大类；按跨径分为特大桥、大桥、中桥、小桥；按桥面位置分类上承式桥、下承式桥、中承式桥；按主要承重结构所用的材料来划分，有木桥、钢桥、圬工桥(包括砖、石、混凝土桥)、钢筋混凝土桥和预应力钢筋混凝土桥；按跨越方式分类，可分为固定式桥梁、开启桥、浮桥、漫水桥等；按施工方法分类，混凝土桥梁可分为整体式施工桥梁和节段式施工桥梁。

4. 桥梁下部结构施工技术包括围堰的施工要求，桩基础施工方法，墩台、盖梁施工技术。

5. 桥梁上部结构施工技术包括装配式梁(板)施工、现浇预应力(钢筋)混凝土连续梁施工、钢梁施工、钢一混凝土结构梁施工、钢筋(管)混凝土拱桥施工、斜拉桥施工。

6. 管涵和箱涵施工技术包括管涵施工技术要点，拱形涵、盖板涵施工技术要点，箱涵施工工艺流程。

7. 桥梁工程施工图组成：桥位平面图、桥位地质断面图、桥梁的总体布置图、构件结构图。

8. 桥梁工程施工图的识图方法及步骤；涵洞的识图方法及步骤；斜拉桥的识图方法及步骤。

9. 桩基工程、基坑与边坡支护、现浇混凝土构件、预制混凝土构件、砌筑、立交箱涵、钢结构、装饰、其他工程的工程量计算规则。

10. 桩基体积的计算、搭拆打桩工作平台面积的计算、各种桩工程量的计算、柴油打桩机送桩工程量的计算、各种桩体积的计算、等强度及等面积的代换计算、钢筋弯钩增加长度的计算。

课后思考题

1. 简述桥梁的概念。

2. 桥梁有哪些部分组成?

3. 简述桥梁工程的分类。

4. 简述各类围堰施工要点。

5. 简述钻孔灌注桩施工过程。

6. 简述悬臂浇筑法施工过程及技术要点。

7. 斜拉桥的类型有哪些?

8. 桥梁工程施工图有哪几部分组成?

9. 简述涵洞的构成。

10. 挖孔桩土(石)方的工程量计算规则是什么?

11. 箱涵顶进的工程量计算规则是什么?

12. 某单跨桥梁，桥台为分离式群桩基础(承台：C25非泵送混凝土，32.5水泥，15根预制打入桩：C30混凝土)，尺寸见图5.101。桩基施工方案为搭设水上支架施工，土质为乙类土层，桩顶凿出45 cm计，构件采用场内250 m机械运输。试计算各分项工程量并编制工程量清单。

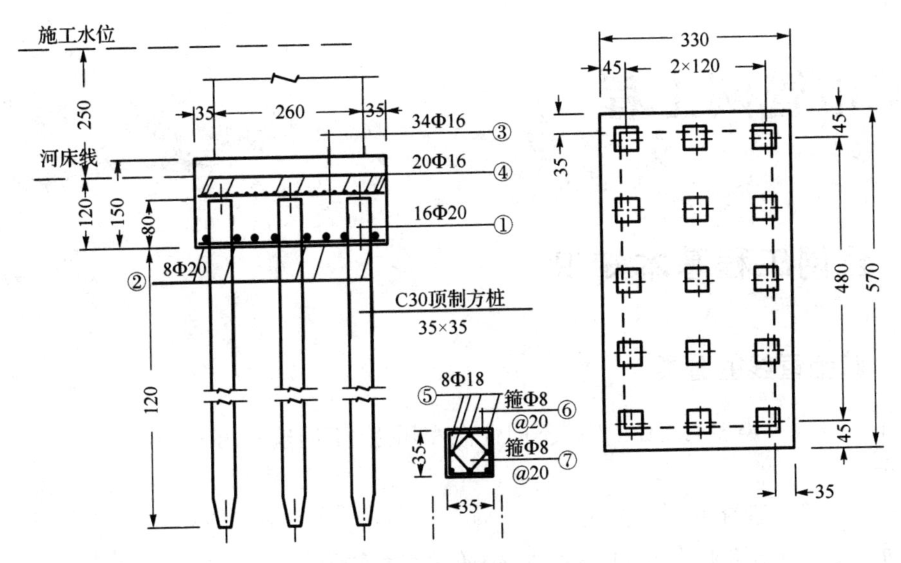

图 5.101　某单跨桥梁(cm)

6 城市管网工程

6.1 管网工程基本知识

6.1.1 城市管线的分类

城市工程管线种类多而复杂，根据不同性能和用途、不同输送方式、敷设方式、弯曲程度等有不同的分类。

(1) 按工程管线性能和用途分类

①给水管道：包括工业给水、生活给水、消防给水等管道。

②排水沟管：包括工业污水(废水)、生活污水、雨水、降低地下水等管道和明沟。

③电力线路：包括高压输电、高低压配电、生产用电、电车用电等线路。

④电信线路：包括市内电话、长途电话、电报、有线广播、有线电视等线路。

⑤热力管道：包括蒸汽、热水等管道。

⑥可燃或助燃气体管道：包括煤气、乙炔等管道。

⑦空气管道：包括新鲜空气、压缩空气等管道。

⑧灰渣管道：包括排泥、排灰、排渣、排尾矿等管道。

⑨城市垃圾输送管道。

⑩液体燃料管道：包括石油、酒精等管道。

⑪工业生产专用管道：主要是工业生产上用的管道，如氯气管道，以及化工专用的管道等等。

(2) 按工程管线输送方式分类

①压力管线：指管道内液体介质由外部施加力使其流动的工程管线，通过一定的加压设备将液体介质由管道系统输送给终端用户。给水、煤气、灰渣管道系为压力输送。

②重力自流管线：指管道内流动着的介质由重力作用沿设置的方向流动的工程管线。这类管线有时还需要中途提升设备将液体介质引向终端。污水、雨水管道为重力自流输送。

(3)按工程管线敷设方式分类

①架空线：指通过地面支撑设施在空中布线的工程管线。如架空电力线、架空电话线等。

②地铺管线：指在地面铺设明沟或盖板明沟的工程管线。如雨水沟渠、地面各种轨道等。

③地埋管线：指在地面以下有一定覆土深度的工程管线，根据覆土深度不同，地下管线可分为深埋和浅埋两类。划分深埋和浅埋主要决定于：有水的管道和含有水分的管道在寒冷的情况下是否怕冰冻；土壤冰冻的深度。所谓深埋，是指管道的覆土深度大于 1.5 m，如我国北方的土壤冰冻线较深，给水、排水、煤气(煤气有湿煤气和干煤气，这里指的是含有水分的湿煤气)等管道属于深埋一类；热力管道、电信管道、电力电缆等不受冰冻的影响，可埋设较浅，属于浅埋一类。由于土壤冰冻深度随着各地的气候不同而变化，如我国在南方冬季土壤不冰冻，或者冰冻深度只有十几厘米，给水管道的最小覆土深度就可小于 1.5 m。因此，深埋和浅埋不能作为地

下管线的固定的分类方法。

(4) 按工程管线弯曲程度分类

①可弯曲管线:指通过某些加工措施易将其弯曲的工程管线。如电讯电缆、电力电缆、自来水管道等。

②不易弯曲管线:指通过加工措施不易将其弯曲的工程管线或强行弯曲会损坏的工程管线。如电力管道、电讯管道、污水管道等。

工程管线的分类方法很多,通常根据工程管线的不同用途和性能来划分。各种分类方法反映了管线的特性,是进行工程管线综合时的管线避让的依据之一。

按性能和用途分类的各种管线并不是每个城市都会遇到的,也并非全部是城市工程管线综合的研究对象。如某些工业生产特殊需要的管线(石油管道、酒精管道等)就很少需要在厂外敷设。道路是城市工程管线的载体,道路走向是多数工程管线走向的依据和坡向的依据。

城市工程管线综合规划中常见的工程管线有 6 种:给水管道、排水沟管、电力线路、电话线路、热力管道、燃气管道。城市开发中常提到的"七通一平"中"七通"即指上述各种管道和道路贯通。"七通"的顺利实现也正是城市工程管线综合工作的目标之一。

6.1.2 城市管线的敷设形式

1) 空中架设

敷设在地面上专门的墩杆、支架或敷设在建筑物、构筑物上,不受地下水位的影响,维修检查方便,施工的土方量小,是比较经济的敷设方式,主要用于工厂区或景观容貌要求不高的地段。空中架设包括低支架、中支架和高支架三种形式。

低支架:用于不妨碍交通的地段,如沿围墙、平行公路或铁路等,高出地面不大于 0.3 m,以避免地面水的侵袭。

中支架:用于人行频繁,需通过车辆的地方,净高 2.5~4.5 m。

高支架:净高 4.5~6 m,主要在跨越公路、铁路时采用。

2) 地下敷设

地下敷设是管线敷设的发展方向。发达国家的管线入地率已超过 50%。地下敷设包括有沟敷设、无沟敷设、深埋三种形式。

(1) 有沟敷设

地沟的作用是保护管线不受外力和水的侵袭,保护管线的保温、围护结构,并使管线能自由地热胀冷缩。

通行地沟:净高大于 1.8 m,通道宽大于 0.7 m,以保证人员能经常进入维修;应有照明设施、自然或机械通风,保证温度不超过 40℃。由于造价高,一般不采用此方式。该方式常用于重要干线交叉口等不允许开挖检修的地段,管道较多时可局部采用。

半通行地沟:净高 1.4 m,通道宽 0.5~0.7 m,人可以弯腰行走。

不通行地沟:断面尺寸满足施工要求即可,被广泛使用。

(2) 无沟敷设

无沟敷设是较经济的敷设方式。

(3) 埋深

大于 1.5 m 的覆土深度为深埋。主要取决于有水和含有水分的管道在寒冷情况下是否会冰冻,以及当地土壤冰冻的深度。

6.1.3 城市工程管线综合规划的基本原则

为了便于了解工程管线的具体编制方法，先将管线工程综合规划的基本原则介绍如下：

(1) 规划中各种管线的位置都要采用统一的城市坐标系统及标高系统，厂内的管线也可以采用自定的坐标系统，但厂界、管线进出口则应与城市管线的坐标一致。如存在几个坐标系统和标高系统，必须加以换算，取得统一。

(2) 管线综合布置应与总平面布置、竖向设计和绿化布置统一进行。应使管线之间，管线与建(构)筑物之间在平面及竖向上相互协调，紧凑合理，有利市容。

(3) 管线敷设方式应根据管线内介质的性质、地形、生产安全、交通运输、施工检修等因素，经技术经济比较后择优确定。

(4) 管道内的介质具有毒性、可燃、易燃、易爆性质时，严禁穿越与其无关的建筑物、构筑物、生产装置及贮罐区等。

(5) 管线带的布置应与道路或建筑红线平行。同一管线不宜自道路一侧转到另一侧。

(6) 必须在满足生产、安全、检修的条件下节约用地。当技术经济条件比较合理时，应共架、共沟布置。

(7) 应减少管线与铁路或道路及其他干管的交叉。当管线与铁路或道路交叉时应为正交，在困难情况下，其交叉角不宜小于45°。

(8) 在山区，管线敷设应充分利用地形，并避免山洪、泥石流及其他不良地质的危害。

(9) 当规划区分期建设时，管线布置应远期规划，近期集中，近远期结合。近期管线穿越远期用地时，不得影响远期用地的使用。

(10) 管线综合布置时，干管应布置在用户较多的一侧或将管线分类布置在道路两侧。

(11) 综合布置地下管线产生矛盾时，应按下列避让原则处理：①压力管让自流管；②管径小的让管径大的；③易弯曲的让不易弯曲的；④临时性的让永久性的；⑤工程量小的让工程量大的；⑥新建的让现有的；⑦检修次数少的和方便的，让检修次数多的和不方便的。

(12) 充分利用现状管线。改建、扩建工程中的管线综合布置，不应妨碍现有管线的正常使用。当管线间距不能满足规范规定时，在采取有效措施后，可适当减小。

(13) 工程管线与建设物、构筑物之间以及工程管线之间水平距离应符合有关规范的规定：当受道路宽度、断面以及现状工程管线位置等因素限制难以满足要求时，可重新调整规划道路断面或宽度；在同一条城市干道上敷设同一类别管线较多时，宜采用专项管沟敷设；规划建设某些类别管线统一敷设的综合管沟等。

在交通运输十分繁忙和管线设施繁多的快车道、主干道以及配合兴建地下铁道或立体交叉道等工程地段，不允许随时挖掘路面的地段及广场或交叉口处，道路下需同时敷设两种以上管道以及某些特殊建筑物时，应将工程管线采用综合管沟集中敷设。

(14) 管线共沟敷设应符合下列规定：①热力管不应与电力、通信电缆和压力管道共沟；②排水管道应布置在沟底，当沟内有腐蚀性介质管道时，排水管道应位于其上面；③腐蚀性介质管道的标高应低于沟内其他管线；④火灾危险性属于甲、乙、丙类的液体、液化石油气、可燃气体、毒性气体和液体以及腐蚀性介质管道，不应共沟敷设，并严禁与消防水管敷设；⑤凡有可能产生互相影响的管线，不应共沟敷设。

(15) 敷设主管道干线的综合管沟应在车行道下，其覆土深度必须根据道路施工和行车荷载的要求，综合管沟的结构强度并根据当地的冰冻深度等确定；敷设支管的综合管沟应在人行道下,其埋设深度可较浅。

(16) 电信线路与供电线路通常不合杆架设;在特殊情况下,征得有关部门同意,采取相应措施后(如电信线路或皮线等),可合杆架设;同一性质的线路应尽可能合杆,如高低压供电线等;高压输电线路与电信线路平行架设时,要考虑干扰的影响。

(17) 综合布置管线时,管线之间或管线与建筑物、构筑物之间的水平距离,除了要符合技术、卫生、安全等要求外,还须符合国防的有关规定。

6.1.4 城市给排水管道工程

1) 城市给水工程

城市给水系统的任务是从水源取水,按照用户对水质的要求进行处理,然后将水输送到用水区,并向用户配水。

(1) 城市给水系统的组成

城市给水系统主要由取水构筑物、水处理构筑物、泵站、输水管网、调节构筑物等构成,如图6.1、图6.2所示。

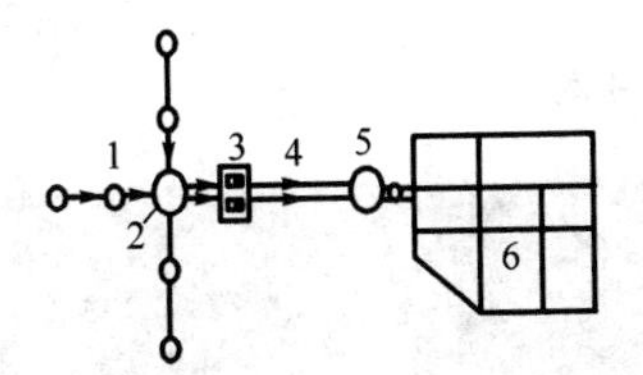

1—井群;2—吸水井;3—泵站;4—输水管;5—水塔;6—配水管网

图6.1 用地下水源城市给水系统示意图

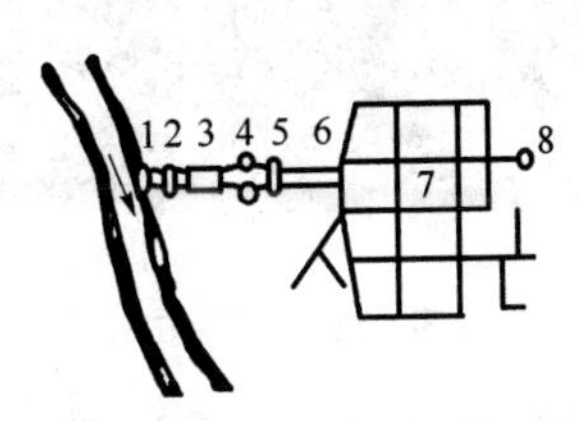

1—取水构筑物;2——级泵站;3—处理构筑物;4—清水池;5—二级泵站;6—输水管;7—管网;8—水塔

图6.2 用地表水源城市给水系统示意图

①取水构筑物。用以从选定的水源(包括地下水和地表水源)取水。

②水处理构筑物。用以将取来的原水进行处理,使其符合用户对水质的要求。

③泵站。用以将需水量提升到用户高度,可分为抽取原水的一级泵站,输送清水的二级泵站和设立于管网中的加压泵站。

④输水管网。输水管网是将原水输送到水厂的管渠,配水管网则是将处理后的水配送到各个给水区的用户。

⑤调节构筑物。它包括高地水池、水塔、清水池等,用以贮存和调节水量。高地水池和水塔兼有保证水压的作用。

(2) 配水管网的布置形式和敷设方式

配水管网可以根据用户对供水的要求,布置成树状管网和环状管网两种形式。树状管网是水厂泵站或水塔到用户的管线布置成树枝状,只是一个方向供水,供水可依靠性差,投资省。环状管网中的干管前后贯通,链接成环状,供水可靠性好,适用于供水不允许中断的地区。

配水管网一般采用埋地铺设的方式,覆土厚度不小于0.7 m,并且在冰冻线以下。通常沿路或平行于建筑物铺设。配水管网上设置闸门井。

2) 城市排水系统

(1) 城市排水系统的组成

城市排水系统由排水管道、检查井、跌水井、雨水口和污水处理厂等组成。城市排水干管、检查井、跌水井、雨水口示意图如图6.3～图6.5所示。

室外排水干管和检查井

图6.3 城市排水干管和检查井图

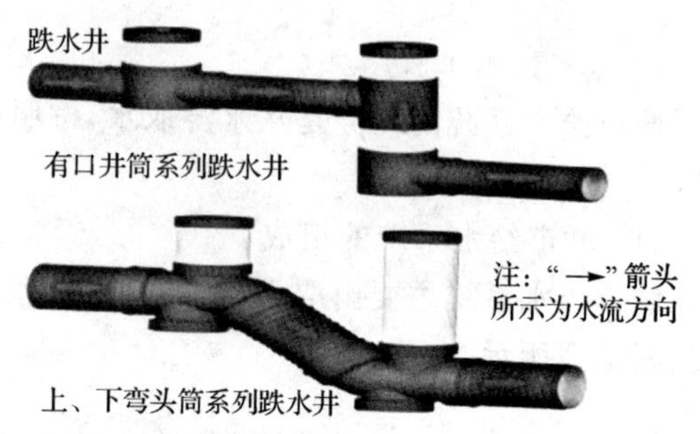

图6.4 跌水井

雨水口

图6.5 雨水口

(2) 城市排水系统的排水体制

城市排水系统与雨水排水系统可以采用合流制或分流制。

①合流制

合流制是指用同一种管渠收集和输送生活污水、工业废水和雨水的排水方式。根据污水汇集后的处置方式不同,又可将合流制分为直排式合流制、截流式合流制和完全合流制,其中直排式合流制和截流式合流制如图6.6、图6.7所示。

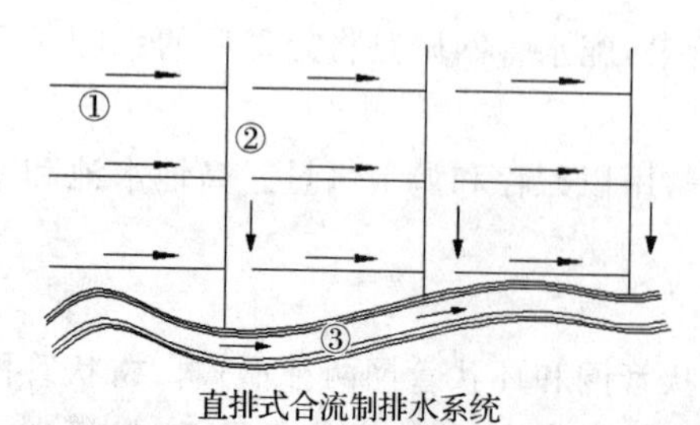

直排式合流制排水系统

①合流支管(沟) ②合流干管(沟) ③河流

图6.6 直排式合流制

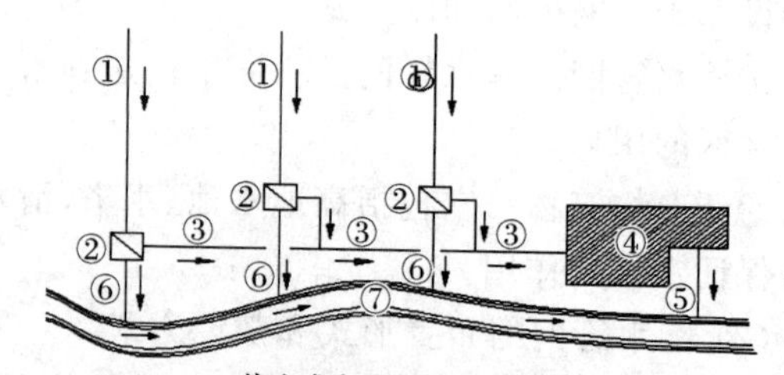

截流式合流制排水系统

①合流干管(沟) ②溢流井 ③截流主干管 ④污水厂 ⑤出水口 ⑥溢流干管 ⑦河流

图6.7 截流式合流制

②分流制

分流制是指用不同管渠分别收集和输送生活污水、工业废水和雨水的排水方式。生活污水、工业废水和雨水分别以三条管道来排除；或生活污水与水质相类似的工业污水合流，而雨水则流入雨水管道，这两种系统都称为分流制排水系统。分流制又分为完全分流制（既有污水管道系统又有雨水管渠系统）和不完全分流制（只设污水排水系统而不设雨水系统，雨水沿道路边沟或明渠排入水体），如图 6.8、图 6.9 所示。

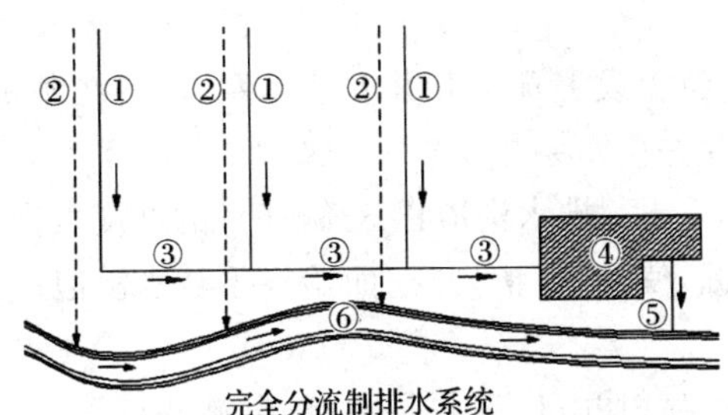

图 6.8　完全分流制排水系统

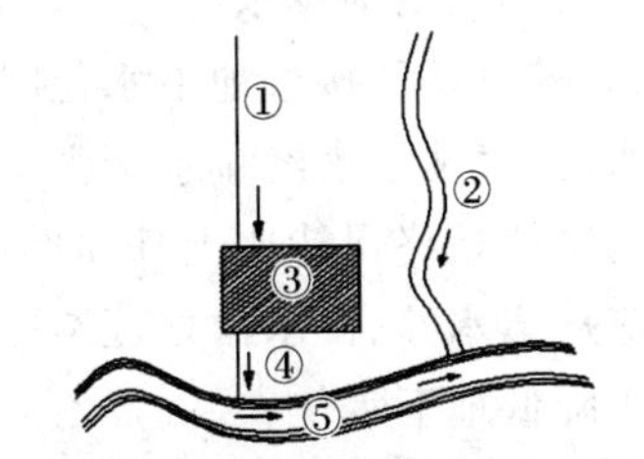

图 6.9　不完全分流制排水系统

排水体制的选择，应根据城镇和工业企业规划、环境保护的要求、污水利用情况、原有排水设施、水质、水量、地形、气候和水体等条件，从全局出发，在满足环境条件的前提下，通过技术经济比较综合确定。新建地区的排水系统宜采用分流制，同一城镇的不同地区可采用不同的排水体制。

3）城市给排水管道施工工艺

城市给排水管道施工中的两种施工安装方法，一种是管道开槽施工的方法，一种是不开槽的施工方法。不开槽施工主要用于穿越铁路、公路、河流、建筑物等情况或管道埋深较大的场合。这里主要对开槽施工工艺进行介绍。

（1）沟槽开挖

①沟槽开挖深度较大时，人工开挖每层深度不超过 2 m。

②人工挖土时，基坑两侧堆土高度不能超过 1.5 m，距槽口边缘不小于规范规定。

③采用吊车下管时，可在一侧堆土，另一侧为吊车行驶路线，不得堆土。

④机械挖槽时，应在设计槽底高程以上保留一定余量（不小于 200 mm），避免超挖，余量由人工清挖。

⑤不得掩埋消火栓、管道闸阀、雨水口、测量标志以及各种地下管道井盖，且不得妨碍其正常使用。

⑥ 挖土机械应距离高压线有一定的安全距离，距电缆 1.0 m 处，严禁开挖。

（2）沟槽支撑与拆除

①支撑类型及适用范围

支撑类型有横撑、竖撑、板桩撑。

②施工要求

a. 支撑应随着挖土的加深及时安装，在软土或其他不稳定土层中，开始支撑的沟槽开挖深度不得超过 1.0 m，以后开挖与支撑交替进行，每次交替的深度宜为 0.4～0.8 m。

b. 撑板安装应与沟槽槽壁紧贴，当有空隙时应填实。

c. 支撑的拆除应与回填土的填筑高度配合进行，且在拆除后及时回填夯（压）实。

d. 采用排水沟的沟槽,应从两座相邻排水井的分水岭向两端延伸拆除。

e. 多层支撑的沟槽,应待下层回填完成后再拆除其上层的支撑。

(3) 施工排水、降水

施工排水、降水的目的:一是防止沟槽开挖过程中地面水流入槽中,造成槽壁塌方;二是开挖沟槽前,使地下水降低至沟槽以下。

施工中常用的方法有:明沟排水法和人工降低地下水位法。

①基坑(槽)内明沟排水

程序:开挖基坑至接近地下水位时,在适当位置设置集水井并安装水泵,然后在基坑四周开挖临时排水沟,使地下水经排水沟汇集到集水井并由水泵排出。

排水沟底要始终保持比土基面低不小于0.3 m。排水沟应以3%~5%的坡度坡向集水井。挖土顺序应从集水井、排水沟处逐渐向远处挖掘,使基坑(槽)开挖面始终不被水浸泡。

②人工降低地下水位

人工降低地下水位的方法可分为轻型井点、喷射井点、深井泵井点、电渗井点等。这里详细介绍轻型井点法。

a. 轻型井点系统的组成。

轻型井点系统由井点滤管、直管、弯联管、总管和抽水设备组成。

b. 轻型井点系统的布置。

一般情况下,当降水深度<5 m,基坑(槽)宽度<6 m时,井点布置采用单排线状。

当基坑(槽)宽度>6 m,或土质不良,渗透系数较大时,宜采用双排线状布置。

当基坑面积较大时,可将井点管沿基坑周边布置成封闭环状。

井点管应布置在基坑(槽)上口边缘外1.0~1.5 m处。

(4) 管道基础

管道基础由地基、基础和管座三部分组成。

①管道基础施工要求

a. 铺筑管道基础垫层前,应复核基础底的土基标高、宽度和平整度。

b. 地基不稳定或有流砂现象等,应采取措施加固后才能铺筑碎石垫层。

c. 槽深超过2 m,基础浇筑时,必须采用串筒或滑槽来倾倒混凝土,以防混凝土发生离析现象。

②浇筑混凝土管座的规定

a. 管座模板可一次或两次支设,每次支设高度应略高于混凝土的浇注高度。

b. 采用垫块法一次浇筑管座时,必须先从一侧灌注混凝土,当对侧的混凝土与灌注一侧的混凝土高度相同时,两侧再同时浇筑,并保持两侧混凝土高度一致。

c. 管座基础留变形缝时,缝的位置应与柔性接口相一致。

(5) 管道安装

管道安装有4道工序:下管、稳管、接口施工、质量检查。

管道安装应符合下列要求:

①安装时宜自下游开始,承口朝向施工前进的方向。

②合槽施工时,应先安装埋设较深的管道。当回填土高程与邻近管道基础高程相同时再安装相邻管道。

(6) 闭水试验

闭水试验应符合下列要求：

①闭水试验应在管道填土前进行。

②闭水试验应在管道灌满水后 24 h 后再进行。

③闭水试验的水位，应为试验段上游管道内顶以上 2 m。如上游管道内顶至检查口的高度小于 2 m 时，闭水试验水位可至井口为止。

④对渗水量的测定时间不少于 30 min。

(7) 沟槽回填

①沟槽回填时，应符合下列规定：

采用井点降低地下水位时，其动水位应保持在槽底以下不小于 0.5 m。

②回填土或其他材料填入槽内时不得损伤管道及其接口，并应符合下列规定：

a. 管道两侧和管顶以上 500 mm 范围内的回填材料，应由管槽两侧对称运入槽内，不得直接扔在管道上。回填其他部位时应均匀运入槽内，不得集中推入。

b. 需要拌和的回填材料，应在运入槽内前拌和均匀，不得集中推入。

③回填土或其他材料的压实，应符合下列规定：

a. 回填压(夯)实应逐层进行，且不得损伤管道。

b. 管道两侧和管顶以上 500 mm 范围内，应采用轻夯压实，管道两侧压实面的高差不应超过 300 mm。

c. 同一沟槽内有双排或多排管道但基础底面的高程不同时应先回填基础较低的沟槽。

d. 分段回填压实时，相邻的接茬应呈阶梯形。

e. 采用压路机时碾压的重叠宽度不得小于 200 mm。

6.1.5　城市供热管道工程

1) 供热管道的分类

凡是输送蒸汽或热水的管道均称为供热管道，供热管道将锅炉生产的热能，通过蒸汽、热水等热媒输送到室内用热设备，以满足生产、生活的需要。

①按其管内流动的介质不同可分为蒸汽和热水管道两种。

②按其工作压力不同可分为低压、中压和高压管道三种。

③按其敷设位置不同可分为室内和室外供热管道两种。

2) 供热管道的特点

热水和蒸汽管道最突出的特点就是由于温度变化所引起的管道热涨和冷缩。

安装时管道的温度为常温，初次运行(输送热媒)时，由于温度陡然升高，管道将急剧地伸长，停止运行时，随着温度的下降管道也渐渐地向回收缩。管道热胀冷缩时，将对其两端固定点产生很大的推(拉)应力，使管道产生变形甚至支架破坏，因此，安装供热管道时应采取措施(设置补偿器)，消除由于温度变化而产生的推拉应力。

对于蒸汽管道而言，除热胀冷缩之外，还有另一特点：蒸汽在输送途中，由于散热等原因将产生凝结水。管道内的凝结水，对于系统的正常运行极为不利，它不仅使蒸汽的品质变坏，而且会阻碍蒸汽的正常流通，产生水击和噪声等。因此，安装蒸汽管道时应采取措施(设置疏水和排除凝结水的装置)，及时将产生的凝结水排出。

3）供热管道的布置及敷设形式

室外供热管道的平面布置，应在保证供热管道安全可靠的运行前提下，尽量节约投资。其布置形式分为环状和树枝状两种。如图6.10所示。

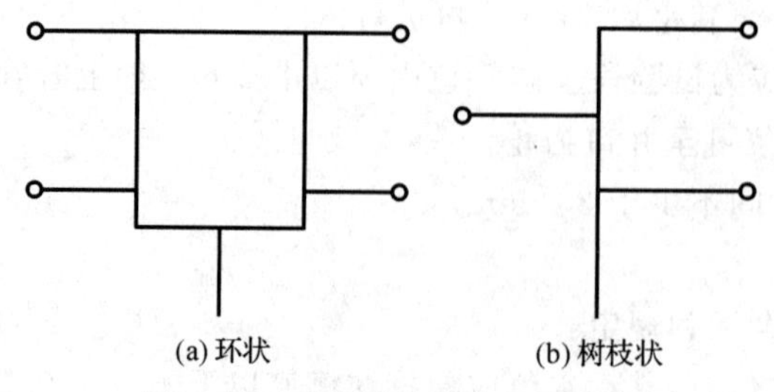

图6.10　室外供热管道布置形式

树枝状布置形式造价低、运行管理方便，但当局部出现故障时，其后的用户供热被停止。适用于对供热供应要求不严的场合。环状布置形式避免了树枝状的缺点，但是投资大，一般较少采用。

室外供热管道的敷设形式分为地上(架空)和地下两种敷设形式。

(1) 地上(架空)敷设

地上(架空)敷设是将管道安装在地上的独立支架或墙、柱的托架上。这种敷设方式不受地下水位的影响，施工时土方最小，便于维修，但占地面积大，热损耗大，保温层易损坏，影响美观。

地上(架空)敷设按支架的高度不同可分为低、中、高支架三种敷设形式。

①低支架敷设

这种敷设形式是管底(保温层底皮)与地面保持0.5～1 m的净距。如图6.11所示。

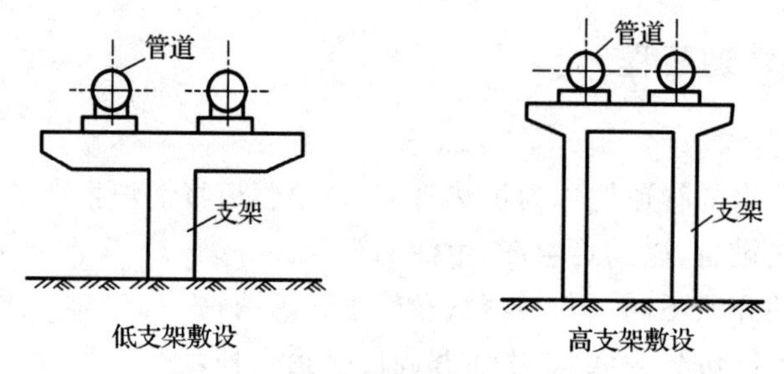

图6.11　低支架、高支架敷设方式

②中支架敷设

这种敷设形式适用于有行人和大车通过处，其管底与地面的净距为2.5～4 m。

③高支架敷设

这种敷设形式适用于交通要道或跨越公路、铁路，其净高跨越公路时为4 m，跨越铁路时为6 m。如图6.11所示。

(2) 地下敷设

在城市由于规划和美观的要求，不允许地上(架空)敷设时可采取地下敷设。

地下敷设分为有地沟和无地沟两种，通常采用有地沟敷设。有地沟敷设又分为通行、半通行和不通行地沟三种。

①通行地沟敷设

适用于厂区主要干线，管道根数多(一般超过6根)及城市主要街道下。为了检修人员能在沟内自由行走，地沟的人行道宽>0.7 m，高≥1.8 m。

②半通行地沟敷设

适用于2～3根管道且不经常维修的干线。高度能使维修人员在沟内弯腰行走，一般净高为1.4 m，通道净宽为0.6～0.7 m。

③不通行地沟敷设

适用于经常不需要维修，且管线根数在两条之内的支线。两管保温层外皮间距>100 mm，保温层外皮距沟底120 mm，距沟壁和沟盖下缘>100 mm。

无地沟敷设是将普通管道直接埋在地下土层中。其热损耗大，防水也难处理。过去，除了原油输送管道的蒸汽伴热管采用此种敷设形式外，均不采用无地沟敷设。随着室外直埋保温技术的发展，无地沟敷设应用越来越广泛。

4）室外地沟内供热管道安装

（1）安装范围

室外地沟内供热管道的安装范围，工程上一般是指锅炉房外墙至用户外墙或热力入口处。工程造价上是以建筑外第一个阀门井或建筑物外墙皮1.5 m处为分界点。

（2）安装时管材及阀门的选用

通常室外蒸汽管道应采用普通无缝钢管，凝结水和供、回热水管道一般采用螺纹钢管（螺旋缝电焊钢管、螺旋钢管）。管道拐弯处采用煨制或冲压弯头，变径采用冲压大小头。阀门通常采用法兰式截止阀、单向阀。管道采用焊接及法兰连接。与疏水器、排气阀、放水阀相连接的小直径管子，一般可采用黑铁管，成品管件、丝扣或焊接连接。排气阀、放水阀为丝扣式截止阀。如图6.12所示。

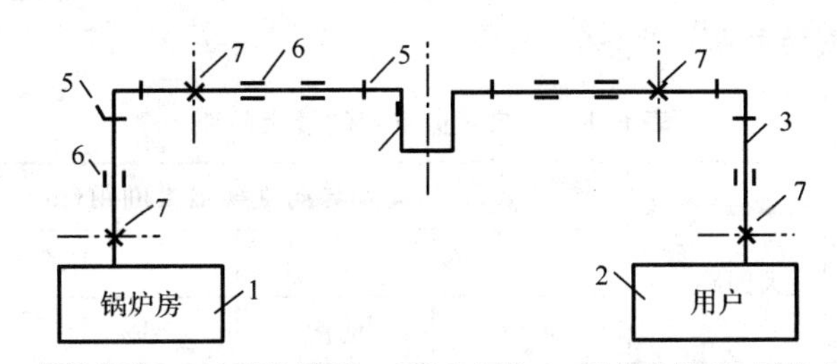

3—供热管道；4—方形补偿器；5—活动支架；6—导向支架；7—固定支架

图6.12　室外地沟内供热管道的安装范围

（3）管道安装

①支架安装

a. 支架的种类

支架由支撑结构和托持结构两部分组成。支撑结构通常为悬臂式或横梁式（角钢或槽钢），托持结构称为支座（座）。支架分为：活动支架、导向支架和固定支架三种。如图6.13所示。

活动支架：用于允许管道纵、横向位移的地方。

导向支架：用于只允许管道纵向位移的地方。

固定支架：用于承受管道由于温度变化所产生的推、拉应力，并不得发生任何方向位移的地方。

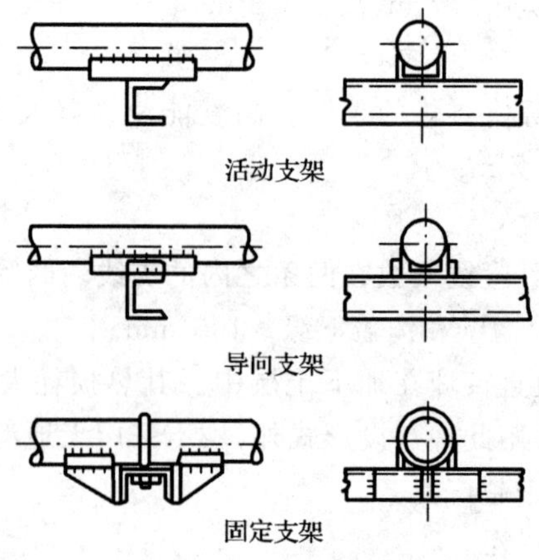

图6.13 供热管道支架

b. 支架(支座)的安装位置

• 活动支架的安装位置

安装在方形补偿器两侧的第一个支架及其水平臂的中点、管道拐弯处(弯头)两侧的第一个支架。

• 导向支架的安装位置

安装在补偿器与固定支架之间的直管段上。

• 固定支架的安装位置

固定支架安装在两补偿器之间、热源出口(靠近外墙)、用户入口(靠近外墙)等处。

c. 支架(支座)的安装间距(见表6.1)

表6.1 供热管道支架的最大间距

DN(mm)	固定支架最大间距(m)	活动及导向支架最大间距(m)			
		保温		不保温	
		架空	地沟	架空	地沟
DN15		1.5	1.5	3.5	3.5
DN20		2.0	1.5	4.0	4.0
DN25	30	2.5	2.0	4.5	4.5
DN32	35	3.0	2.5	5.5	5.0
DN40	45	3.5	2.5	6.0	5.5
DN50	50	4.0	3.0	6.5	6.0
DN65	55	5.0	3.5	8.5	6.5
DN80	60	5.0	4.0	8.5	7.0
DN100	65	6.5	4.5	11	7.5
DN125	70	7.5	5.5	12	8.0
DN150	80	7.5	5.5	12	8.0
DN200	90	10	7.0	14	10
DN250	100	12	8.0	16	11
DN300	115	12	8.5	16	11
DN350	130	12	8.5	16	11
DN400	145	13	9.0	17	11.5

d. 支架(支座)的安装

支架应先进行制作、除锈、防腐,然后进行安装。

• 支架(座)的制作

一般采用角钢或槽钢制作支撑结构,用钢板加工焊制托座。

• 支架(座)的除锈

除锈方法有手工法、机械法、酸洗法和喷砂法等。其中喷砂法除锈效率高、质量好,但要设除尘装置,否则,在喷砂过程中将产生大量灰尘,污染环境,有害人体健康。

• 支架(座)的防腐

通常涂刷底、面漆各两遍;底漆为樟(红)丹防锈漆或铁红防锈漆,面漆为调和漆。

• 支架(座)的安装

地沟内供热管道支架(座)的安装分两次进行:第一次在筑沟壁时,将支撑结构(角钢或槽钢)预埋好;第二次在铺设管道时安装托持结构(托座)。

②铺设管道

a. 管子的检查

管子的名称、规格、材质应符合设计要求;不得有裂纹、重皮、严重锈蚀等缺陷。

b. 管子的除锈

通常采用喷砂法除锈,将管子外表面的锈污除掉,要求露出金属光泽面。

c. 管子的防腐

通常在铺管之前,将管子外表面喷涂防锈底漆两遍。为了不影响焊口质量,每节管的两端各留出约 50 mm 不涂漆。

d. 管段的组对与焊接

在管沟边的平地上将管子组对、焊接成适当长度的管段。管子的焊接程序为:坡口、对口、点焊和焊接四个步骤。

e. 铺管与安装支座

• 铺管

将组对焊接好的管段,以机械或人工由管沟边放入沟内的支架上,把管段连接成整条管道。然后将管道就位并调整间距、坡度及坡向。

• 安装支座

安装固定支座时,其支座与管道和支架应焊接牢固。

安装活动、导向支座时,应考虑管道热伸后支架中心线与支座中心线不致有较大的偏差。因此,补偿器两侧的活动支架和直管段上的导向支座应偏心安装。其偏心方向以方形补偿器的中心点为基准,即补偿器左侧的支架向其支架中心线的左侧偏离;补偿器右侧的支架向其支架中心线的右侧偏离,偏心距离为该支架与固定支架之间管段热伸长量的 1/2(通常取值 50 mm),如图 6.14 所示。活动、导向支座与管道焊接;导向支座的导向板与支架焊接。

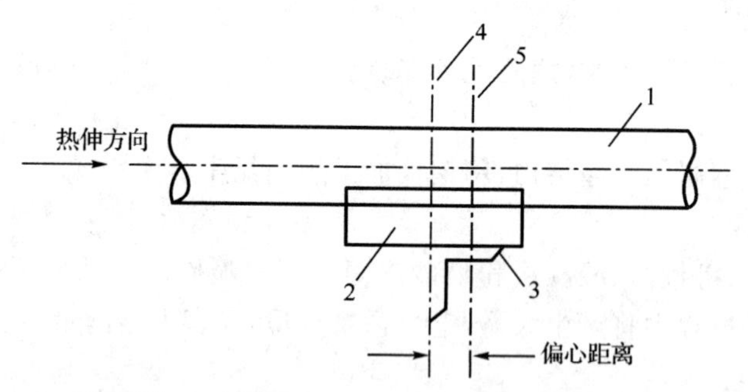

1—供热管道;2—活动支座;3—支架;4—支座中心线;5—支架中心线

图6.14 活动与导向支座安装

③补偿器的机器安装

a. 补偿器的作用

补偿器也称为伸缩器,其作用为吸收管道因热胀而伸长的长度,补偿因冷缩而回缩的长度。

b. 补偿器的种类

补偿器分为自然和人工补偿器两种。自然补偿器是供热管道中的自然拐弯,分为Z形和L形;人工补偿器有方形和套筒式补偿器两种。供热管道通常采用方形补偿器。

方形补偿器的优点是管道系统运行时,这种补偿器安全可靠,且平时不需要维修,缺点是占地面积较大。

c. 方形补偿器的制作

制作方形补偿器时尽量用一根管子煨制而成,若使用2~3根管子煨制时,其接口(焊口)应设在垂直臂的中点。管子的材质应优于或相同于相应管道的管材材质;管子的壁厚,宜厚于相应管道的管材壁厚。

组对时,应在平台上进行,四个弯头均为90°,且在一个平面上。

d. 方形补偿器的安装

一般情况下,供热管道自始至终并非所有管段都需要安装方形补偿器。实际工程中,有的管段需要安装方形补偿器,有的管段可不必安装方形补偿器。

当供热管道中有自然拐弯(即有Z形、L形自然补偿器)时,其弯头前、后的直管段又较短,可不设方形补偿器。

当供热管道中无自然拐弯时,应设方形补偿器,或者有自然拐弯,但其弯头前、后的直管段较长,也应在直管段上装设方形补偿器。

方形补偿器应设在两固定支架之间直管段的中点,安装时水平放置,其坡度、坡向与相应管道相同。

为了减小热态下(运行时)补偿器的弯曲应力,提高其补偿能力,安装方形补偿器时应进行预拉伸或预撑(即:不加热进行冷拉或冷撑)。拉伸的方法通常采用拉管器、手动葫芦,也可以采用千斤顶进行预撑。

(4) 供热管道的压力试验

室外供热管道安装完成之后,应进行压力试验,以检查其强度和严密性。

①试压介质和试验压力

通常采用水压试验;其试验压力标准为:强度试验压力值为工作压力的1.5倍,严密性试验压力值等于工作压力。

②试压前的准备工作

在被试压管道的高点设放气阀，低点设放水阀；始、终端设堵板及压力表；接好水泵。

③试压

试压时，先关闭低点放水阀，打开高点放气阀，向被试压管道内充水至满，排尽空气后关闭放气阀，然后以手压泵缓慢升压至强度试验压力，观测 10 分钟，若无压力下降或压降在 0.05 MPa以内时，降至工作压力，进行全面检修，以不渗、不漏为合格。

(5) 室外供热管道的保温

①保温的目的

供热管道进行保温的目的是为了减少热媒在输送过程中的热损失，使热媒维持一定的参数(压力、温度)，以满足生产、生活和采暖的要求。

②常用保温材料

a. 泡沫混凝土(泡沫水泥)

由普通水泥加入松香泡沫剂制成，多孔、轻。

b. 膨胀珍珠岩及其制品

珍珠岩是火山喷出的玻璃质熔岩，透明，呈圆形似珍珠故得名。将其粉碎，在高温下焙烧，呈圆形粉末状，很轻，一般以水泥黏合成瓦状。

c. 膨胀蛭石及其制品

蛭石，云母的风化物。将蛭石在高温下焙烧，呈一层层的小块状，褐色，很轻，将其以水泥黏合成瓦状。

d. 矿渣棉

矿渣棉有矿渣制成，灰色，呈短纤维状，很轻，刺人。

e. 玻璃棉

将玻璃在高温下熔化，再以高压蒸汽喷射抽丝而成，呈纤维状，很轻，刺人。

f. 岩棉

由岩石在高温下焙烧制成。呈纤维状，很轻。

③供热管道的保温结构

供热管道的保温结构如图 6.15 所示。由内向外是防腐层、保温层、保护层和色漆(或冷底子油)。

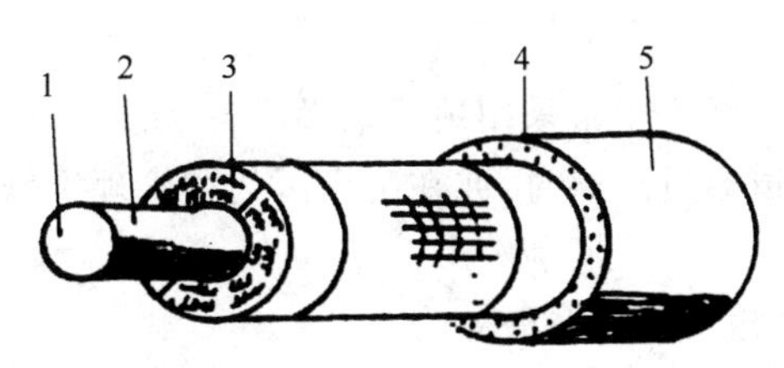

1—供热管道；2—防腐层；3—保温层；4—保护层；5—色漆(或冷底子油)

图 6.15 供热管道的保温结构

通常防腐层为底漆(樟丹或铁红防锈漆)刷两遍，不涂刷面漆。保温层有选定的保温材料组成。保护层分为石棉水泥、沥青玻璃丝布两种。明装的供热管道，为了表示管内输送介质的性质，一般是在保护层外涂上色漆。地沟内的供热管道为了防止湿气侵入保温层，不涂色漆而涂刷冷底子油。

④供热管道的保温

地沟内供热管道的保温施工程序为:防腐层、保温层、保护层和涂刷冷底子油。

a. 涂刷防腐层

管道在铺设之前已涂刷底漆两遍。此次应将接口(焊口)、弯头和方形补偿器等处涂刷底漆两遍。铺管时若管身漆面有损伤处,也应予以补刷。

b. 保温层施工

保温层的施工有预制瓦砌筑、包扎、填充、浇灌和手工涂抹等5种方法。其中最常用的是第一种方法。

预制瓦砌筑法,是用选定的保温材料先预制成瓦状。环绕管子一周保温瓦的块数,根据管径大小不同分为2～8块,瓦的厚度按设计规定,一般设计厚度有50 mm、75 mm、100 mm;每块瓦的长度约为500 mm。施工时将预制瓦砌筑在管道的外表面,纵、横接缝应错开,缝内填石棉灰泥,每块瓦的两端以直径1～2 mm的铁丝捆扎。当管径$DN \geqslant 150$ mm时,保温层外包一层铁丝网。

在管道的弯头处应留伸缩缝,缝内填石棉绳。在阀门、法兰等处可采用涂抹法施工。

c. 保护层施工

一般为石棉水泥保护层,其质量配比为:525号水泥53%,膨胀珍珠岩粉25%,四级石棉9%,碳酸钙13%,加水调和。

涂抹厚度10～15 mm,要求厚度一致,光滑美观,底部不得出现鼓包。

d. 涂刷冷底子油

冷底子油是将沥青熔化,待冷却到100℃以下时,加入适量的汽油(沥青与汽油的质量比为1.2∶2.5)拌和均匀。

刷漆时,动作要快,要求均匀美观。

室外架空供热管道的安装与室外地沟内供热管道的安装基本相同。

6.1.6 城市燃气管道工程

1) 城市燃气管道的分类

(1) 根据燃气品种分类

燃气主要有人工煤气(简称煤气)、天然气和液化石油气。

(2) 根据敷设方式分类

①地下燃气管道:一般在城市中常采用地下敷设。

②架空燃气管道:在管道通过障碍时,或在工厂区为了管理维修方便,采用架空敷设。

(3) 根据输气压力分类

我国城市燃气管道根据输气压力一般分为:

①低压燃气管道:$P<0.1$ MPa。

②中压B燃气管道:0.1 MPa$\leqslant P \leqslant$0.2 MPa。

③中压A燃气管道:0.2 MPa$<P \leqslant$0.4 MPa。

④次高压B燃气管道:0.4 MPa$<P \leqslant$0.8 MPa。

⑤次高压A燃气管道:0.8 MPa$<P \leqslant$1.6 MPa。

⑥高压B燃气管道:1.6 MPa$<P \leqslant$2.5 MPa。

⑦高压A燃气管道:2.5 MPa$<P \leqslant$4.0 MPa。

中压 B 和中压 A 管道必须通过区域调压站、用户专用调压站才能给城市分配管网中的低压和中压管道供气，或给工厂企业、大型公共建筑用户以及锅炉房供气。一般由城市高压 B 燃气管道构成大城市输配管网系统的外环网。高压 B 燃气管道也是给大城市供气的主动脉。高压 A 输气管通常是贯穿省、地区或连接城市的长输管线，它有时构成了大型城市输配管网系统的外环网。

2）城市燃气管网及其附属设施

（1）城市燃气输配系统的构成

现代化的城市燃气输配系统是复杂的综合设施，通常由下列部分构成：

①燃气管网。

②调压站或调压装置。

③储配站。

④监控与调度中心。

⑤维护管理中心。

（2）城市燃气管网系统

城市输配系统的主要部分是燃气管网，根据所采用的管网压力级制不同可分为：

①一级系统：仅用低压管网来分配和供给燃气，一般只适用于小城镇的供气，如供气范围较大时，则输送单位体积燃气的管材用量将急剧增加。

②二级系统：由低压和中压 B 或低压和中压 A 两级管网组成。

③三级系统：包括低压、中压和高压的三级管网。

④多级系统：由低压、中压 B、中压 A 和高压 B，甚至高压 A 的管网组成。

（3）储配站

储配站的作用是接收气源来气并进行净化、加臭、贮存、控制供气压力、气量分配、计量和气质检测。

当城市采用低压气源，而且供气规模又不是特别大时，燃气供应系统通常采用低压储气。

当城市燃气供应系统中只设一个储配站时，该储配站应设在气源厂附近，称为集中设置。当设置两个储配站时，一个设在气源厂，另一个设置在管网系统的末端，称为对称设置。根据需要，城市燃气供应系统可能有几个储配站，除了一个储配站设在气源厂附近外，其余均分散设置在城市其他合适的位置，称为分散设置。

储配站应符合城市规划的要求；与周围建、构筑物的防火间距，必须符合现行的国家标准的规定，并应远离居民稠密区、大型公共建筑、重要物资仓库以及通信和交通枢纽等重要设施；储配站站址应具有适宜的地形、工程地质、供电、给水排水和通信等条件；储配站应少占农田、节约用地并应注意与城市景观等协调。

（4）调压站

调压站在城市燃气管网系统中是用来调节和稳定管网压力的设施。通常是由调压器、阀门、过滤器、安全装置、旁通管及测量仪表等组成。有的调压站还装有计量设备，除了调压以外，还起计量作用，通常将这种调压站叫做调压计量站。

①调压器

调压器是一个降压设备。调压器通常安设在气源厂、燃气压送站、分配站、储罐站、输配管网和用户处。

通常调压器分为直接作用式和间接作用式两种。

②阀门

阀门是开启或关闭燃气供应系统的设备。

③过滤器

燃气中含有的固体悬浮物很容易积存在调压器和安全阀内,妨碍阀芯和阀座的配合,破坏了调压器和安全阀的正常工作。因此,有必要在调压器入口处安设过滤器以清除燃气中的固体悬浮物。调压站常采用以马鬃或玻璃丝作填料的过滤器。

④安全装置

当负荷为零而调压器阀口关闭不严,以及调压器中薄膜破裂或调节系统失灵时,出口压力会突然增高,它会危及设备的正常工作,甚至会对公共安全造成危害。

防止出口压力过高的安全装置有安全阀、监视器装置和调压器并联装置。

⑤旁通管

为了保证在调压器维修时不间断地供气,在调压站内设有旁通管。燃气通过旁通管供给用户时,管网的压力和流量是由手动调节旁通管上的阀门来实现的。对于高压调压装置,为便于调节,通常在旁通管上设置两个阀门。

3)室外燃气管道安装

(1)地下燃气管道不得从建筑物和大型构筑物的下面穿越。

(2)地下燃气管道埋设的最小覆土厚度(路面至管顶)应符合下列要求:埋设在车行道下时,不得小于0.9 m;埋设在非车行道下时,不得小于0.6 m;埋设在庭院时,不得小于0.3 m;埋设在水田下时,不得小于0.8 m。

(3)地下燃气管道不得在堆积易燃、易爆材料和具有腐蚀性液体的场地下面穿越,并不宜与其他管道或电缆同沟敷设。当需要同沟敷设时,必须采取防护措施。

(4)地下燃气管道穿过排水管、热力管沟、联合地沟、隧道及其他各种用途沟槽时,应将燃气管道敷设于套管内。

(5)燃气管道穿越铁路、高速公路、电车轨道和城镇主要干道时应符合下列要求:

①穿越铁路和高速公路的燃气管道,其外应加套管,并提高绝缘防腐等级。

②穿越铁路的燃气管道的套管,应符合下列要求:

a. 套管埋设的深度:铁路轨道至套管顶不应小于1.20 m,并应符合铁路管理部门的要求。

b. 套管宜采用钢管或钢筋混凝土管。

c. 套管内径应比燃气管道外径大100 mm以上。

d. 套管两端与燃气管的间隙应采用柔性的防腐、防水材料密封,其一端应装设检漏管。

e. 套管端部距路堤坡角外距离不应小于2.0 m。

③燃气管道穿越电车轨道和城镇主要干道时宜敷设在套管或地沟内;穿越高速公路的燃气管道的套管、穿越电车和城镇主要干道的燃气管道的套管或地沟,应符合下列要求:

a. 套管内径应比燃气管道外径大100 mm以上,套管或地沟两端应密封,在重要地段的套管或地沟端部宜安装检漏管。

b. 套管端部距电车道边轨不应小于2.0 m;距道路边缘不应小于1.0 m。

c. 燃气管道宜垂直穿越铁路、高速公路、电车轨道和城镇主要干道。

(6)燃气管道通过河流时,可采用穿越河底或采用管桥跨越的形式。当条件许可也可利用道路桥梁跨越河流,并应符合下列要求:

①利用道路桥梁跨越河流的燃气管道,其管道的输送压力不应大于0.4 MPa。

②当燃气管道随桥梁敷设或采用管桥跨越河流时，必须采取安全防护措施。

③燃气管道随桥梁敷设，宜采取以下安全防护措施：

a. 敷设于桥梁上的燃气管道应采用加厚的无缝钢管或焊接钢管，对焊缝进行100%无损探伤。

b. 管道应设置必要的补偿和减震措施。

c. 过河架空的燃气管道向下弯曲时，向下弯曲部分与水平管夹角宜采用45°形式。

d. 对管道应做较高等级的防腐保护。

(7) 燃气管道穿越河底时，应符合下列要求：

①燃气管道宜采用钢管。

②燃气管道至规划河底的覆土厚度，应根据水流冲刷条件确定，对不通航河流不应小于0.5 m；对通航的河流不应小于1.0 m。

另外，埋设燃气管道的沿线应连续敷设警示带。警示带敷设前应将敷设面压实，并平整地敷设在管道的正上方，距管顶的距离宜为0.3～0.5 m，但不得敷设于路基和路面。

6.2 管网工程施工图的识读

城市管道工程中给排水管道、供热管道、燃气管道等管道工程施工图的识读方法类似，这里以城市给排水工程为例进行讲解。

给水和排水施工图按其内容大致可分为：

(1) 室内给水和排水工程施工图

表示一栋房屋的给水和排水系统，如民用建筑当中的厨房、卫生间或者厕所的给水和排水。主要包括给水和排水工程平面图、给水排水工程系统图、设备安装详图和其他详图等。

(2) 室外给水和排水工程施工图

表示一个区域的给水和排水系统，由室外给水排水平面图、管道纵断面图以及附属设备(如泵站、检查井、闸门)等施工图组成。

(3) 水处理构筑物及工艺图

主要包括水厂、污水处理厂等各种水处理的构筑物(如澄清池、过滤池、蓄水池等)的全套施工图。包括平面布置图、流程图及工艺设计图和详图等。

本章重点结合示例讲解室外的给水与排水系统的施工图以及管道上的构配件。

室外给水与排水施工图主要表示一个小区范围内的各种室外给水排水管道的布置，与室内管道的引入管、排出管之间的连接，以及这些管道敷设的坡度、埋深和交接等情况。室外给水与排水施工图包括给水排水平面图、管道纵断面图、附属设备的施工图等。

1) 室外给水排水平面图

图6.16是某学校一栋新建学生宿舍附近的一个小区的室外给水排水平面图，表示了新建学生宿舍附近的给水、污水、雨水等管道的布置，及其与新建学生宿舍室内给水排水管道的连接。现结合图6.16讲述室外给水和排水平面图的图示内容。

(1) 图示内容和表达方法

①比例

一般采用与建筑总平面图相同的比例，常用1∶1000、1∶500、1∶300等，该图用的是1∶500，范围较大的厂区或者小区的给水排水平面图常用1∶5000、1∶2000。

②建筑物及道路、围墙等设施

由于在室外给水排水平面图中,主要反映室外管道的布置,所以在平面图中原有房屋以及道路、围墙等附属设施,基本上按照建筑总平面图的图例绘制,但都是用细实线画出它的轮廓线,原有的各种给水和其他压力流管线,也都画中实线。

(2) 管道及附属设施

一般把各种管道,如给水管、排水管、雨水管以及水表、检查井、化粪池等附属设备,都画在同一张图纸上。新建给水管用粗实线表示,新建污水管用粗点画线表示,雨水管用粗虚线表示。管径都标注在相应的管道旁边:给水管一般采用铸铁管,以公称直径 *DN* 表示;雨水管、污水管一般采用混凝土管,则以内径 *d* 来表示。室外管道应标注绝对标高。

给水管道宜标注管中心标高。由于给水管是压力管,且无坡度要求,往往沿地面敷设,如敷设时为统一埋深,可在说明中列出给水管中心标高。从图 6.16 中可以看出:从大门外引入的 *DN*100 给水管,沿西墙 5 m 处和沿北墙 1 m 处敷设,中间接一水表,分两根引入管接入室内,沿管线都不标注标高。

排水管道(包括雨水管和污水管)应注出起讫点、转角点、连接点、交叉点、变坡点的标高,排水管道宜标注管内底标高。为简便起见,可在检查井处引一指引线,在指引线的水平线上已标注井底标高,水平线下面标注用管道种类及编号组成的检查井标号,如 W 为污水管,Y 为雨水管,标号顺序按水流方向,从管的上游向下游顺序编号。从图 6.16 中可以看出:污水干管在房屋中部距学生宿舍北墙 3 m 处沿北墙敷设,污水自室内排出管排出户外,用支管分别接入标高为 3.55 m、3.50 m、3.46 m 的污水检查井中,检查井用污水干管(*d*150 连接),接入化粪池,化粪池用图例表示。

雨水干管沿北墙、南墙、西墙在距墙 2 m 处敷设。自房屋的东侧起分别有雨水管和废水干管,雨水管和废水管用同一根排水管:一根 *d*150 的干管沿南墙敷设,雨水通过支管流入东侧的检查井 Y6(标高 3.55 m),经过这根干管,流向检查井 Y7(标高 3.40 m),在 Y7 上又接一根支管;*d*150 支管继续向西,与检查井 Y8(标高为 3.37 m)连接,Y8 上再接一根支管。干管从 Y8 转折向北,沿西墙敷设,管径增为 *d*200,排入检查井 Y9(标高为 3.30 m)。另一根 *d*150 的干管自检查井 Y1(标高 3.55 m)开始,有支管接入 Y1,干管 *d*150 将雨水沿北墙向西排向检查井 Y2(标高 3.50 m),Y2 连接室内的两根废水排水管;然后干管 *d*150 再向西,经检查井 Y3(标高 3.47 m)、Y4(标高 3.46 m),排到 Y5(标高 3.40 m),其中 Y3 接入一根室内废水排水管和一根雨水管,Y4 接入两根室内废水排水管,Y5 则接入了经化粪池沉淀后所排出的污水;这根干管 *d*150 再向西流入检查井 Y9。这两根干管都接于检查井 Y9 后,由检查井 Y9 再接到雨水和废水总管 *d*230 继续向北延伸。雨水管、废水管、污水管的坡度及检查井的尺寸均可在说明中注写,图中可以不予表示。

2) 管道工程图

在一个小区中,若管道种类繁多、布置复杂,则可按管道种类分别绘出每一条街道的沟管平面图(管道不太复杂时,可合并绘制在一张图纸中,如图 6.16 所示)。

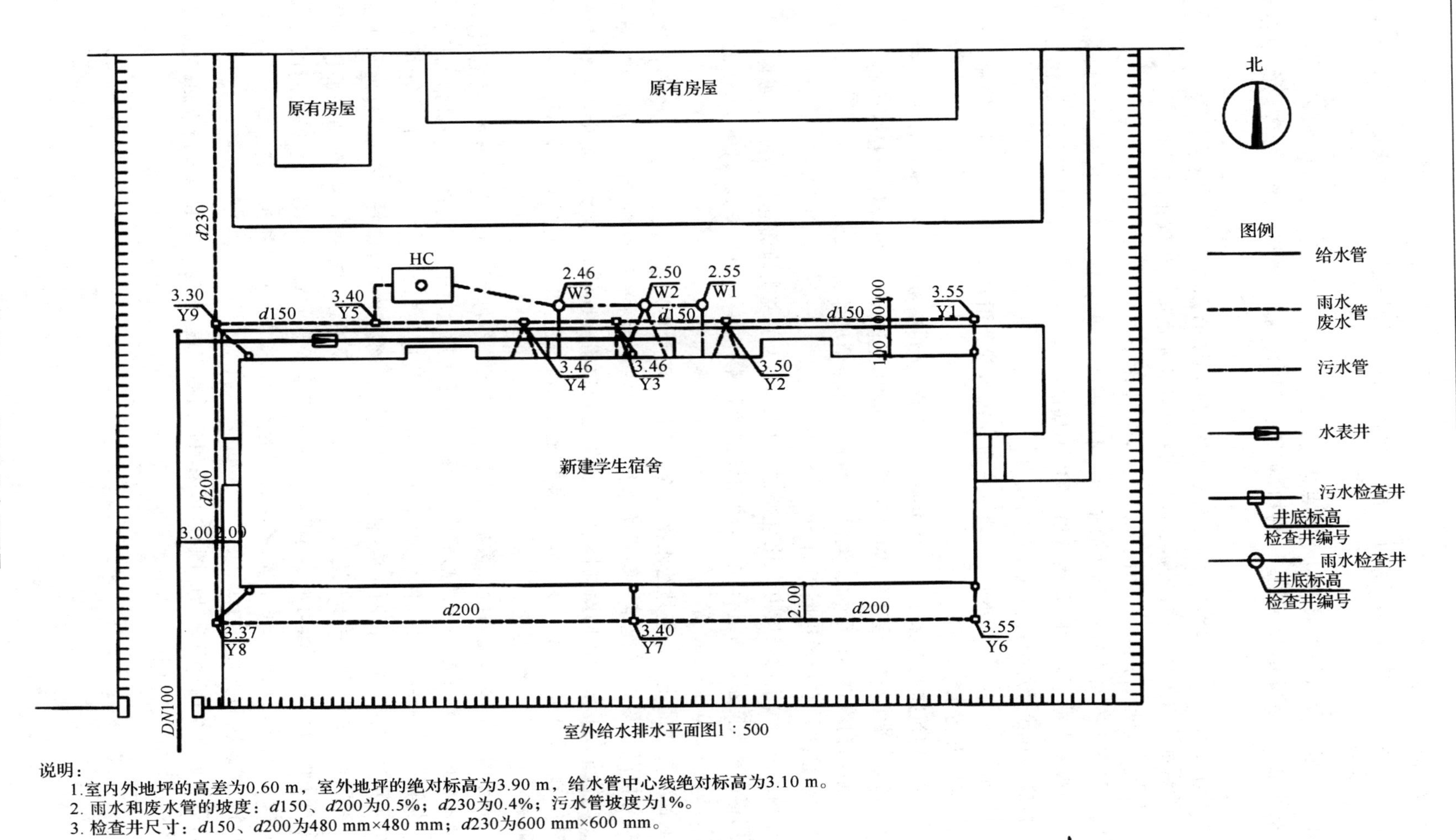

图 6.16　室外给排水平面图

(1) 管网总平面布置图

室外给水排水平面图是室外给水排水工程图中的主要图样之一,它表示室外给水排水管道的平面布置情况。

室外给水排水平面图主要有以下特点:

①室外原有和新建的建筑物、构筑物、道路、等高线、施工坐标和指北针等均绘制在平面图中。

②室外给水排水平面图的方向,与该室外建筑平面图的方向一致。

③室外给水排水平面图的比例,通常与该室外建筑平面图的比例相同。

④室外给水管道、污水管道和雨水管道在同一张图上。

⑤同一张图上有给水管道、污水管道和雨水管道时,一般分别以符号J、W、Y加以标注。

⑥同一张图上的不同类附属构筑物,应以不同的代号加以标注;同类附属构筑物的数量多于1个时,应以其代号加阿拉伯数字进行编号。

⑦当给水管与污水管、雨水管交叉时,应断开污水管和雨水排水管。当污水管和雨水排水管交叉时,应断开污水管。

⑧建筑物、构筑物通常标注其3个角坐标。当建筑物、构筑物与施工坐标轴线平行时,可标注其对角坐标附属建筑物,检查井、阀门并可标注其中心坐标。管道应标注其管中心坐标。当个别管道和附属构筑物不便于标注坐标时,可标注其控制尺寸。

(2) 室外给水排水管道纵断面图

①比例。由于管道的长度方向比直径方向大得多,为了说明地面起伏情况,在纵断面图中,通常采用横向和纵向不同的组合比例,例如纵向比例常用1∶200、1∶100、1∶50,横向比例常用1∶1 000、1∶500、1∶300等。

②断面轮廓线的线型。室外给水排水管道纵断面图主要表达地面起伏、管道敷设的埋深和管道交接等情况。图6.17是某一街道给水排水平面图和污水管道纵断面图。管道纵断面图是沿干管轴线铅垂剖切后画出的断面图,压力流管道用单粗实线绘制,重力流管道用双粗点画线和粗虚线绘制(如图6.17所示的污水管、雨水管);地面、检查井、其他管道的横断面(不按比例用小圆圈表示)等用细实线绘制。

③表达干管的有关情况和设计数据,以及与在该干管纵断面、剖切到的检查井、地面,以及其他管道的横断面,都用断面图的形式表示,图中还标注其他管道数据,例如,设计地面标高、设计管内底标高(这里指重力管)、管径、水平距离、编号、管道基础等内容。此外,还常在最下方画出管道的平面图与管道纵断面图对应,便可补充表达出该污水干管附近的管道、设施和建筑物等情况,除了画出在纵断面中已表达的这根污水干管以及沿途的检查井外,管道平面图中还画出这条街道下面的给水干管、雨水干管并标注了这三根干管的管径,标注了它们之间以及与街道的中心线、人行道之间的水平距离;各类管道的支管和检查井以及街道两侧的雨水井;街道两侧的人行道,建筑物和支管道口等。

重力流管道不绘制管道纵断面图时,可采用管道高程表,表的内容和格式请查阅《建筑给水排水制图标准》(GB/T 50106—2010)。

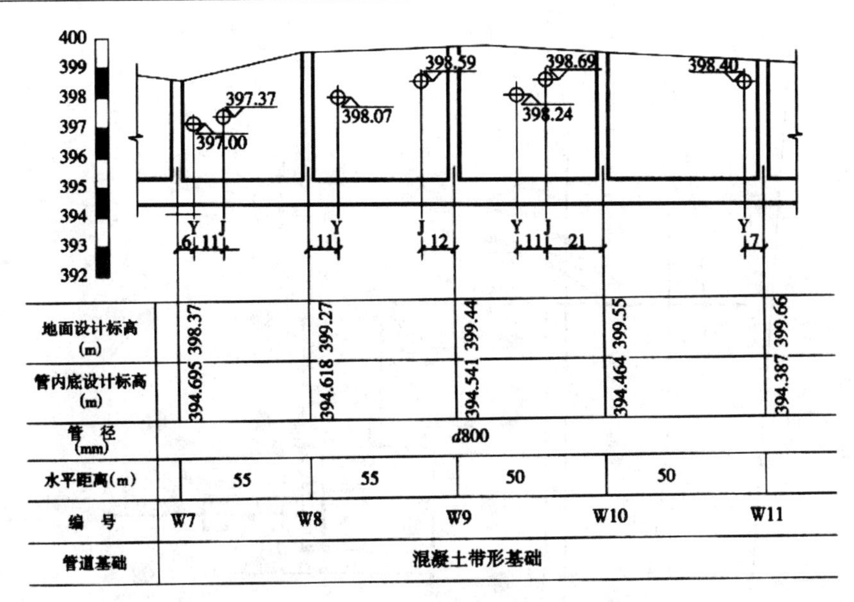

污水管道纵断面图 1:2 000

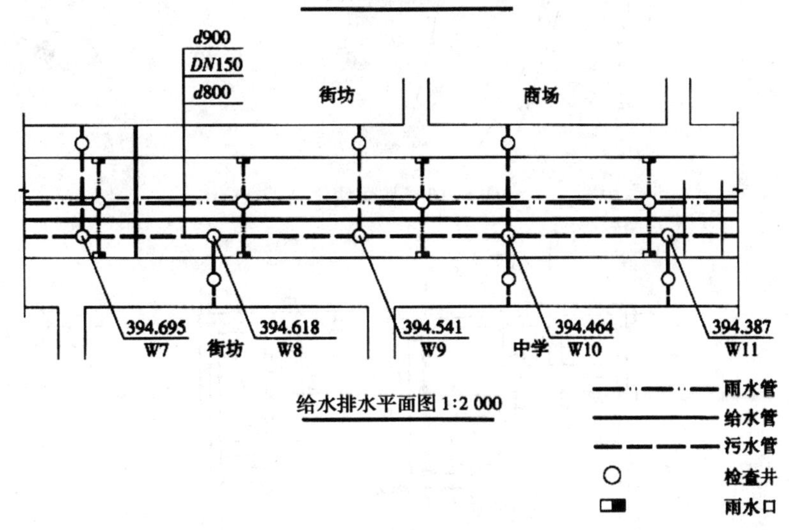

给水排水平面图 1:2 000

图 6.17 某一街道给水排水平面图和污水管道纵断面图

3) 泵站工程图

泵站工程图内容包括泵站位置图、泵站工艺流程图和泵站建筑施工图等。

(1) 泵站位置图

泵站位置图主要表明泵站与管道连接的平面位置、泵站周围的道路、河流、地形、地貌等。泵站位置图的比例一般采用 1∶500～1∶2000。图 6.18 是某泵站位置图，从图中可以看出泵站位于小河以东的果树林中，污水管道通过进水闸井流向集水池，污水从泵站出来排入出水闸井通过过河管流向小河以西。

(2) 泵站工艺流程图

表明泵站各主要部位定位尺寸、标高和水的流向。如图 6.19 所示，污水从管道穿过隔栅流向集水池，通过吸水管进入水泵抽升排出。进水管底的标高为－0.320 m，水泵吸水管中心标高为－0.430 m，集水池中的隔栅起阻挡大块污物的作用，工作台为清除杂物用。工作台、室外地坪、吊车梁处均应标注标高。

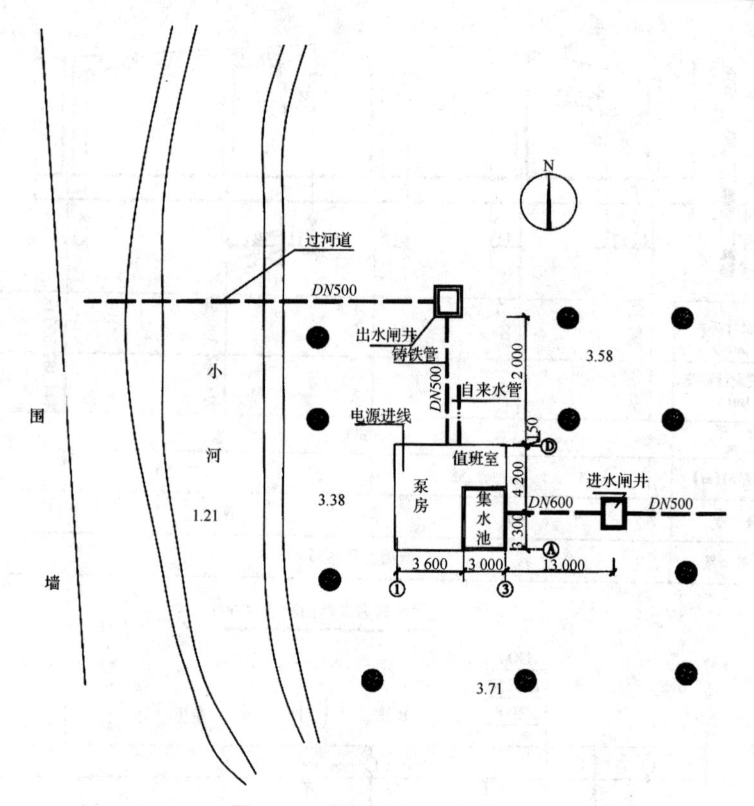

图 6.18　某泵站位置图(cm)

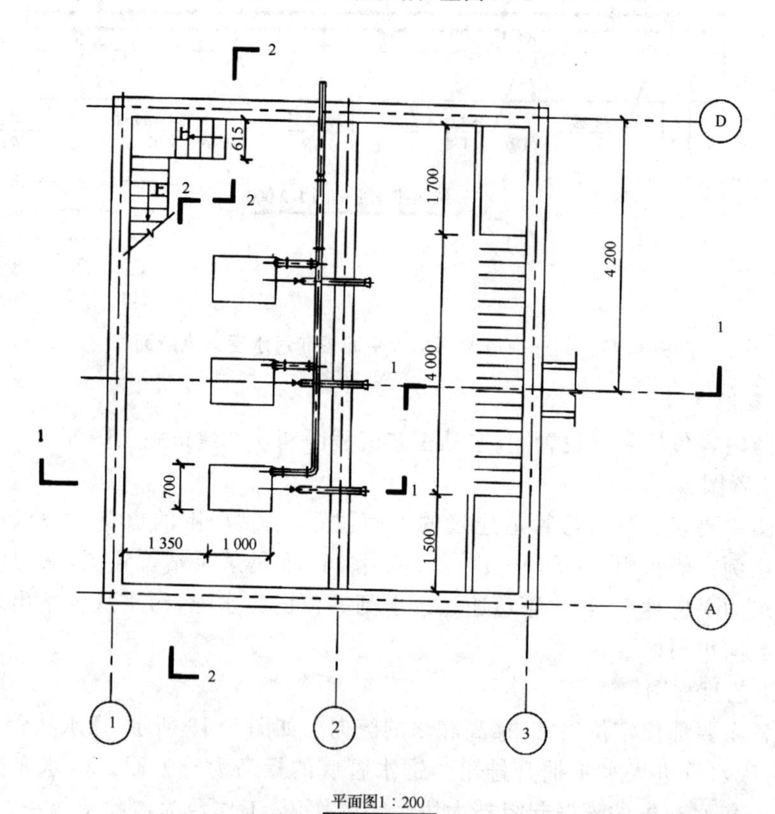

图 6.19　泵站工艺流程图(一)(mm)

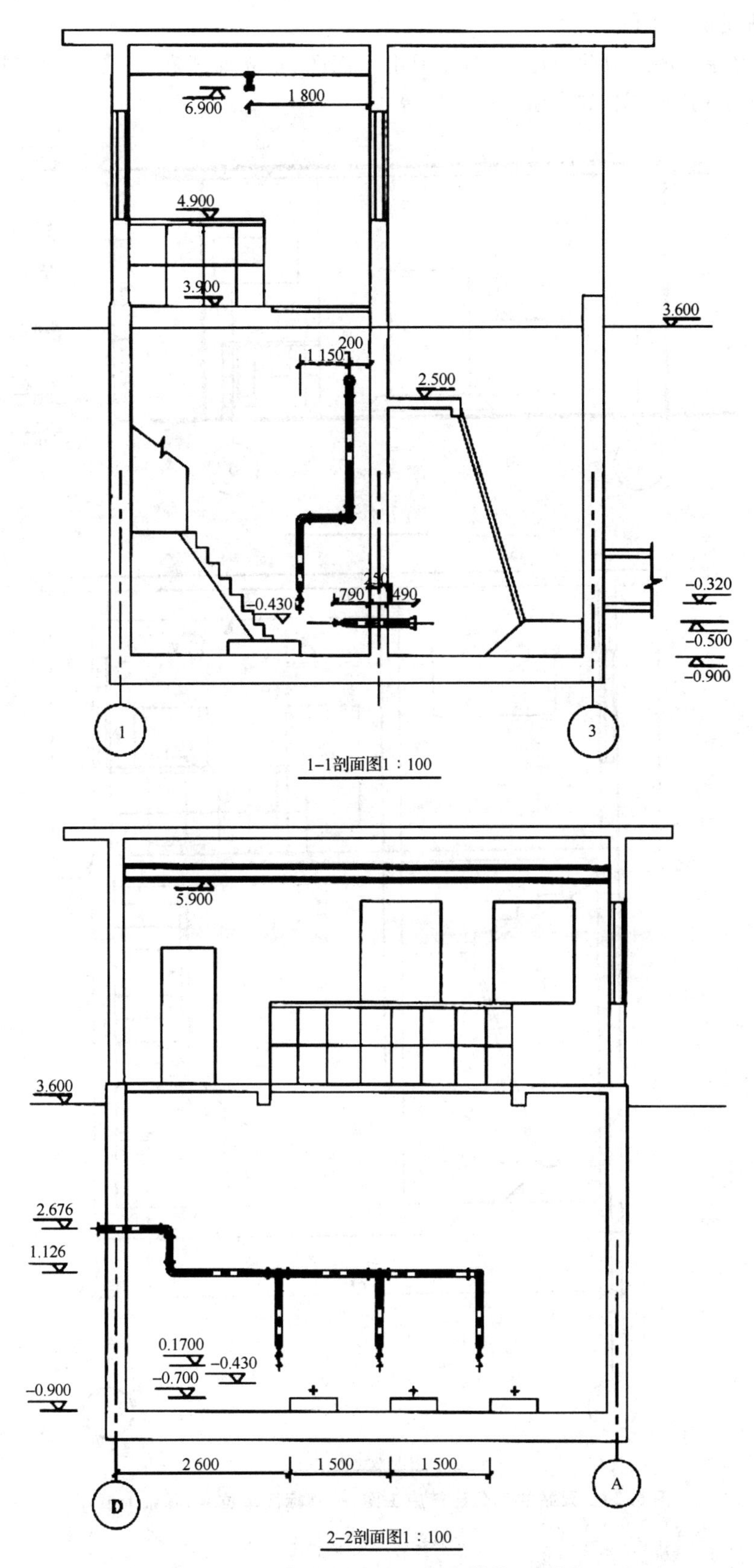

图 6.19 泵站工艺流程图(二)(标高单位 m,其余 mm)

(3) 泵站建筑施工图

图 6.20 是泵站的部分建筑施工图,主要由平面图、正立面图和 1-1、2-2 剖面图组成,还有一部分图样是局部详图,如台阶大样详图等。

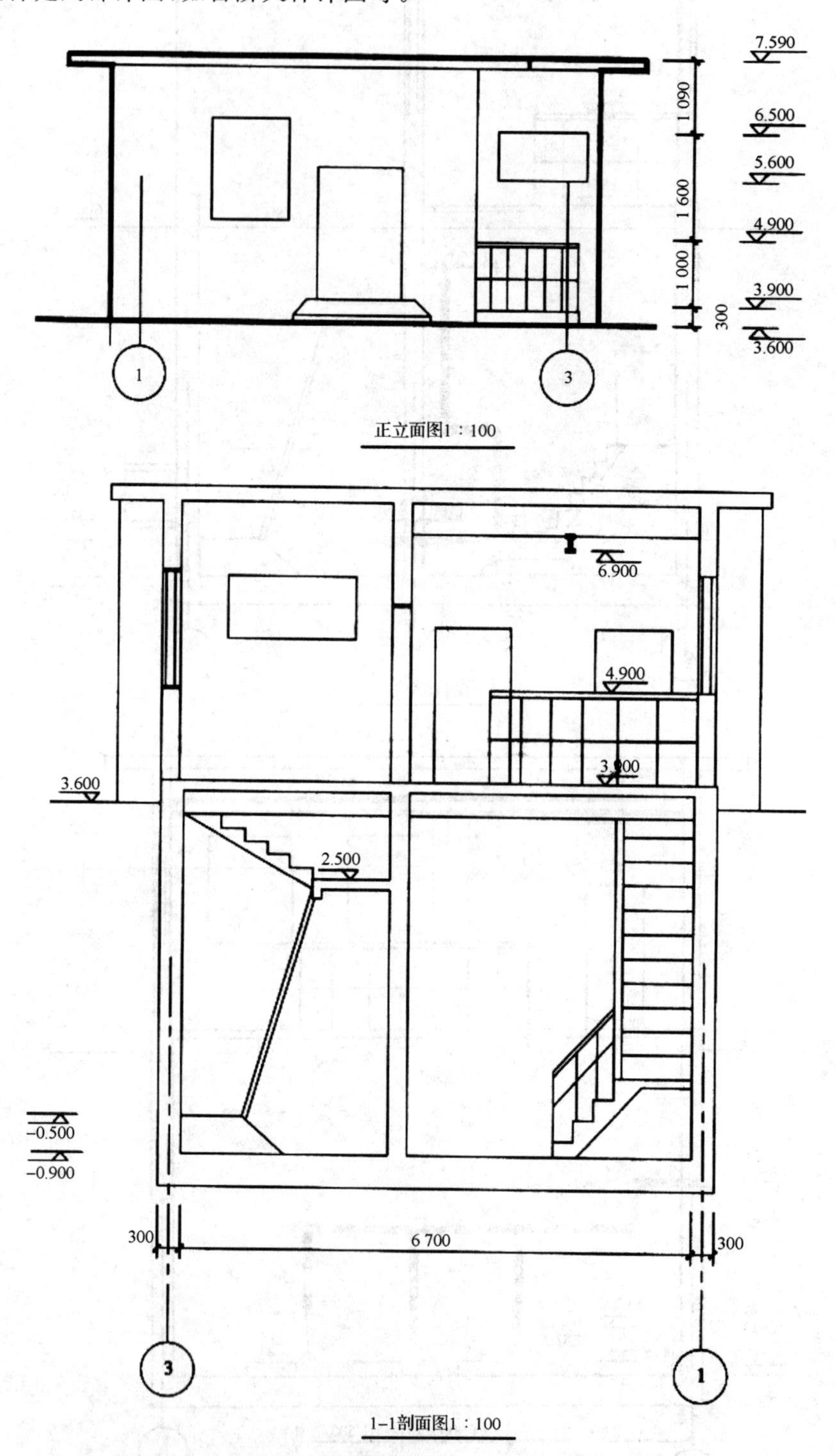

图 6.20 泵站的部分建筑施工图(一)(标高单位 m,其余 mm)

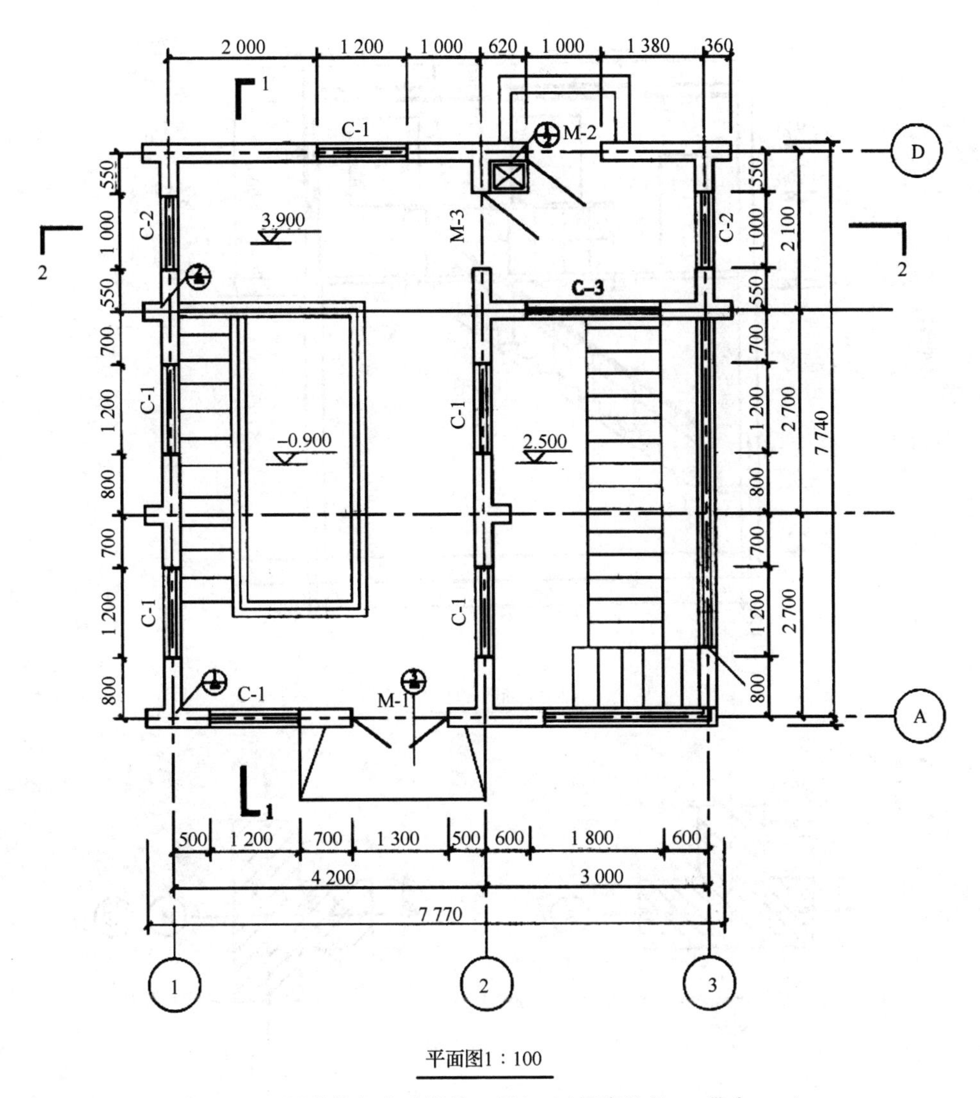

平面图1：100

图 6.20 泵站的部分建筑施工图(二)(标高单位 m,其余 mm)

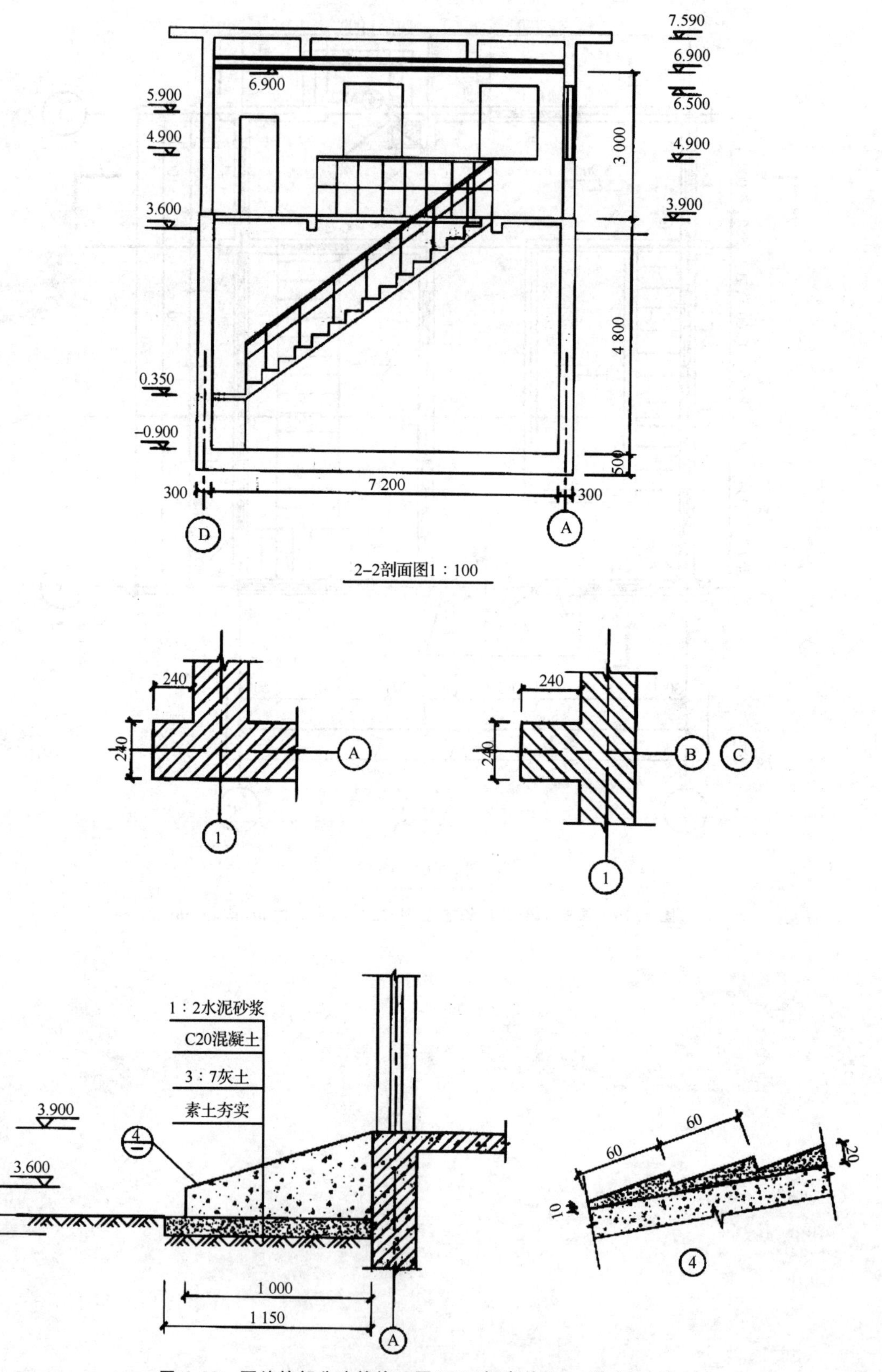

图 6.20　泵站的部分建筑施工图(三)(标高单位 m,其余 mm)

从平面图中可以看出泵站的细部尺寸、定位轴线尺寸、总长和总宽尺寸及标高尺寸。正立面图表示的是泵站的地上部分,整个泵站地上部分砖墙壁厚 240 mm,地下部分钢筋混凝土池壁厚 300 mm。泵站的右半部分是集水池,集水池南边 2/3 是露天的,靠北边 1/3 的上部是值班室。左半部分地下是机器间,有三台水泵和电机。顶棚上有一台单轨吊车,供运输、检修设备用。

由于大部分泵站的主体结构是在地下,所以一般采用钢筋混凝土结构,地上部分的值班室、配电室等为一般结构泵站建筑施工图与房屋建筑施工图的特点基本相同,只是标注标高有所不同。泵站建筑施工图的标高是指绝对标高。

6.3 管网工程清单工程量编制

《市政工程工程量计算规范》(GB 50857—2013)附录 E 管网工程包括管道铺设,管件、阀门及附件安装,支架制作及安装和管道附属构筑物共 4 节 51 个清单项目。

6.3.1 管网工程量计算规则

1) 管道铺设

管道铺设工程量清单项目设置、项目特征描述的内容、计量单位及工程量计算规则,应按表 6.2 的规定执行。

表 6.2 管道铺设(编码:040501)

项目编码	项目名称	项目特征	计量单位	工程量计算规则	工作内容
040501001	混凝土管	1. 垫层、基础材质及厚度 2. 管座材质 3. 规格 4. 接口方式 5. 铺设深度 6. 混凝土强度等级 7. 管道检验及试验要求	m	按设计图示中心线长度以延长米计算。不扣除附属构筑物、管件以及阀门等所占长度	1. 垫层、基础铺筑及养护 2. 模板制作、安装、拆除 3. 混凝土拌和、运输、浇筑、养护 4. 预制管枕安装 5. 管道铺设 6. 管道接口 7. 管道检验及试验
040501002	钢管	1. 垫层、基础材质及厚度 2. 材质及规格 3. 接口方式 4. 铺设深度 5. 管道检验及试验要求 6. 集中防腐运距			1. 垫层、基础铺筑及养护 2. 模版制作、安装、拆除 3. 混凝土拌和、运输、浇筑、养护 4. 管道铺设 5. 管道检验及试验 6. 集中防腐运距
040501003	铸铁管				
040501004	塑料管	1. 垫层、基础材质及厚度 2. 材质及规格 3. 连接方式 4. 铺设深度 5. 管道检验及试验要求			1. 垫层、基础铺及养护 2. 模板制作、安装、拆除 3. 混凝土拌和、运输、浇筑、养护 4. 管道铺设 5. 管道检验及试验

续表

项目编码	项目名称	项目特征	计量单位	工程量计算规则	工作内容
040501005	直埋式预制保温管	1. 垫层材质及厚度 2. 材质及规格 3. 接口方式 4. 铺设深度 5. 管道检验及试验要求	m	按设计图示中心线长度以延长米计算。不扣除附属构筑物、管件以及阀门等所占长度	1. 垫层铺筑及养护 2. 管道铺设 3. 接口处保温 4. 管道检验及试验
040501006	管道架空跨越	1. 管道架设高度 2. 管道材质及规格 3. 接口方式 4. 管道检验及试验要求 5. 集中防腐运距	m	按设计图示中心线长度以延长米计算。不扣除管件以及阀门等所占长度	1. 管道架设 2. 管道检验及试验要求 3. 集中防腐运距
040501007	隧道(沟、管)内管道	1. 基础材质及厚度 2. 混凝土强度等级 3. 材质及规格 4. 接口方式 5. 管道检验及试验要求 6. 集中防腐运距		按设计图示中心线长度以延长米计算。不扣除附属构筑物、管件以及阀门等所占长度	1. 垫层、基础铺筑及养护 2. 模板制作、安装、拆除 3. 混凝土拌和、运输、浇筑、养护 4. 管道铺设 5. 管道检验及试验 6. 集中防腐运距
040501008	水平导向钻进	1. 土壤类别 2. 材质及规格 3. 一次成孔长度 4. 接口方式 5. 泥浆要求 6. 管道检验及试验要求 7. 集中防腐运距	m	按设计图示中心线长度以延长米计算。扣除附属构筑物(检查井)所占长度	1. 设备安装、拆除 2. 定位、成孔 3. 管道接口 4. 拉管 5. 纠偏、检测 6. 泥浆制作、注浆 7. 管道检测及试验 8. 集中防腐运距 9. 泥浆、土方外运
040501009	夯管	1. 土壤类别 2. 材质及规格 3. 一次夯管长度 4. 接口方式 5. 管道检验及试验要求 6. 集中防腐运距			1. 设备安装、拆除 2. 定位、夯管 3. 管道接口 4. 纠偏、检测 5. 管道检测及试验 6. 集中防腐运距 7. 土方外运
040501010	顶(夯)管工作坑	1. 土壤类别 2. 工作坑平面尺寸及深度 3. 支撑、维护方式 4. 垫层、基础材质及厚度 5. 混凝土强度等级 6. 设备、工作台主要技术要求	座	按设计图示数量计算	1. 支撑、维护 2. 模板制作、安装、拆除 3. 混凝土拌和、运输、浇筑、养护 4. 工作坑内设备、工作台安装及拆除

续表

项目编码	项目名称	项目特征	计量单位	工程量计算规则	工作内容
040501011	预制混凝土工作坑	1. 土壤类别 2. 工作坑平面尺寸及深度 3. 垫层、基础材质及厚度 4. 混凝土强度等级 5. 设备、工作台主要技术要求 6. 混凝土构建运距	座	按设计图示数量计算	1. 混凝土工作坑制作 2. 下沉、定位 3. 模板制作、安装、拆除 4. 混凝土拌和、运输、浇筑、养护 5. 工作坑内设备、工作台安装及拆除 6. 混凝土构件运输
040501012	顶管	1. 土壤类别 2. 顶管工作方式 3. 顶管材质及规格 4. 中继间规格 5. 工具管材质及规格 6. 触变泥浆要求 7. 管道检验及试验要求 8. 集中防腐运距	m	按设计图示中心线长度以延长米计算。扣除附属构筑物(检查井)所占长度	1. 管道顶进 2. 管道接口 3. 中继间、工具管及附属设备安装及拆除 4. 管内挖、运土及土方提升 5. 机械顶管及设备调向 6. 纠偏、监测 7. 触变泥浆制作、注浆 8. 洞口止水 9. 管道检测及试验 10. 集中防腐运距 11. 泥浆、土方外运
040501013	土壤加固	1. 土壤类别 2. 加固填充材料 3. 加固方式	1. m 2. m^2	1. 按设计图示加固段长度以延长米计算 2. 按设计图示加固段体积以立方米计算	打孔、调浆、灌注
040501014	新旧管连接	1. 材质及规格 2. 连接方式 3. 带(不带)介质连接	处	按设计图示数量计算	1. 切孔 2. 钻孔 3. 连接
040501015	临时放水管线	1. 材质及规格 2. 铺设方式 3. 接口形式	m	按防水管线长度以延长米计算。不扣除管件以及阀门等所占长度	管线铺设、拆除

续表

<table>
<tr><th>项目编码</th><th>项目名称</th><th>项目特征</th><th>计量单位</th><th>工程量计算规则</th><th>工作内容</th></tr>
<tr><td>040501016</td><td>砌筑方沟</td><td>1. 断面规格
2. 垫层、基础材质及厚度
3. 砌筑材料品种、规格、强度等级
4. 混凝土强度等级
5. 砂浆强度等级、配合比
6. 勾缝、抹面要求
7. 盖板材质及规格
8. 伸缩缝(沉降缝)要求
9. 防渗、防水要求
10. 混凝土构件运距</td><td rowspan="5">m</td><td rowspan="4">按设计图示尺寸以延长米计算</td><td>1. 模板制作、安装、拆除
2. 混凝土拌和、运输、浇筑、养护
3. 砌筑
4. 勾缝、抹面
5. 盖板安装
6. 防水、止水
7. 混凝土构件运输</td></tr>
<tr><td>040501017</td><td>混凝土方沟</td><td>1. 断面规格
2. 垫层、基础材质及厚度
3. 混凝土强度等级
4. 伸缩缝(沉降缝)要求
5. 盖板材质及规格
6. 防渗、防水要求
7. 混凝土构件运距</td><td>1. 模板制作、安装、拆除
2. 混凝土拌和、运输、浇筑、养护
3. 盖板安装
4. 防水、止水
5. 混凝土构件运输</td></tr>
<tr><td>040501018</td><td>砌筑渠道</td><td>1. 断面规格
2. 垫层、基础材质及厚度
3. 砌筑材料品种、规格、强度等级
4. 混凝土强度等级
5. 砂浆强度等级、配合比
6. 勾缝、抹面要求
7. 伸缩缝(沉降缝)要求
8. 防渗、防水要求</td><td>1. 模板制作、安装、拆除
2. 混凝土拌和、运输、浇筑、养护
3. 渠道砌筑
4. 勾缝、抹面
5. 防水、止水</td></tr>
<tr><td>040501019</td><td>混凝土渠道</td><td>1. 断面规格
2. 垫层、基础材质及厚度
3. 混凝土强度等级
4. 伸缩缝(沉降缝)要求
5. 防渗、防水要求
6. 混凝土构件运距</td><td>1. 模板制作、安装、拆除
2. 混凝土拌和、运输、浇筑、养护
3. 防水、止水
4. 混凝土构件运输</td></tr>
<tr><td>040501020</td><td>警示(示踪)带铺设</td><td>规格</td><td>按铺设长度以延长米计算</td><td>铺设</td></tr>
</table>

注:1. 管道架空跨越铺设的支架制作,安装及支架基础、垫层应按表6.4支架制作及安装相关清单项目编码列项。
2. 管道铺设项目中的做法如为标准设计,也可在项目特征中标注标准图集号。

2)管件、阀门及附件安装

管件、阀门及附件安装工程量清单项目设置、项目特征描述的内容、计量单位及工程量计算规则,应按表 6.3 的规定执行。

表 6.3 管件、阀门及附件安装(编码:040502)

<table>
<tr><th>项目编码</th><th>项目名称</th><th>项目特征</th><th>计量单位</th><th>工程量计算规则</th><th>工作内容</th></tr>
<tr><td>040502001</td><td>铸铁管管件</td><td rowspan="2">1. 种类
2. 材质及规格
3. 接口形式</td><td rowspan="5">个</td><td rowspan="5">按设计图示数量计算</td><td>安装</td></tr>
<tr><td>040502002</td><td>钢管管件制作、安装</td><td>制作、安装</td></tr>
<tr><td>040202003</td><td>塑料管管件</td><td>1. 种类
2. 材质及规格
3. 连接形式</td><td rowspan="3">安装</td></tr>
<tr><td>040502004</td><td>转换件</td><td>1. 材质及规格
2. 接口形式</td></tr>
<tr><td>040502005</td><td>阀门</td><td>1. 种类
2. 材质及规格
3. 连接形式
4. 试验要求</td></tr>
<tr><td>040502006</td><td>法兰</td><td>1. 材质、规格、结构形式
2. 连接形式
3. 焊接方式
4. 垫片材质</td><td rowspan="6">个</td><td rowspan="13">按设计图示数量计算</td><td>安装</td></tr>
<tr><td>040502007</td><td>盲堵板制作、安装</td><td>1. 材质及规格
2. 连接形式</td><td rowspan="2">制作、安装</td></tr>
<tr><td>040502008</td><td>套管制作、安装</td><td>1. 形式、材质及规格
2. 管内填料材质</td></tr>
<tr><td>040502009</td><td>水表</td><td>1. 规格
2. 安装方式</td><td rowspan="3">安装</td></tr>
<tr><td>040502010</td><td>消火栓</td><td>1. 规格
2. 安装部位、方式</td></tr>
<tr><td>040502011</td><td>补偿器(波纹管)</td><td rowspan="2">1. 规格
2. 安装方式</td></tr>
<tr><td>040502012</td><td>除污器组成、安装</td><td>套</td><td>组成、安装</td></tr>
<tr><td>040502013</td><td>凝水缸</td><td>1. 材料品种
2. 型号及规格
3. 连接形式</td><td rowspan="6">组</td><td>1. 制作
2. 安装</td></tr>
<tr><td>040502014</td><td>调压器</td><td rowspan="3">1. 规格
2. 型号
3. 连接方式</td><td rowspan="5">安装</td></tr>
<tr><td>040502015</td><td>过滤器</td></tr>
<tr><td>040502016</td><td>分离器</td></tr>
<tr><td>040502017</td><td>安全水封</td><td rowspan="2">规格</td></tr>
<tr><td>040502018</td><td>检漏(水管)</td></tr>
</table>

注:040502013 项目的凝水井应按表 6.5 管道附属构筑物相关清单项目编码列项。

3）支架制作及安装

支架制作及安装工程量清单项目设置、项目特征描述的内容、计量单位及工程量计算规则，应按表 6.4 的规定执行。

表 6.4　支架制作及安装(编码:040503)

<table>
<tr><th>项目编码</th><th>项目名称</th><th>项目特征</th><th>计量单位</th><th>工程量计算规则</th><th>工作内容</th></tr>
<tr><td>040503001</td><td>砌筑支墩</td><td>1. 垫层材料、厚度
2. 混凝土强度等级
3. 砌筑材料、规格、强度等级
4. 砂浆强度等级、配合比</td><td rowspan="2">m^3</td><td rowspan="2">按设计图示尺寸以体积计算</td><td>1. 模板制作、安装、拆除
2. 混凝土拌和、运输、浇筑、养护
3. 砌筑
4. 勾缝、抹面</td></tr>
<tr><td>040503002</td><td>混凝土支墩</td><td>1. 垫层材料、厚度
2. 混凝土强度等级
3. 预制混凝土构件运距</td><td>1. 模板制作、安装、拆除
2. 混凝土拌和、运输、浇筑、养护
3. 预制混凝土支墩安装
4. 混凝土构件运输</td></tr>
<tr><td>040503003</td><td>金属支架制作、安装</td><td>1. 垫层、基础材质及厚度
2. 混凝土强度等级
3. 支架材质
4. 支架形式
5. 预埋件材质及规格</td><td rowspan="2">t</td><td rowspan="2">按设计图示质量计算</td><td>1. 模板制作、安装、拆除
2. 混凝土拌和、运输、浇筑、养护
3. 支架制作、安装</td></tr>
<tr><td>040503004</td><td>金属吊架制作、安装</td><td>1. 吊架形式
2. 吊架材质
3. 预埋件材质及规格</td><td>制作、安装</td></tr>
</table>

4）管道附件构筑物

管道附属构筑物工程量清单项目设置、项目特征描述的内容、计量单位及工程量计算的规则，应按表 6.5 的规定执行。

表 6.5 管道附属构筑物（编码：040504）

项目编码	项目名称	项目特征	计量单位	工程量计算规则	工作内容
040504001	砌筑井	1. 垫层、基础材质及厚度 2. 砌筑材料品种、规格、强度等级 3. 勾缝、抹面要求 4. 砂浆等级强度、配合比 5. 混凝土强度等级 6. 盖板材质、规格 7. 井盖、井圈材质及规格 8. 踏步材质、规格 9. 防渗、防水要求	座	按设计图示数量计算	1. 垫层铺筑 2. 模板制作、安装、拆除 3. 混凝土拌和、运输、浇捣、养护 4. 砌筑、勾缝、抹面 5. 井圈、井盖安装 6. 盖板安装 7. 踏步安装 8. 防水、止水
040504002	混凝土井	1. 垫层、基础材质及厚度 2. 混凝土强度等级 3. 盖板材质、规格 4. 井盖、井圈材质及规格 5. 踏步材质、规格 6. 防渗、防水要求			1. 垫层铺筑 2. 模板制作、安装、拆除 3. 混凝土拌和、运输、浇捣、养护 4. 井圈、井盖安装 5. 盖板安装 6. 踏步安装 7. 防水、止水
040504003	塑料检查井	1. 垫层、基础材质及厚度 2. 检查井材质、规格 3. 井筒、井盖、井圈材质及规格			1. 垫层铺筑 2. 模板制作、安装、拆除 3. 混凝土拌和、运输、浇捣、养护 4. 检查井安装 5. 井筒、井圈、井盖安装
040504004	砌筑井筒	1. 井筒规格 2. 砌筑材料品种、规格 3. 砌筑、勾缝、抹面要求 4. 砂浆强度等级、配合比 5. 踏步材质、规格 6. 防渗、防水要求	m	按设计图示尺寸以延长米计算	1. 砌筑、勾缝、抹面 2. 踏步安装
040504005	预制混凝土井筒	1. 井筒规格 2. 踏步规格			1. 运输 2. 安装

续表

项目编码	项目名称	项目特征	计量单位	工程量计算规则	工作内容
040504006	砌体出水口	1. 垫层、基础材质及厚度 2. 砌筑材料品种、规格 3. 砌筑、勾缝、抹面要求 4. 砂浆强度等级及配合比	座	按设计图示数量计算	1. 垫层铺筑 2. 模板制作、安装、拆除 3. 混凝土拌和、运输、浇筑、养护 4. 砌筑、勾缝、抹面
040504007	混凝土出水口	1. 垫层、基础材质及厚度 2. 混凝土强度等级			1. 垫层铺筑 2. 模板制作、安装、拆除 3. 混凝土拌和、运输、建筑、养护
040504008	整体化粪池	1. 材质 2. 型号、规格			安装
040504009	雨水口	1. 雨水箅子及全口材质、型号、规格 2. 垫层、基础材质及厚度 3. 混凝土强度等级 4. 砌筑材料品种、规格 5. 砂浆强度等级及配合比			1. 垫层铺筑 2. 模板制作、安装、拆除 3. 混凝土拌和、运输、浇筑、养护 4. 砌筑、勾缝、抹面 5. 雨水箅子安装

注:管道附属构筑物为标准定型附属构筑物时,在项目特征中应标注标准图集编号及页码。

5) 相关问题及说明

(1) 本章清单项目所涉及土方工程的内容应按本规范附录A(表3.5至表3.10)土石方工程中相关项目编码列项。

(2) 刷油、防腐、保温工程应按现行国家标准《通用安装工程工程量计算规范》(GB 50856—2013)附录M刷油、防腐蚀、绝热工程中相关项目编码列项。

(3) 高压管道及管件、阀门安装,不锈钢管及管件、阀门安装,管道焊缝无损探伤应按现行国家标准《通用安装工程工程量计算规范》(GB 50856—2013)附录H工业管道中相关项目编码列项。

(4) 管道检验及试验要求应按各专业的施工验收规范及设计要求,对已完管道工程进行的管道吹扫、冲洗消毒、强度试验、严密性试验、闭水试验等内容进行描述。

(5) 阀门电动机需单独安装,应按现行国家标准《通用安装工程工程量计算规范》(GB 50856—2013)附录K给排水、采暖、燃气工程中相关项目编码列项。

(6) 雨水口连接管应按表6.2管道铺设中相关项目编码列项。

6.3.2 城市管网工程工程量清单编制实例

【例 6.1】 在箱涵工程中，箱涵盖板外细石混凝土填缝工程量如何计算？盖板内顶勾缝工程量如何计算？

【解】如图 6.21 所示，剖面图面积：

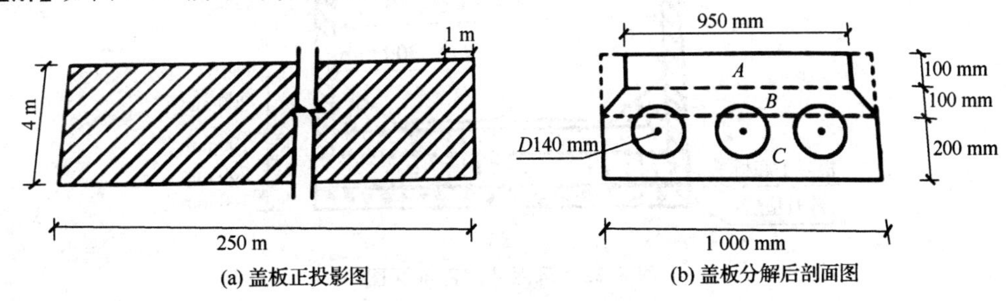

图 6.21 盖板示意图

$S=1\times0.4=0.4(m^2)$(带虚边框)

$S_A=0.95\times0.1=0.095(m^2)$

$S_B=\frac{1}{2}\times(0.95+1)\times0.1=0.097\ 5(m^2)$

$S_C=1\times0.2=0.2(m^2)$

故边缝底面积：

$S_0=S-(S_A+S_B+S_C)=0.4-(0.095+0.097\ 5+0.2)=0.007\ 5(m^2)$

(1) 清单工程量

①盖板外细石混凝土填缝工程量(每米有 S_0 面积，共为 250 m，则有 250 个)：

$V=S_0\times4\times250=7.5(m^3)$

②盖板内顶勾缝面积：

$M=4\times250=1\ 000(m^2)$

故箱涵盖板外细石混凝土填缝工程量为 7.5 m^3，盖板内顶板勾缝面积为 1 000 m^2。

清单工程量计算见表 6.6。

表 6.6 清单工程量计算表

项目编码	项目名称	项目特征描述	计量单位	工程量
040501017001	排水沟、截水沟	盖板材质和规格：细石混凝土	m	250

【例 6.2】 箱涵工程中沉泥井中碎石垫层工程量如何计算？混凝土底板(采用 C25 混凝土)工程量如何计算？

【解】(1) 如图 6.22 所示沉泥井壁厚应为沉泥井直径的 1/12，故壁厚 $d=1\times\frac{1}{12}=0.083$ m，则碎石垫层直径 $d=1+0.083\times2=1.166(m)$

碎石垫层体积清单工程量：

$V_1=\frac{1}{4}\pi d_1^2h_1=\frac{1}{4}\times3.141\ 6\times1.166^2\times0.1=0.107(m^3)$

故 10 m^3 时定额工程量为 $0.010\ 7(m^3)$。

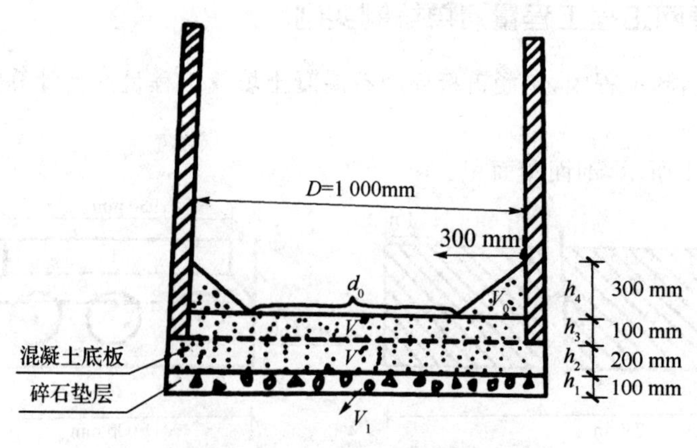

图 6.22 沉泥井底部剖面图

(2) 由图 6.22 可知混凝土底板是由一个带壁厚圆柱 V'、一个不带壁厚圆柱 V'' 和一个圆柱减去一个圆台所剩体积 V_0 组成($d_1=d'$),则

$$V'=\frac{1}{4}\pi d_1^2 h_2=\frac{1}{4}\times 3.1416\times 1.166^2\times 0.2=0.214(\mathrm{m}^3)$$

$$V''=\frac{1}{4}\pi D^2 h_3=\frac{1}{4}\times 3.1416\times 1^2\times 0.1=0.0785(\mathrm{m}^3)$$

$$V_0=\frac{1}{4}\pi D^2 h_4-\frac{1}{3}\pi h_4\left(\frac{d_0^2}{2^2}+\frac{D^2}{2^2}+\frac{d_0}{2}\cdot\frac{D}{2}\right)$$

$$=\frac{1}{4}\times 3.1416\times 1^2\times 0.3-\frac{1}{3}\times 3.1416\times 0.3\times\left(\frac{0.4^2}{4}+\frac{1^2}{4}+\frac{0.4}{2}\times\frac{1}{2}\right)$$

$$=0.2356-0.1225=0.1131(\mathrm{m}^3)$$

故混凝土底板清单工程量

$$V_2=V'+V''+V_0=0.214+0.0785+0.1131=0.4056(\mathrm{m}^3)$$

清单工程量计算见表 6.7。

表 6.7 清单工程量计算表

项目编码	项目名称	项目特征描述	计量单位	工程量
040504002001	沉井混凝土底板	1. 垫层材料及厚度:碎石,100 mm 2. 混凝土等级:C25	m^3	0.41

【例 6.3】 在人工挖基坑工程中,如何确定人工挖基坑的土方工程量(此为修建圆形钢筋混凝土蓄水池)?

【解】 如图 6.23 所示,人工挖基坑的土方工程量即为土台体积。

(1) 清单工程量

$$V_1=\pi r^2 H=3.1416\times\left(\frac{14}{2}\right)^2\times 4.0=615.75(\mathrm{m}^3)$$

(2) 集水坑挖方

$$V_2=\frac{1}{3}\times 1.0\times(0.6^2+0.5^2+0.6\times 0.5)\times 3.1416=0.953(\mathrm{m}^3)$$

(3) 清单总挖方

$V=V_1+V_2=615.75+0.953=616.70(m^3)$

故人工挖基坑土方清单工程量为 616.70 m^3。

清单工程量计算见表 6.8。

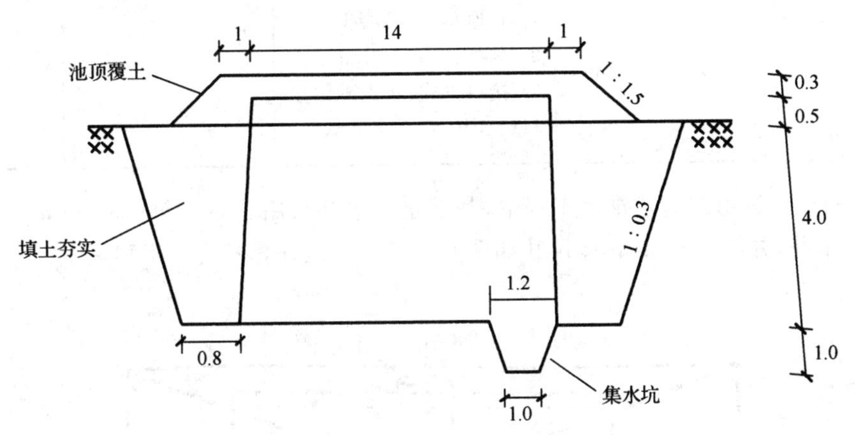

图 6.23 某蓄水池简图(m)

表 6.8 清单工程量计算表

项目编码	项目名称	项目特征描述	计量单位	工程量
040101003001	挖基坑土方	1. 土壤类别:三类土 2. 挖土深度:4 m	m^3	616.70

【例 6.4】 在某街道新建排水工程中,其污水管采用混凝土管,使用 180°混凝基础,计算尺寸如图 6.24 所示,试计算混凝土管道铺设工程量。

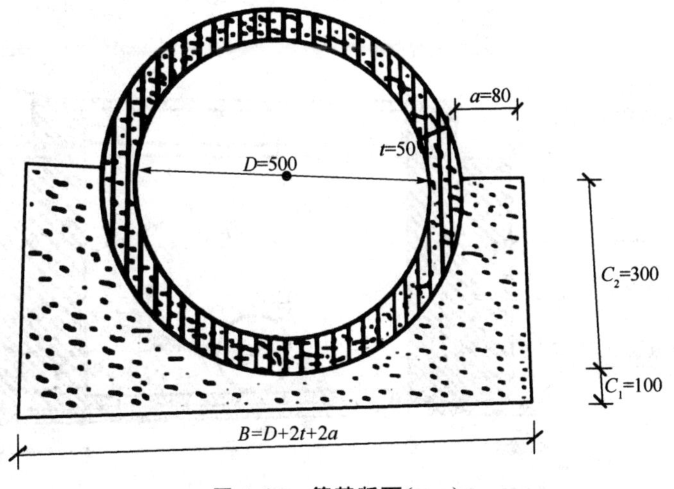

图 6.24 管基断面(mm)

【解】 由图 6.24 可知:管径 $D=500$ mm,管壁厚 $t=50$ mm,管肩宽 $a=80$ mm,管基厚 $C_1=100$ mm,$C_2=300$ mm,管道防腐为 100 m。

管道防腐为 100 m,水泥砂浆接口(180°,每段 2 m)$\frac{100}{2}-1=49$ 个,则混凝土管道铺设工程量为 100 m。

清单工程量计算见表 6.9。

表 6.9　清单工程量计算表

项目编码	项目名称	项目特征描述	计量单位	工程量
040501001001	混凝土管道铺设	1. 管座材质:混凝土 2. 规格:DN500 mm 3. 接口方式:水泥砂浆接口(180°)	m	100

【例 6.5】 在某道路新建排水工程中,其雨水进水井采用了单平箅(680 mm×380 mm)和土青砖的进水井,井深 1.0 m,具体尺寸如图 6.25 所示,试计算其主要工程量。

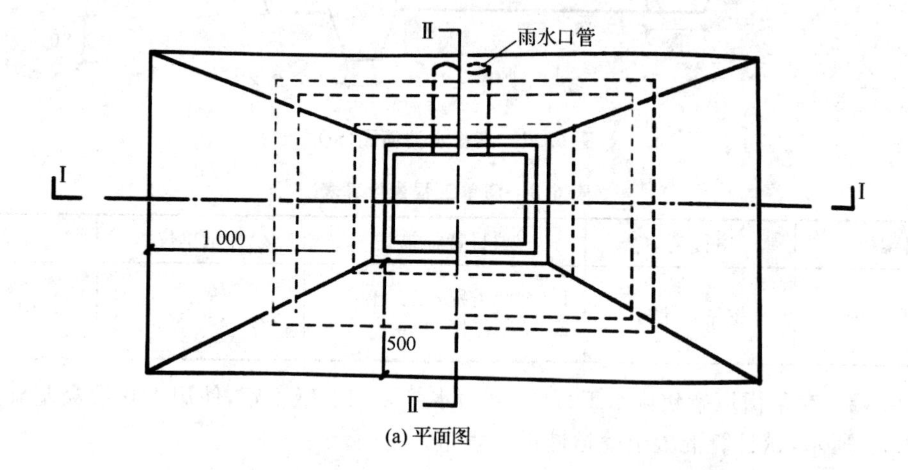

(a) 平面图

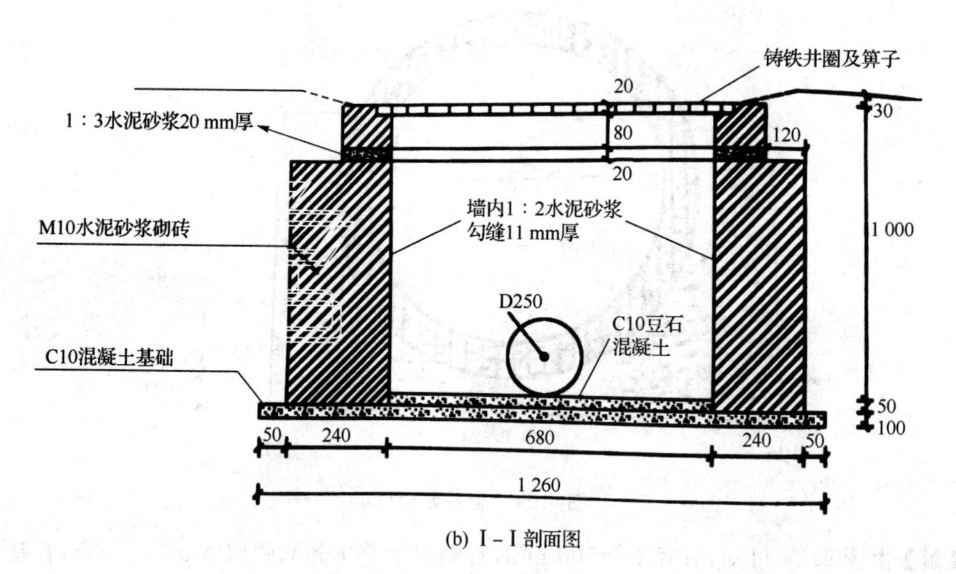

(b) Ⅰ-Ⅰ 剖面图

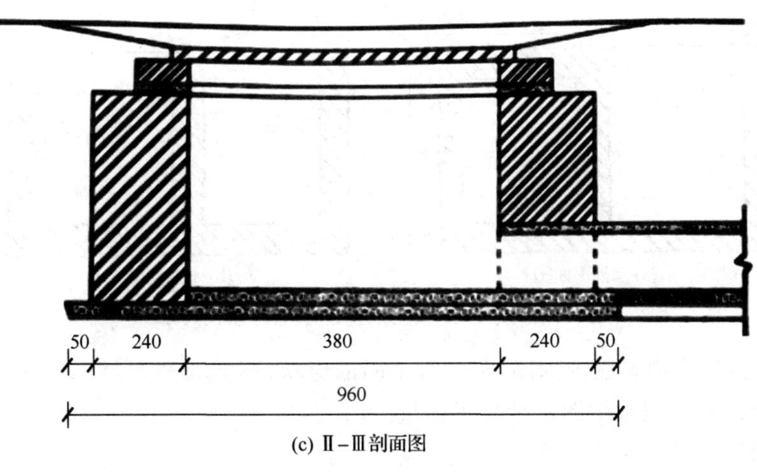

(c) Ⅱ-Ⅲ剖面图

图 6.25 雨水进水井示意图(mm)

【解】雨水井是雨水管道或合流制管道上收集雨水的构筑物,通过连接接管流入雨水管道或合流制管道中。雨水井的设置,应保证能迅速收集雨水,常设置在交叉路口、路侧边沟及道路低洼的地方。根据《市政工程工程量计算规范》(GB 50857—2013),应按图示数量计算。

单平箅(680 mm×380 mm)雨水进水井 1 座。

(1) 混凝土浇筑:

C10 混凝土基础 $1.26\times0.96\times0.1=0.12(m^3)$

C10 豆石混凝土 $0.68\times0.38\times0.05=0.013(m^3)$

(2) 砌筑工程量:

M10 水泥砂浆砌砖 $(0.68+2\times0.24+0.38)\times2\times0.24\times(1+0.05-0.12)=0.69(m^3)$

(3) 勾缝工程量:

$(0.68+0.38)\times2\times(1-0.12)=1.87(m^2)$

(4) 抹面工程量(1∶3 水泥砂浆):

$(0.68+2\times0.12+0.38)\times2\times0.12=0.312(m^2)$

故清单中混凝土浇筑为 0.133 m^3;砌筑工程量为 0.69 m^3;勾缝工程量为 1.87 m^2;抹面工程量为 0.312 m^2。

清单工程量计算见表 6.10。

表 6.10 清单工程量计算表

项目编码	项目名称	项目特征描述	计量单位	工程量
040504001001	雨水进水井石砌筑井	1. 基础材料、厚度:C10 混凝土基础,100 mm 2. 砌筑材料品种:土青砖 3. 砂浆等级强度:M10 水泥砂浆 4. 盖板材质规格:单平箅(680 mm×380 mm)	座	1

【例 6.6】 在某排水工程中,常用到水池,如图 6.26 所示为一现浇混凝土池壁的水池(有隔墙),采用 C20 混凝土,尺寸如图 6.26 所示,计算其工程量。

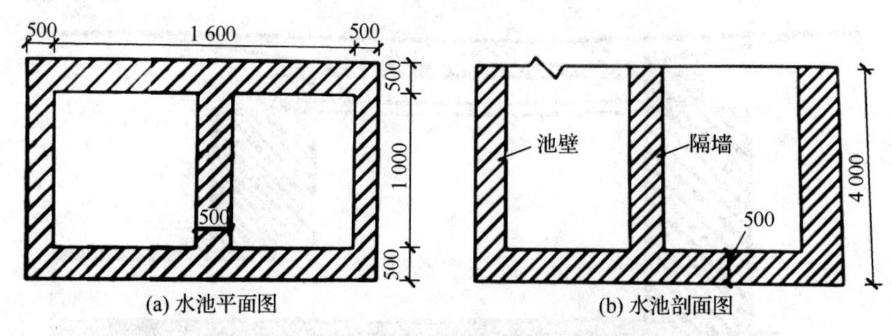

图 6.26　现浇混凝土池壁的水池示意图(mm)

【解】 池壁指池内构筑物的内墙壁，具有不同的形状、不同的类型，根据不同作用的池类，池壁制作样式也有不同，现根据图示计算工程量。

混凝土浇筑

$V=(16+0.5\times2)\times(10+0.5\times2)\times4-(16-0.5)\times10\times(4.0-0.5)=205.50(m^3)$

清单工程量计算见表 6.11。

表 6.11　清单工程量计算表

项目编码	项目名称	项目特征描述	计量单位	工程量
040601007001	现浇混凝土池壁(隔墙)	混凝土强度等级:C20	m^3	205.50

【例 6.7】 (钢筋混凝土盖板工程量的计算)已知某箱涵盖板(采用 C20 混凝土)的截面及钢筋分布，箱涵计算长度 252 m，计算混凝土数量及钢筋的数量。

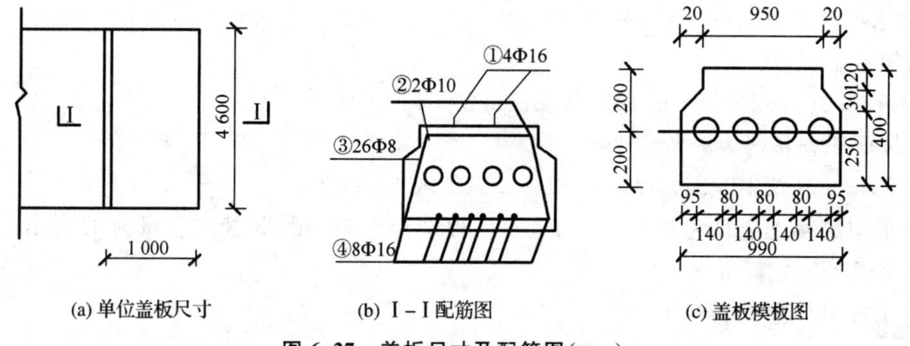

图 6.27　盖板尺寸及配筋图(mm)

【解】 (1) 箱涵盖板

根据箱涵盖板的模板图(见图 6.27(c))，先求得单位长度盖板的混凝土面积，具体的计算步骤如下：

$$S=0.95\times0.12+\frac{1}{2}\times0.03\times(0.95+0.99)+0.99\times0.25-4\times\pi\times0.07^2$$

$$=0.114+0.029\ 1+0.247\ 5-0.061\ 5=0.329\ 1(m^2)$$

故单位长度盖板的混凝土面积为 0.329 1 m^2。

注：相差的 0.01 m 视为模版间应留的抹缝尺寸。

封闭盖板端头的计算如下，每个小圆的半径为 0.07 m，一块盖板有 8 个封闭端头，每个端头的封闭厚度取为 0.1 m(查具体的施工图可知)，故端头工程量：

$V=8\times\pi\times0.07^2\times0.1\times252=3.10(m^3)$

箱涵长度 252 m,故需要 252 块盖板,每块盖板长 4.6 m(见图 6.27(a)),则盖板数量为

0.329 1×252×4.6+3.10(封闭盖板端头)=384.59(m^3)=38.459(10 m^3)

(2) 盖板钢筋

盖板钢筋的计算如下,盖板共由 4 种钢筋构成,每种钢筋的根数及单根长度均可查阅相关的施工图求得,在本例中知④号 8Φ16 钢筋单根 4.55 m,②号 2Φ10 钢筋单根长度为 4.48 m,③号26Φ8 钢筋单根长度为 2.57 m,①号 4Φ 钢筋单根长度为 1.46 m,故每种钢筋的数量为

①4Φ16 $1.46\times4\times252\times1.58\times10^{-3}=2.325(t)$

②2Φ10 $4.48\times2\times252\times0.617\times10^{-3}=1.393(t)$

③26Φ8 $2.57\times26\times252\times0.395\times10^{-3}=6.651(t)$

④8Φ16 $4.55\times8\times252\times1.58\times10^{-3}=14.493(t)$

清单工程量计算见表 6.12。

表 6.12 清单工程量计算表

序号	项目编码	项目名称	项目特征描述	计量单位	工程量
1	040306005001	箱涵顶板	混凝土强度等级:C20	m	252
2	040901002001	非预应力钢筋	钢筋规格:Φ16	t	2.325+14.493=16.818
3	040901002002	非预应力钢筋	钢筋规格:Φ10	t	1.393
4	040901002003	非预应力钢筋	钢筋规格:Φ8	t	6.651

【例 6.8】 某排水工程施工,拟埋设 *DN*600 的排水管道,如图 6.28 所示,排管总长度为 200 m,有桥管一座,上弯头水平距离为 36 m(钢管),桥管下口两端各排 1.5 m 钢管,其余采用承插式铸铁管,在完成排管后,需进行新旧管连接,一端用断水开梯,原排水管为 *DN*700 铸铁管。另一端为末端连接,原管为 *DN*700 钢管,道路结构为:20 cm 厚水泥混凝土(面层)、20 cm 厚石灰、粉煤灰基层。试确定各管道长度及拆除工程量。

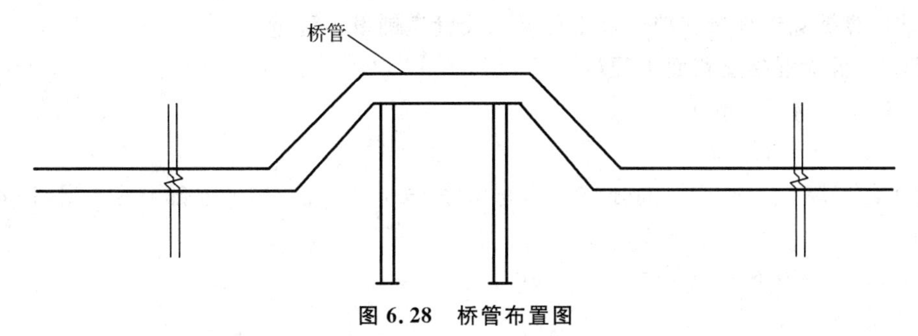

图 6.28 桥管布置图

【解】(1) 桥管长度:

桥管长度比上弯头中心水平距离增加 12 m,则应为 36+12=48(m)

(2) 钢管排管长度为 3(m)

(3) 铸铁管长度为 200−48−3=149(m)

(4) 拆除路面、路基:

$$S=L\times b$$

式中:S——拆除面积;

L——排水沟槽长度;

B——沟槽宽度。

排管长度 $L=149+3=152$(m),$DN600$ 管道沟槽宽度为 1.4 m。则

$$S=1.4\times152=212.8(\text{m}^2)$$

(5) 新旧管连接拆除路面、路基面积

查表知 $DN700$ 断水开梯处工作沟长度为 4.5 m,末端连接的工作沟长度为 4.5/2=2.25 m,沟槽宽度 3 m。则

$$S=(4.5+2.25)\times3=20.25(\text{m}^2)$$

合并以上结果,本工程拆除路面、路基工程量为 212.8+20.25=233.05 (m^2)。

清单工程量计算见表 6.13。

表 6.13 清单工程量计算表

序号	项目编码	项目名称	项目特征描述	计量单位	工程量
1	040501002001	钢管铺设	材质及规格:钢管,$DN600$	m	48.00
2	040501002002	钢管铺设	材质及规格:钢管,$DN600$	m	3.00
3	040501003001	铸铁管铺设	材质及规格:铸铁管,$DN600$	m	149.00
4	041001001001	拆除路面	1. 材质:水泥混凝土 2. 厚度:20 cm	m^2	233.05
5	041001003001	拆除基层	1. 材质:石灰、粉煤灰 2. 厚度:20 cm	m^2	233.05

【例 6.9】 某工程新建污水管道,全长 212 m,Φ400 mm 混凝土管,检查井设 6 座,管线上部原地面为 10 cm 厚混凝土路面,50 cm 厚多合土,检查井均为 Φ1 000 mm 检查井,外径为 1.58 m,试计算拆除工程量和挡土板工程量以及管道铺设工程量。

【解】(1) 拆除混凝土路面工程量:

$212\times2.55=540.6(\text{m}^2)$

(2) 拆除多合土工程量:

多合土此层厚 10 cm,增厚部分 40 cm,每增厚 5 cm 为一层,则增厚部分为 8 层,10 cm 厚的拆除量为

$212\times2.55=540.6(\text{m}^2)$

增厚部分为

$540.6\times8=4\ 324.8(\text{m}^2)$

则共计为 4 865.4 m^2。

(3) 支撑木挡土板工程量:

宽度为如图 6.29 所示梯形的腰长,则其长度为

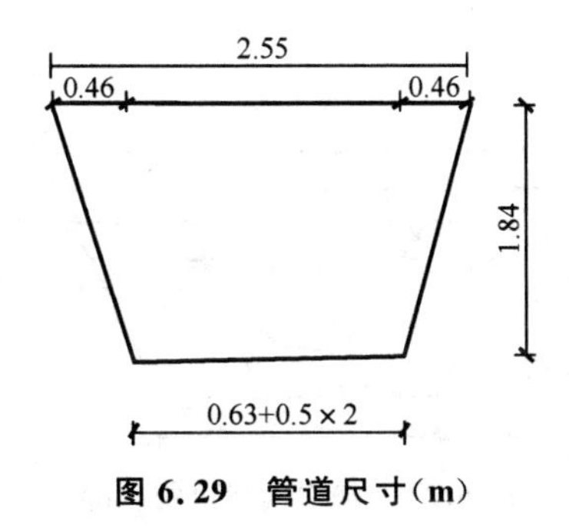

图 6.29 管道尺寸(m)

$a=\sqrt{0.46^2+1.84^2}=1.90$(m)

挡土板面积为

$S=al=1.90\times212=402.8$(m^2)

两面面积共计为 805.6 m^2。

(4) 模板工程量:

浇筑混凝土管道基础和铺设混凝土管座模板厚为 0.335 m,长为 212 m。则模板工程量为

$212\times0.335\times2=142.04$($m^2$)

则铺设 Φ400 mm 混凝土管 212 m。

清单工程量计算见表 6.14。

表 6.14 清单工程量计算表

序号	项目编码	项目名称	项目特征描述	计量单位	工程量
1	041001001001	拆除路面	1. 材质:沥青混凝土路面 2. 厚度:10 cm	m^2	540.60
2	041001003001	拆除基层	1. 材质:多合土 2. 厚度:50 cm	m^2	4 865.40
3	040501001001	混凝土管道铺设	1. 规格:Φ400	m	212.00

【例 6.10】 某平行于河流布置的渗渠铺设在河床下,渗渠由水平集水管、集水井、检查井和泵站组成,其平面布置如图 6.30 所示,集水管为穿孔钢筋混凝土管,管径为 600 mm,其上布置圆形孔井。集水管外铺设人工反滤层,反滤层的层数、厚度和滤料粒径如图 6.31 所示。

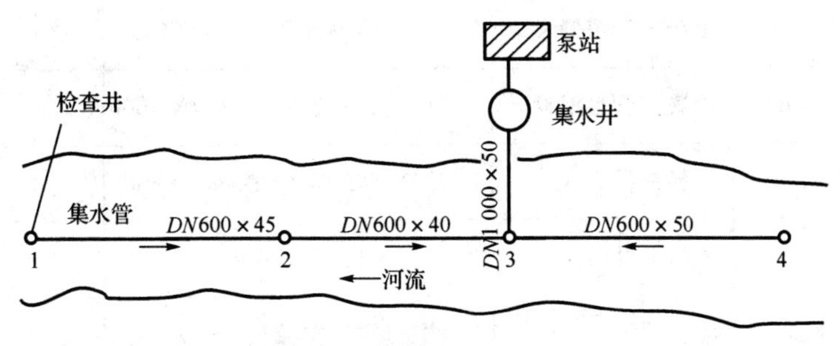

图 6.30 渗渠平面图(mm)

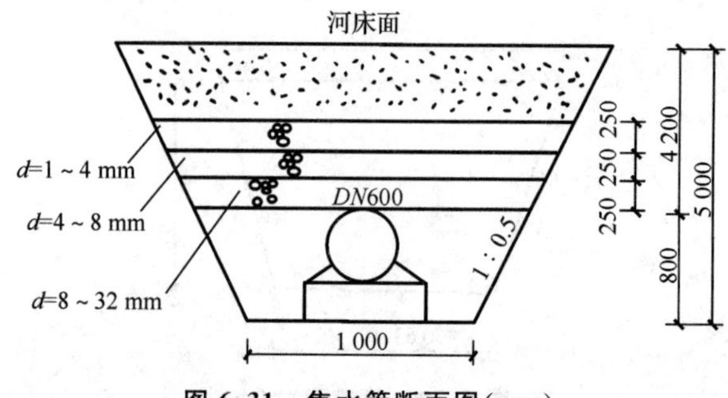

图6.31　集水管断面图(mm)

【解】(1) 项目编码　040501001001

项目名称　钢筋混凝土管道铺设(*DN*600)

计量单位　m

管道铺设工程量　45＋40＋50＝135(m)

(2) 项目编码　040501001002

项目名称　钢筋混凝土管道铺设(*DN*1000)

计量单位　m

管道铺设工程量　50(m)

(3) 项目编码　040601025001

项目名称　滤料铺设(粒径在1～4 mm)

计量单位　m^3

铺设工程量　$V=(1+2\times1.3\times0.5+0.5\times0.25)\times0.25\times135=81.84(m^3)$

(4) 项目编码　040601025002

项目名称　滤料铺设(粒径在4～8 mm)

计量单位　m^3

铺设工程量　$V=(1+2\times1.05\times0.5+0.5\times0.25)\times0.25\times135=73.41(m^3)$

(5) 项目编码　040601025003

项目名称　滤料铺设(粒径在8～32 mm)

计量单位　m^3

铺设工程量　$V=(1+2\times08\times0.5+0.5\times0.25)\times0.25\times135=64.97(m^3)$

分部分项清单工程量计算见表6.15。

表6.15　清单工程量计算表

序号	项目编码	项目名称	项目特征描述	计量单位	工程量
1	040501001001	混凝土管道铺设	1. 规格:钢筋混凝土管 *DN*600	m	135
2	040501001002	混凝土管道铺设	1. 规格:钢筋混凝土管 *DN*1 000	m	50
3	040601025001	滤料铺设	1. 滤料规格:粒径在1～4 mm	m^3	81.84
4	040601025002	滤料铺设	1. 滤料规格:粒径在4～8 mm	m^3	73.41
5	040601025003	滤料铺设	1. 滤料规格:粒径在8～32 mm	m^3	64.97

【例 6.11】 某给水工程蓄水池池壁上厚 20 cm，下厚 25 cm，高 16 m，直径 16 m，池壁材料用钢筋混凝土，采用 C20 混凝土，池盖壁厚 25 cm，其尺寸如图 6.32 所示，试计算此池池壁及池盖体积和制作安装体积。

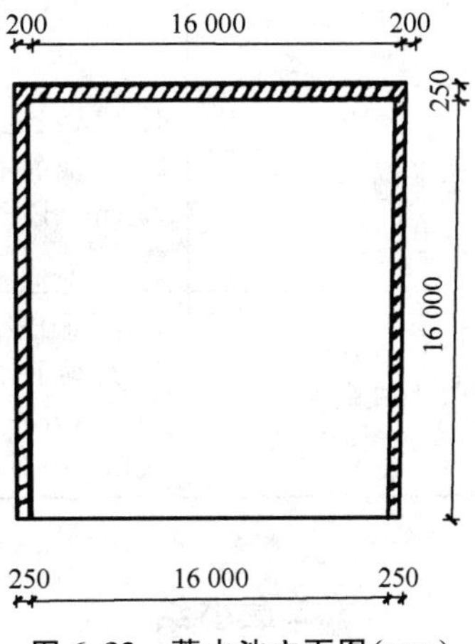

图 6.32　蓄水池立面图(mm)

【解】(1) 池壁上薄下厚，以平均厚度计算，池壁高度由池底板面算至池盖下面，则池壁平均厚度和平均半径分别为

$$h=\frac{0.25+0.20}{2}=0.225(\mathrm{m})$$

$$R=(16\ 000+225\times2)\times\frac{1}{2}\times10^{-3}=8.225(\mathrm{m})$$

则池壁体积为外圆柱体积与内圆柱体积之差：

$$\begin{aligned}V&=\pi R^2H-\pi r^2H\\&=3.14\times8.225^2\times16-3.14\times8^2\times16\\&=183.41(\mathrm{m}^3)\end{aligned}$$

(2) 池盖为一高度很小的圆柱体，其体积按圆柱体计算。即

$$V=\pi R^2H=\pi\times[(16+0.2\times2)/2]^2\times0.25=52.81(\mathrm{m}^3)$$

说明：在定额与清单计算规则中均不扣除 0.3 m^2 以内空洞体积，以下以例示之。

若池盖上开一 Φ500 mm 的气孔，空洞所占面积为

$$S=\pi r^2=3.14\times0.25^2=0.019\ 6(\mathrm{m}^2)<0.3(\mathrm{m}^2)$$

此时池盖体积应为 52.81 m^3。

若池盖上开一 Φ700 mm 的气孔，空洞所占面积为

$$S=\pi R^2=3.14\times\left(\frac{0.7}{2}\right)^2=0.385(\mathrm{m}^2)>0.3(\mathrm{m}^2)$$

此时池盖体积应为 $52.81-0.385\times0.25=52.71(\mathrm{m}^3)$。

以定额表示为 5.271(10 m^3)，以清单表示为 52.71 m^3。

清单工程量计算见表 6.16。

表 6.16 清单工程量计算表

序号	项目编码	项目名称	项目特征描述	计量单位	工程量
1	040601007001	现浇混凝土池壁(隔墙)	1. 混凝土强度等级:C20 2. 其他特征:平均厚度为0.225 m	m^3	183.41
2	040601010001	现浇混凝土池盖	1. 混凝土强度:C20 2. 其他特征:池盖厚为25 cm,开一 Φ500 mm 的气孔	m^3	52.81
3	040601010002	现浇混凝土池盖	1. 混凝土强度:C20 2. 其他特征:池盖厚为25 cm,开一 Φ700 mm 的气孔	m^3	52.71

本章小结

本章主要介绍以下内容:

1. 城市工程管线种类多而复杂,根据不同性能和用途、不同输送方式、敷设方式、弯曲程度等有不同的分类。

按工程管线性能和用途分为给水管道、排水沟管、电力线路、电信线路、热力管道、空气管道、灰渣管道、城市垃圾输送管道、液体燃料管道、工业生产专用管道等等。

按工程管线输送方式分为压力管线、重力自流管线。

按工程管线敷设方式分为架空线、地铺管线、地埋管线。

按工程管线弯曲程度分为可弯曲管线、不易弯曲管线。

2. 城市给水系统的任务是从水源取水,按照用户对水质的要求进行处理,然后将水输送到用水区,并向用户配水。

3. 城市给水系统主要由取水构筑物、水处理构筑物、泵站、输水管渠和管网、调节构筑物等构成。

4. 城市排水系统由排水管道、检查井、跌水井、雨水口和污水处理厂等组成。

5. 城市排水系统与雨水排水系统可以采用合流制或分流制。

6. 城市给排水管道施工中的两种施工安装方法,一种是管道开槽施工的方法,一种是不开槽的施工方法即顶管法。

7. 施工排水、降水的目的:一是防止沟槽开挖过程中地面水流入槽中,造成槽壁塌方;二是开挖沟槽前,使地下水降低至沟槽以下。施工中常用的方法有:明沟排水法和人工降低地下水位法。

8. 现代化的城市燃气输配系统是复杂的综合设施,通常由下列部分构成:

燃气管网、调压站或调压装置、储配站、监控与调度中心、维护管理中心。

9. 室外给水和排水工程施工图表示一个区域的给水和排水系统,由室外给水排水平面图、管道纵断面图以及附属设备(如泵站、检查井、闸门)等施工图组成。

10. 水处理构筑物及工艺图主要包括水厂、污水处理厂等各种水处理的构筑物(如澄清池、过滤池、蓄水池等)的全套施工图。包括平面布置图、流程图及工艺设计图和详图等。

11. 管道铺设按设计图示管道中心线长度以米计算,不扣除各种管件、阀门、法兰所占长度。

12. 阀门、水表、消防栓安装按设计图示数量以个计算。

13. 检查井、雨水进水井、其他砌筑井、混凝土工作井按设计图示数量以座计算。

14. 各种管道铺设项目的工作内容中关于管道检验及试验要求是指:应按各专业的施工验收规范及设计

要求对已完管道工程进行管道吹扫、冲洗消毒、强度试验、严密性试验、闭水试验等内容，在编制清单的工作内容中要分别描述。

课后思考题

1. 城市管线按工程管线性能和用途如何进行分类?
2. 城市管线按工程管线输送方式如何进行分类?
3. 简述城市给水系统的组成，各自的作用是什么?
4. 城市给水系统的任务是什么?
5. 城市排水系统的基本组成是什么?
6. 城市排水系统与雨水排水系统的排水体制是怎样的?
7. 什么叫分流制? 适用条件是什么?
8. 城市给排水工程施工图的组成与识读方法是怎样的?
9. 城市管道施工的方法有哪些?
10. 城市燃气输配系统的组成是怎样的?
11. 城市管道铺设的工程量计算规则是怎样的?
12. 简述检查井、雨水井的工程量计算规则。

7　市政工程工程量清单计价编制实例

7.1　工程量清单报价编制内容

工程量清单报价编制内容包括：工料机消耗量的确定、综合单价的确定、措施项目费的确定和其他项目费的确定。

1）工料机消耗量的确定

工料机消耗量是根据分部分项工程量和有关消耗量定额计算出来的，其计算公式为：

分部分项工程人工工日 = 分部分项主项工程量 × 定额用工量 + $\sum$(分部分项附项工程量 × 定额用工量)

分部分项工程某种材料用量 = 分部分项主项工程量 × 某种材料定额用量 + $\sum$(分部分项附项工程量 × 某种材料定额用量)

分部分项工程某种机械台班用量 = 分部分项主项工程量 × 某种机械定额台班量 + $\sum$(分部分项附项工程量 × 某种机械定额台班量)

在套用定额分析计算工料机消耗量时，分两种情况：一是直接套用；二是分别套用。

（1）直接套用定额，分析工料机用量

当分部分项工程量清单项目与定额项目的工程内容和项目特征完全相同时，就可以直接套用定额消耗量，计算出分部分项的工料机消耗量，例如，某工程 250 mm 半圆球吸顶灯安装清单项目，在直接套用工程内容相对应的消耗量定额时，就可以采用该定额分析工料机消耗量。

（2）分别套用不同定额，分析工料机用量

当定额项目的工程内容与清单项目的工程内容不完全相同时，需要按清单项目的工程内容，分别套用不同的定额项目，例如，某工程 M5 水泥砂浆砌砖基础清单项目，还包含了 C20 混凝土基础垫层附项工程量时，应分别套用 C20 混凝土基础垫层消耗量定额和 M5 水泥砂浆砌砖基础消耗量定额，并分别计算其工料机消耗量；又如，室内 *DN*25 焊接钢管螺纹连接清单项目包含主项：焊接钢管安装，还包括附项：铁皮套管制作、安装。手工除锈、刷防锈漆项目时，就要分别套用对应的消耗量定额计算其工料机消耗量。

2）综合单价的确定

综合单价是有别于预算定额基价的另一种确定单价的方式。

综合单价以分部分项工程项目为对象，从我国的实际情况出发，包括了除规费和税金以外的，完成分部分项工程量清单项目规定的，计量单位合格产品所需要的全部费用。综合单价主要包括：人工费、材料费、机械费、管理费、利润、风险费等费用。

综合单价不仅适用于分部分项工程量清单，也适用于措施项目清单、其他项目清单等。

综合单价的计算公式表达为：

分部分项工程量清单项目综合单价＝人工费＋材料费＋机械费＋管理费＋利润

其中：

人工费＝$\sum_{i=1}^{n}$（定额工程量×人工单价）

材料费＝$\sum_{i=1}^{n}$（某种材料定额消耗量×材料单价）

机械费＝$\sum_{i=1}^{n}$（某种机械定额消耗量×台班单价）

管理费＝人工费（或直接费）×管理费费率

利润＝人工费（或直接费或直接费＋管理费）×利润率

3）措施项目费的确定

措施项目费应该由投标人根据拟建工程的施工方案或施工组织设计计算确定，一般可以采用以下几种方法确定。

（1）依据定额计算

脚手架、大型机械设备进出场及安拆费、垂直运输机械费等可以根据已有的定额计算确定。

（2）按系数计算

临时设施费、安全文明施工增加费、夜间施工增加费等，可以按直接费为基础乘以适当的系数确定。

（3）按收费规定计算

室内空气污染测试费、环境保护费等可以按有关规定计取费用。

4）其他项目费的确定

投标人部分的其他项目费可按估算金额确定；投标人部分的总承包服务费应根据招标人提出要求按所发生的费用确定；零星工作项目费应根据“零星工作项目计价表”确定。

其他项目清单中的预留金、材料购置费和零星工作项目费，均为预测和估算定额，虽在投标时计入投标人的报价中，但应不视为投标人所有。竣工结算时，应按承包人实际完成的工作内容结算，剩余部分仍归投标人所有。

7.2 工程量清单及其报价格式

1）工程量清单格式

工程量清单格式部分共三条内容。它规定了工程量清单的统一格式和填写方法。

（1）工程量清单的内容组成

工程量清单由下列内容组成：

①封面。

②填表须知。

③总说明。

④分部分项工程量清单。

⑤措施项目清单。

⑥其他项目清单。

⑦零星工作项目表。

（2）工程量清单的格式的填写要求

工程量清单的格式的填写要求包括：

①工程量清单由招标人填写。

②填表须知除计价规范外,招标人可以根据具体的情况进行补充。

③总说明应填写下面内容:

a. 工程概况:包括建设规模、工程特征、计划工期、施工现场实际情况、交通运输情况、自然地理条件、环境保护要求等。

b. 工程招标和分包范围。

c. 工程量清单编制依据。

d. 工程质量、材料、施工等的特殊要求。

e. 招标人自行采购材料的名称、规格、型号、数量等。

f. 预留金、自行采购材料的金额数量。

g. 其他需要说明的问题。

(3) 工程量清单格式的表格

工程量清单格式的表格包括:封面、调表须知、总说明、分部分项工程量清单、措施项目清单、其他项目清单、零星工作项目表等,详见清单计价规范表格。

2) 工程量清单计价格式

工程量清单计价格式部分共三条内容。它规定了工程量清单计价的统一格式和填表方法。

(1) 工程量清单计价格式的内容组成

工程量清单计价格式由下列内容组成:

①封面。

②投标总价。

③工程项目总价表。

④单项工程费汇总表。

⑤单位工程费汇总表。

⑥分部分项工程量清单计价表。

⑦措施项目清单计价表。

⑧其他项目清单计价表。

⑨零星工作项目计价表。

⑩分部分项工程量清单综合单价分析表。

⑪ 措施项目费分析表。

⑫主要材料价格表。

(2) 工程量清单计价格式的填写要求

计价规范提供的工程量清单计价格式为统一格式,不得变更或修改。但是,当工程项目没有采用总承包,而是采用分包制时,表格的使用可以有些变化,需要填写哪些表格,招标方应提出具体要求。

(3) 工程量清单计价格式的表格

工程量清单计价格式的表格包括:封面、投标总价、工程项目总价表、单项工程费汇总表、单位工程费汇总表、分部分项工程量清单计价表、措施项目清单计价表、其他项目清单计价表、零星工作项目计价表、分部分项工程量清单综合单价分析表、措施项目费分析表、主要材料价格表等,详见清单计价规范表格。

7.3 工程量清单报价编制方法

1）编制依据

编制工程量清单报价的依据主要有：清单工程量、施工图、消耗量定额、工料机市场价格等。

（1）清单工程量

清单工程量是由招标人发布的拟建工程的招标工程量。清单工程量是投标人投标报价的重要依据，投标人应根据清单工程量和施工图计算计价工程量。

（2）施工图

由于采取的施工方案不同，而清单工程量是分部分项工程量清单项目的主项工程量，不能反映报价的全部内容，投标人在投标报价时，需要根据施工图和施工方案计算报价工程量，因而，施工图也是编制工程量清单报价的重要依据。

（3）消耗量定额

消耗量定额一般是指企业定额、建设行政主管部门发布的预算定额等等，它是分析拟建工程工料机消耗量的依据。

（4）工料机市场价格

工料机市场价格是确定分部分项工程量清单综合单价的重要依据。

2）计价工程量计算

（1）计价工程量计算的概念

计价工程量也称报价工程量。它是计算工程投标报价的重要数据。

计价工程量计算是投标人根据拟建工程施工图、施工方案、清单工程量和所采用定额及相对应的工程量计算规则计算出的，用以确定综合单价的重要数据。

清单工程量作为统一各投标人工程报价的口径，这是十分重要的，也是十分必要的。但是，投标人不能根据清单工程量直接进行报价。这是因为，施工方案不同，其实际发生的工程量是不同的。例如，基础挖方是否要留工作面，留多少，不同的施工方法其实际发生的工程量是不同的；采用的定额不同，其综合单价的综合结果也是不同的。所以在投标报价时，各投标人必然要计算计价工程量。我们就将用于报价的实际工程量称为计价工程量。

（2）计价工程量的计算方法

计价工程量是根据所采用的定额和相应的工程量计算规则计算的，所以，承包商一旦确定采用何种定额时，就完全按照其定额所划分的项目内容和工程量计算规则计算工程量。

计价工程量的计算内容一般要多于清单工程量。因为，计价工程不但要计算每个清单项目的主项工程量，而且要计算所包含的附项工程量。这就要根据清单项目的工程内容和定额项目的划分内容具体确定。例如，M5 水泥砂浆砌砖基础项目，不但要计算主项的砖基础项目，还要计算混凝土基础垫层的附项工程量。又如，低压 Φ159 mm×5 mm 不锈钢管安装项目，除了要计算管道安装主项工程量外，还要计算水压试验、管酸洗、管脱脂、管绝热、镀锌薄钢板保护层等 5 个附项工程量。

计价工程量的具体计算方法，同建筑安装工程预算中所介绍的工程量计算方法基本相同。

3）措施项目费、其他项目费、规费、税金的计算

(1) 措施项目费

①措施项目费的概念

措施项目费是指工程量清单中，除分部分项工程量清单项目费以外，为保证工程顺利进行，按照国家现行规定的建设工程施工及验收规范、规程要求，必须配套的工程内容所需的费用。例如，临时设施费、脚手架搭拆费等。

②措施项目费的计算方法

措施项目费的计算方法一般有以下几种：

a. 定额分析法

定额分析法，是指凡是可以套用定额的项目，通过先计算工程量，再套用定额分析出工料机消耗量，最后根据各项单价和费率计算出措施项目费的方法。例如，脚手架搭拆费可以根据施工图算出的搭拆的工程量，然后套用定额、选定单价和费率，计算出除规费和税金之外的全部费用。

b. 系数计算法

系数计算法是采用与措施项目有直接关系的分部分项清单项目费为计算基础，乘以措施项目费系数，求得措施项目费。例如，临时设施费可以按分部分项清单项目费乘以选定的系数(或百分率)计算出该费用。计算措施项目费的各项系数是根据已完工程的统计资料，通过分析计算得到的。

c. 方案分析法

方案分析法是编制具体的实施方案，对方案所涉及的各项费用进行分析计算后，汇总成某个措施项目费。

(2) 其他项目费

①其他项目费概念

其他项目费是指预留金、材料购置费(仅指由招标人购置的材料)、总承包服务费、零星工作项目费等估算金额的总和。包括人工费、材料费、机械台班费、管理费、利润和风险费。

②其他项目费的确定

其他项目费由招标人部分、投标人部分两部分内容组成。

(3) 规费

①规费的概念

规费是指政府及有关部门规定必须缴纳的费用。

②规费的内容

包括工程排污费、定额测定费、养老保险金费、失业保险费、医疗保险费、住房公积金、危险作业意外伤害保险。

③规费的计算

规费的计算公式为：

规费＝计算基数×对应的费率

(4) 税金

税金是指国家税法规定的应计入建筑安装工程造价内的营业税、城市维护税及教育费附加。

其计算公式为：

税金＝(分部分项清单项目费＋措施项目费＋其他项目费＋规费＋税金)×税率

7.4 某道路工程工程量清单计价实例

【例 7.1】 工程概况：某道路新建工程全长 200 m，路幅宽度为 12 m，土壤类别为三类土，填方要求密实度达到 95％，余土弃置 5 km，道路结构为 20 cm 二灰底基层(12∶35∶53，拖拉机拌和)，25 cm二灰碎石基层(5∶15∶80，厂拌机铺)，20 cm C30 混凝土面层，沥青砂嵌缝，道路两侧设甲型侧石(材料为混凝土预制，规格 12.5 mm×27.5 mm×99 mm，C15 细石混凝土基础 0.0194 m^3/m)。二灰土底基层每边放宽至路牙外侧 40 cm，二灰碎石基层每边放宽至路牙外侧 20 cm，道路工程土方计算见表 7.1，请编制本工程工程量清单及工程量清单计价表(人、材、机价格按计价表不调整，侧石按 22 元/m 计算)。

表 7.1 道路工程土方计算表

桩号	距离(m)	填土			挖土		
		横断面积(m^2)	平均横断面积(m^2)	体积(m^3)	横断面积(m^2)	平均横断面积(m^2)	体积(m^3)
K0＋000	27	2.45	2.03	54.81	2.14	2.18	58.86
K0＋027	8	1.61	0.805	6.44	2.22	6.01	48.08
K0＋035	15				9.80	8.96	134.40
K0＋050	50		0.41	20.5	8.12	6.065	303.25
K0＋100	50	0.82	1.345	67.25	4.01	3.4	170.00
K0＋150	50	1.87	1.675	83.75	2.79	2.885	144.25
K0＋200	1.48		2.98				
合计				232.75			858.84

根据施工方案考虑，本工程采用 1 m^3 反铲挖掘机挖土、人工配合；土方平衡部分场内运输考虑用双轮车运土，运距在 50 m 以内；余土弃置按 8 t 自卸汽车运土考虑；混凝土路面需要做真空吸水处理。

压路机可自行到施工现场，摊铺机、1 m^3 履带式挖掘机进退场一次。

【解】(1) 清单工程量计算

①挖一般土方(三类土)858.84 m^3

②填方(密度 95％) 232.75 m^3

土方场内运输 50 m

③余方弃置(运距 5 km)858.84－232.75×1.15＝591.18(m^3)

④整理路床 S＝200×(12＋0.525×2)＝2 610(m^2)

⑤20 cm 二灰土(12∶35∶53)底基层(拖拉机拌和)面积 S＝200×(12＋0.525×2)＝2 610 (m^2)

⑥25 cm 二灰碎石基层(厂拌机铺)面积 $S=200\times(12+0.325\times2)=2\ 530\ (m^2)$

⑦20 cmC30 混凝土面层面积 $S=200\times12=2\ 400(m^2)$

⑧甲型路牙 $L=200\times2=400(m)$

(2) 施工工程量计算

①挖一般土方(三类土) 858.84 m^3

②填方(密度 95%) 232.75 m^3

土方场内运输 50 m

③余方弃置(运距 5 km) $858.84-232.75\times1.15=591.18(m^3)$

④整理路床 $S=200\times(12+0.525\times2)=2\ 610\ (m^2)$

⑤20 cm 二灰土(12∶35∶53)底基层(拖拉机拌和)面积 $S=200\times(12+0.525\times2)=2\ 610\ (m^2)$

消解石灰 $G=26.10\times3.54=92.394(t)$

⑥25 cm 二灰碎石基层(厂拌机铺)面积 $S=200\times(12+0.325\times2)=2\ 530\ (m^2)$

顶层多合土养生 $S=200\times(12+0.325\times2)=2\ 530\ (m^2)$

⑦20 cmC30 混凝土面层面积 $S=200\times12=2\ 400(m^2)$

水泥混凝土路面养生(草袋)面积 2 400 m^2

锯缝机锯缝(道路每 5 m 一道)

$L=(200/5-1)\times12=468(m)$

纵缝长度 $C=200$ m

灌缝(沥青砂)面积 $S=(468+200)\times0.05=33.40(m^2)$

混凝土路面真空吸水 2 400 m^2

混凝土模板面积 $S=200\times0.2\times4+12\times0.2\times2=164.80(m^2)$

⑧甲型路牙 $L=200\times2=400(m)$

C15 细石混凝土基础 $V=0.019\ 4\times400=7.76(m^3)$

混凝土基础模板 $S=400\times0.15=60(m^2)$

(3) 措施项目工程量计算

①摊铺机、1 m^3 反铲挖掘机进退场各 1 次

②8 t、15 t 压路机进退场各 1 次

(4) 计价:某道路工程招标工程量清单和招标控制价见下列《招标工程量清单》:

某道路 工程

招标工程量清单

招 标 人：	某城建控股集团 （单位盖章）	工程造价咨询人：	某工程造价咨询公司 （单位资质专用章）
法定代表人 或其授权人：	（签字或盖章）	法定代表人 或其授权人：	张某某 （签字或盖章）
编 制 人：	余某某 （造价人员签字盖专用章）	审 核 人：	肖某某 （造价工程师签字盖专用章）

时间： 年 月 日

分部分项工程和单价措施项目清单与计价表

工程名称:某道路工程　　　　第 1 页 共 1 页

序号	项目编码	项目名称	项目特征	计量单位	工程量	金额(元)		
						综合单价	合价	其中:暂估价
		0401 土石方工程						
1	040101001001	挖一般土方	[项目特征] 1. 土壤类别:三类土 2. 挖土深度:2 m内 3. 场内运距:场内运输50 m	m^3	858.84			
2	040103001001	回填方	[项目特征] 1. 密实度要求:95% 2. 填方材料品种:素土 3. 填方来源、运距:场内运输	m^3	232.75			
3	040103002001	余方弃置	[项目特征] 1. 废弃料品种:多余土方 2. 运距:5 km	m^3	591.18			
		分部小计						
		0402 道路工程						
1	040202001001	路床(槽)整形	[项目特征] 1. 部位:混合车道 2. 范围:路床	m^2	2 610			
2	040202004001	石灰、粉煤灰、土	[项目特征] 1. 配合比:12∶35∶53 2. 厚度:20 cm 3. 拌和方式:拖拉机	m^2	2 610			
3	040202006001	石灰、粉煤灰、碎(砾)石	[项目特征] 1. 配合比:5∶15∶80 2. 厚度:25 cm	m^2	2 530			
4	040203007001	水泥混凝土	[项目特征] 1. 混凝土强度等级:C30 2. 厚度:20 cm 3. 嵌缝材料:沥青砂	m^2	2 400			

续表

序号	项目编码	项目名称	项目特征	计量单位	工程量	金额(元)		
						综合单价	合价	其中：暂估价
5	040204004001	安砌侧(平、缘)石	[项目特征] 1. 材料品种、规格：混凝土预制，12.5 mm×27.5 mm×99 mm 2. 基础、垫层：材料品种、厚度：C15细石混凝土 3. 名称：侧石	m	400			
		分部小计						
		分部分项合计						
1	041106001001	大型设备进出场及安拆		项	1			
		单项措施合计						
本页小计								
合　计								

总措施项目清单与计价表

工程名称:某道路工程　　　　　　　　　　　　　　　　　　　　第 1 页 共 1 页

序号	项目编码	项目名称	计算基础	费率(%)	金额(元)	调整费率(%)	调整后金额(元)	备注
1	041109001001	安全文明施工费						
1.1		基本费	分部分项合计+单项措施合计-设备费	1.400				
1.2		增加费	分部分项合计+单项措施合计-设备费	0.400				
2	041109002001	夜间施工	分部分项合计+单项措施合计-设备费					
3	041109003001	二次搬运	分部分项合计+单项措施合计-设备费					
4	041109004001	冬雨季施工	分部分项合计+单项措施合计-设备费					
5	041109005001	行车、行人干扰	分部分项合计+单项措施合计-设备费					
6	041109006001	地上、地下设施、建筑物的临时保护设施	分部分项合计+单项措施合计-设备费					
7	041109009001	临时设施	分部分项合计+单项措施合计-设备费					
8	041109007001	已完工程及设备保护	分部分项合计+单项措施合计-设备费					
9	041109009002	赶工费	分部分项合计+单项措施合计-设备费					
10	041109010001	工程按质论价	分部分项合计+单项措施合计-设备费					
11	041109011001	特殊条件下施工增加费	分部分项合计+单项措施合计-设备费					

其他项目清单与计价汇总表

工程名称:某道路工程 第 1 页 共 1 页

序号	项目名称	计量单位	金额(元)	备注
1	暂列金额	项		
2	暂估价	项		
2.1	材料暂估价	项		
2.2	专业工程暂估价	项		
3	计日工	项		
4	总承包服务费	项		
合 计				—

暂列金额明细表

工程名称:某道路工程 第 1 页 共 1 页

序号	项目名称	计量单位	暂定金额(元)	备注
合 计		—		

规费、税金项目计价表

工程名称:某道路工程　　　　第 1 页 共 1 页

序号	项目名称	计算基础	费率(%)	金额(元)
1	规费	社会保险费+住房公积金	100.000	
1.1	社会保险费	分部分项工程费+措施项目费+其他项目费-设备费	1.800	
1.2	住房公积金	分部分项工程费+措施项目费+其他项目费-设备费	0.310	
2	税金	分部分项工程费+措施项目费+其他项目费-设备费	3.477	
合计				

承包人供应主要材料一览表

工程名称:某道路工程　　　　第 1 页 共 1 页

序号	名称、规格、型号	单位	数量	单价(元)	交货方式	送达地点	备注

某道路工程　　　　工程

招标控制价

招标控制价（小写）：378 662.78

（大写）：叁拾柒万捌仟陆佰陆拾贰元柒角捌分

工程造价

招　标　人：某城建控股集团（单位盖章）

咨 询 人：某工程造价咨询公司（单位资质专用章）

法定代理人或其授权人：　　　　（签字或盖章）

法定代理人或其授权人：张某某（签字或盖章）

编　制　人：余某某（造价人员签字盖专用章）

复　核　人：　　　　（造价工程师签字盖专用章）

时间：　　年　月　日

建设项目招标控制价表

工程名称:某道路工程　　　　第 1 页 共 1 页

序号	单项工程名称	金额(元)	其中:(元)		
			暂估价	安全文明施工费	规费
1	某道路工程	378 662.78		6 225.83	7 561.51
	合计	378 662.78		6 225.83	7 561.51

单项工程招标控制价表

工程名称:某道路工程　　　　第 1 页 共 1 页

序号	单项工程名称	金额(元)	其中:(元)		
			暂估价	安全文明施工费	规费
1	某道路工程	378 662.78		6 225.83	7 561.51
	合计	378 662.78		6 225.83	7 561.51

单位工程费用汇总表

工程名称:某道路工程　　　　标段:　　　　　　　　　　　　　　　　第 1 页 共 1 页

序号	汇总内容	金额(元)
1	分部分项工程	336 690.18
1.1	人工费	
1.2	材料费	323 360.39
1.3	施工机具使用费	10 290.24
1.4	企业管理费	1 980.38
1.5	利润	1 059.17
2	措施项目费	21 675.35
2.1	单价措施项目费	9 189.10
2.2	总价措施项目费	12 486.25
2.2.1	其中:安全文明施工措施费	6 225.83
3	其他项目费	
3.1	其中:暂列金额	
3.2	其中:专业工程暂估	
3.3	其中:计日工	
3.4	其中:总承包服务费	
4	规费	7 561.51
5	税金	12 735.74
	招标控制价合计=1+2+3+4+5	378 662.78

分部分项工程和单价措施项目清单与计价表

工程名称:某道路工程　　　　第 1 页 共 1 页

序号	项目编码	项目名称	项目特征	计量单位	工程量	金额(元)		
						综合单价	合价	其中:暂估价
	0401 土石方工程							
1	040101001001	挖一般土方	[项目特征] 1. 土壤类别:三类土 2. 挖土深度:2 m内 3. 场内运距:场内运输 50 m	m^3	858.84	2.10	1 803.56	
2	040103001001	回填方	[项目特征] 1. 密实度要求:95% 2. 填方材料品种:素土 3. 填方来源、运距:场内运输	m^3	232.75	1.78	414.30	
3	040103002001	余方弃置	[项目特征] 1. 废弃料品种:多余土方 2. 运距:5 km	m^3	591.18	5.65	3 340.17	
		分部小计					5 558.03	
	0402 道路工程							
1	040202001001	路床(槽)整形	[项目特征] 1. 部位:混合车道 2. 范围:路床	m^2	2 610	0.40	1 044.00	
2	040202004001	石灰、粉煤灰、土	[项目特征] 1. 配合比:12∶35∶53 2. 厚度:20 cm 3. 拌和方式:拖拉机	m^2	2 610	16.59	43 299.90	
3	040202006001	石灰、粉煤灰、碎(砾)石	[项目特征] 1. 配合比:5∶15∶80 2. 厚度:25 cm	m^2	2 530	50.87	128 701.10	
4	040203007001	水泥混凝土	[项目特征] 1. 混凝土强度等级:C30 2. 厚度:20 cm 3. 嵌缝材料:沥青砂	m^2	2 400	61.08	146 592.00	

续表

序号	项目编码	项目名称	项目特征	计量单位	工程量	金额(元)		
						综合单价	合价	其中：暂估价
5	040204004001	安砌侧(平、缘)石	[项目特征] 1. 材料品种、规格：混凝土预制，12.5 mm×27.5 mm×99 mm 2. 基础、垫层：材料品种、厚度：C15细石混凝土 3. 名称：侧石	m	400	28.73	11 492.00	
		分部小计					331 129.00	
		分部分项合计					336 687.03	
1	041106001001	大型机械设备进出场及安拆	项	1	9 189.10	9 189.10		
		单项措施合计					9 189.10	
本页小计							345 876.13	
合 计							345 876.13	

总价措施项目清单与计价表

工程名称:某道路工程　　　　第 1 页 共 1 页

序号	项目编码	项目名称	计算基础	费率(%)	金额(元)	调整费率(%)	调整后金额(元)	备注
1	041109001001	安全文明施工费		100.000	6 225.83			
1.1		基本费	分部分项合计＋单项措施合计－设备费	1.400	4 842.31			
1.2		增加费	分部分项合计＋单项措施合计－设备费	0.400	1 383.52			
2	041109002001	夜间施工	分部分项合计＋单项措施合计－设备费	0.100 0	345.88			
3	041109003001	二次搬运	分部分项合计＋单项措施合计－设备费					
4	041109004001	冬雨季施工	分部分项合计＋单项措施合计－设备费	0.200	691.76			
5	041109005001	行车、行人干扰	分部分项合计＋单项措施合计－设备费					
6	041109006001	地上、地下设施、建筑物的临时保护设施	分部分项合计＋单项措施合计－设备费					
7	041109009001	临时设施	分部分项合计＋单项措施合计－设备费	1.500	5 188.19			
8	041109007001	已完工程及设备保护费	分部分项合计＋单项措施合计－设备费	0.010	34.59			
9	041109009002	赶工费	分部分项合计＋单项措施合计－设备费					
10	041109010001	工程按质论价	分部分项合计＋单项措施合计－设备费					
11	041109011001	特殊条件下施工增加费	分部分项合计＋单项措施合计－设备费					
合计					12 486.25			

其他项目清单与计价汇总表

工程名称：某道路工程　　　　　　　　　　第 1 页 共 1 页

序号	项目名称	计量单位	金额(元)	备注
1	暂列金额	项		
2	暂估价	项		
2.1	材料暂估价	项		
2.2	专业工程暂估价	项		
3	计日工	项		
4	总承包服务费	项		
合　计		0	—	

暂列金额明细表

工程名称：某道路工程　　　　　　　　　　第 1 页 共 1 页

序号	项目名称	计量单位		暂定金额(元)	备注
合　计					—

总承包服务费计价表

工程名称：某道路工程　　　　　　　　　　第 1 页 共 1 页

序号	项目名称	项目价值(元)	服务内容	计算基础	费率(%)	金额(元)
1	发包人发包专业工程			项目价值		
2	发包人供应材料			项目价值		

规费、税金项目计价表

工程名称:某道路工程　　　　第 1 页　共 1 页

序号	项目名称	计算基础	计算基数(元)	费率(%)	金额(元)
1	规费	社会保险费＋住房公积金	7 561.51	100.000	7 561.51
1.1	社会保险费	分部分项工程费＋措施项目费＋其他项目费－设备费	358 365.53	1.800	6 450.58
1.2	住房公积金	分部分项工程费＋措施项目费＋其他项目费－设备费	358 365.53	0.310	1 110.93
2	税金	分部分项工程费＋措施项目费＋其他项目费－设备费	366 285.41	3.477	12 735.74
	合计				20 297.25

承包人供应主要材料一览表

工程名称:某道路工程　　　　第 1 页　共 1 页

序号	材料编码	材料名称	规格、型号等要求	单位	数量	单价(元)	合价(元)	备注
1	02190111	尼龙帽		个	329.600 000	0.86	283.46	
2	0230105	草袋子		只	1 042.000 000	1.00	1 042.00	
3	03515100	圆钉		kg	2.142 400	5.80	12.43	
4	03570217	镀锌铁丝	8#～12#	kg	5.000 000	6.00	30.00	
5	03652401	钢锯片		片	3.042 000	420.00	1 277.64	
6	04010611	复合硅酸盐水泥	32.5级	kg	227 527.238 400	0.31	70 533.44	
7	04030107	中(粗)砂		t	308.914 018	69.37	21 429.37	
8	04050204	碎石	5～20	t	9.521 986	70.00	666.54	
9	04050207	碎石	5～40	t	625.219 200	62.00	38 763.59	
10	04090100	生石灰		t	92.394 000	326.00	30 120.44	
11	04090302－1	黄土		m^3	303.282 000			
12	04090900	粉煤灰		t	316.071 000	30.00	9 482.13	
13	05030600	普通成材		m^3	0.164800	1 600.00	263.68	
14	05250501	木柴		kg	6.68000	1.10	7.35	
15	31150101	水		m^3	1 252.715 140	4.70	5 887.76	
16	32011111	组合钢模板		kg	109.097 600	5.00	545.49	
17	32020115	零星卡具		kg	390.576 000	4.88	1 906.01	

续表

序号	材料编码	材料名称	规格、型号等要求	单位	数量	单价(元)	合价(元)	备注
18	33110501	混凝土侧石		m	406.000 000	22.00	8 932.00	
19	34020931	沥青枕木		m^3	0.800 00	1 377.50	110.20	
20	80010125	水泥砂浆 1∶3		m^3	0.200 000	239.65	47.93	
21	80030105	石灰砂浆 1∶3		m^3	3 280 000	192.27	630.65	
22	80090330	沥青砂		t	2.768 860	335.50	928.95	
23	80330301	二灰结石		t	1 395.548 000	90.20	125 878.43	
	合计						318 779.49	

本章小结

本章主要介绍了工程量清单报价编制内容，包括工料机消耗量的确定、综合单价的确定、措施项目费的确定和其他项目费的确定。工程量清单及其报价格式要求，包括工程量清单的内容组成、工程量清单的格式的填写要求、工程量清单格式的表格、工程量清单计价格式的内容组成、工程量清单计价格式的填写要求及工程量清单计价格式的表格。工程量清单编制方法及以某道路工程为实例叙述工程量清单计价编制过程。

课后思考题

1. 工程量清单报价编制内容包括哪些？
2. 简述工程量清单计价格式的内容组成。
3. 工程量清单报价的编制依据有哪些？
4. 措施项目费的计算方法一般有哪几种？

参考文献

[1] 袁建新.市政工程计量与计价[M].4版.北京:中国建筑工业出版社,2018

[2] 中华人民共和国住房和城乡建设部,中华人民共和国国家质量监督检验检疫总局.GB 50500—2013 建设工程工程量清单计价规范[S].北京:中国计划出版社,2013

[3] 中华人民共和国住房和城乡建设部,中华人民共和国国家质量监督检验检疫总局.GB 50857—2013 市政工程工程量计算规范[S].北京:中国计划出版社,2013

[4] 曹永先,张玲.市政工程计量与计价[M].北京:化学工业出版社,2011

[5] 郭良娟,王云江.市政工程计量与计价[M]. 2版.北京:北京大学出版社,2012

[6] 钱磊.市政工程计量与计价[M].重庆:重庆大学出版社,2017

[7] 全国一级建造师执业资格考试用书编写委员会.市政公用工程管理与实务[M].4版.北京:中国建筑工业出版社,2014

[8] 许萍,宋莉.市政工程计量与计价[M].南京:东南大学出版社,2017